普通高等教育电子信息类专业规划教材

单片机原理及应用系统设计

（第2版）

毛谦敏　主编

国防工业出版社

·北京·

内 容 简 介

本书介绍了 MCS-51 系列单片机的原理及接口技术,结合实例阐述了应用系统设计方法。本书主要内容包括:MCS-51 单片机的原理结构和指令系统,MCS-51 单片机内部的定时器/计数器、中断系统和串行口等功能部件,单片机扩展技术,单总线、I^2C 总线和 SPI 总线接口技术,键盘、显示器、打印机、A/D 转换器和 D/A 转换器接口技术,单片机应用系统设计基本方法及应用实例,C51 高级语言编程及目前常用的单片机系列产品简介。

本书内容丰富、通俗易懂、新颖实用,适于作为高等院校单片机(或微机)原理及其应用课程的教材,也可以作为从事单片机应用与开发的相关工程技术人员的参考书。

图书在版编目(CIP)数据

单片机原理及应用系统设计 / 毛谦敏主编 . -- 2 版.
北京:国防工业出版社,2024.9. -- ISBN 978-7-118-13375-2

Ⅰ. TP368.1

中国国家版本馆 CIP 数据核字第 2024FZ6361 号

※

国防工业出版社 出版发行

(北京市海淀区紫竹院南路 23 号 邮政编码 100048)
北京富博印刷有限公司印刷
新华书店经售

*

开本 787×1092 1/16 印张 14¾ 字数 325 千字
2024 年 9 月第 2 版第 1 次印刷 印数 1—3000 册 定价 51.00 元

(本书如有印装错误,我社负责调换)

国防书店:(010)88540777   书店传真:(010)88540776
发行业务:(010)88540717   发行传真:(010)88540762

《单片机原理及应用系统设计(第2版)》
编委会

主　编　毛谦敏
副主编　王学影　肖艳萍　赵伟国　吴洪潭
编　委　邵建昂　陆　艺　叶树亮　王志宇
　　　　崔元博

ന

前 言

单片机作为微型计算机的一个分支,以其体积小、功能多、应用灵活等诸多优势,得到越来越广泛的应用。其应用范围涉及工业控制、仪器仪表、家用电器和国防科技等各个领域。随着集成电路技术的迅速发展,单片机的性能不断提高,应用领域也不断扩大。

《单片机原理及应用系统设计》自出版以来,深得各高校同行的认可,得到了广大读者的厚爱,在此作者表示诚挚的谢意。为适应微型计算机技术的发展,根据读者反馈意见及实际应用与教学需要,作者对本教材内容进行了调整、补充和更新。修订后,内容更加新颖和丰富,希望给广大读者带来帮助。

在多年单片机原理及其应用课程的教学工作和长期从事微机应用相关领域的科研和产品开发的基础上,作者经过精心组织编写了此书。内容编排上采用先易后难、先原理后应用的顺序。书中有大量的图表和例题,并附有思考练习题,以利于广大读者掌握单片机的原理和应用技术。

本书由毛谦敏任主编,王学影、肖艳萍、赵伟国、吴洪潭任副主编,邵建昂、陆艺、叶树亮、王志宇、崔元博任编委。全书由毛谦敏统稿。

在本书编写和出版过程中得到了中国计量大学、浙大城市学院和国防工业出版社等单位和各位同仁的大力支持,在此深表感谢!

书中若有错误与不当之处,恳请读者予以批评指正。

作 者

目　录

第1章　绪论 …………………………………………………………………… 1

1.1　微型计算机基础知识 ………………………………………………… 1

　　1.1.1　微处理器 …………………………………………………… 2

　　1.1.2　存储器 ……………………………………………………… 3

　　1.1.3　I/O接口 …………………………………………………… 4

1.2　单片机概述 …………………………………………………………… 4

　　1.2.1　单片机的概念 ……………………………………………… 5

　　1.2.2　单片机的发展历史 ………………………………………… 5

　　1.2.3　单片机的发展趋势 ………………………………………… 6

　　1.2.4　典型的单片机产品 ………………………………………… 7

1.3　单片机的特点及应用 ………………………………………………… 8

　　1.3.1　单片机的特点 ……………………………………………… 8

　　1.3.2　单片机的分类 ……………………………………………… 8

　　1.3.3　单片机的应用 ……………………………………………… 9

1.4　思考练习题 …………………………………………………………… 10

第2章　MCS-51单片机的结构 …………………………………………… 11

2.1　MCS-51单片机的基本结构 ………………………………………… 11

　　2.1.1　MCS-51单片机的结构类型 ……………………………… 11

　　2.1.2　MCS-51单片机的基本组成 ……………………………… 11

2.2　MCS-51单片机的引脚功能 ………………………………………… 13

2.3　MCS-51单片机的存储器配置 ……………………………………… 15

　　2.3.1　程序存储器 ………………………………………………… 15

　　2.3.2　数据存储器 ………………………………………………… 16

2.4　时钟电路与时序 ……………………………………………………… 21

　　2.4.1　时钟电路 …………………………………………………… 22

　　2.4.2　MCS-51单片机的时序 …………………………………… 22

　　2.4.3　MCS-51单片机的指令时序 ……………………………… 24

2.5　复位及复位电路 ……………………………………………………… 25

　　2.5.1　复位 ………………………………………………………… 25

　　2.5.2　复位电路 …………………………………………………… 26

2.6 并行 I/O 接口 …… 27
  2.6.1 P0 口 …… 27
  2.6.2 P1 口 …… 28
  2.6.3 P2 口 …… 28
  2.6.4 P3 口 …… 28
2.7 思考练习题 …… 30

第3章 MCS-51 单片机指令系统 …… 31

3.1 指令系统概述 …… 31
  3.1.1 指令分类和特点 …… 31
  3.1.2 指令格式 …… 31
  3.1.3 寻址方式 …… 32
  3.1.4 指令描述符号介绍 …… 34
3.2 数据传送类指令 …… 35
  3.2.1 普通数据传送指令 …… 35
  3.2.2 数据交换指令 …… 39
  3.2.3 堆栈操作 …… 40
3.3 算术运算类指令 …… 41
  3.3.1 加法指令 …… 41
  3.3.2 减法指令 …… 44
  3.3.3 乘法指令 …… 45
  3.3.4 除法指令 …… 46
3.4 逻辑运算类指令 …… 46
  3.4.1 简单逻辑操作指令 …… 46
  3.4.2 循环操作指令 …… 47
  3.4.3 逻辑"与"操作指令 …… 48
  3.4.4 逻辑"或"操作指令 …… 49
  3.4.5 逻辑"异或"操作指令 …… 50
3.5 控制和转移类指令 …… 50
  3.5.1 无条件转移指令 …… 51
  3.5.2 条件转移指令 …… 52
  3.5.3 调用和返回指令 …… 54
  3.5.4 空操作指令 …… 55
3.6 位(布尔)操作指令 …… 55
  3.6.1 位数据传送指令 …… 55
  3.6.2 位状态修改指令 …… 56
  3.6.3 位逻辑运算指令 …… 56
  3.6.4 位条件转移指令 …… 57
3.7 思考练习题 …… 58

第 4 章 汇编语言程序设计知识 ································ 62

- 4.1 程序设计语言 ·································· 62
  - 4.1.1 机器语言 ······························ 62
  - 4.1.2 汇编语言 ······························ 62
  - 4.1.3 高级语言 ······························ 62
- 4.2 汇编程序设计 ·································· 63
  - 4.2.1 汇编语言程序设计步骤 ·············· 63
  - 4.2.2 程序质量的评价 ······················ 63
  - 4.2.3 汇编语言程序的基本结构 ··········· 64
- 4.3 汇编语言源程序的编辑和汇编 ··············· 64
  - 4.3.1 源程序编辑 ··························· 65
  - 4.3.2 源程序的汇编 ························ 65
  - 4.3.3 伪指令 ································ 65
- 4.4 思考练习题 ·································· 67

第 5 章 中断系统 ································ 68

- 5.1 微型计算机的输入/输出方式 ··············· 68
  - 5.1.1 程序查询方式 ························ 68
  - 5.1.2 直接存储器存取(DMA)方式 ······· 68
  - 5.1.3 中断方式 ······························ 68
- 5.2 8051 单片机中断系统结构及中断控制 ······· 69
  - 5.2.1 8051 单片机中断源 ·················· 70
  - 5.2.2 8051 单片机中断控制 ··············· 70
- 5.3 中断处理过程 ·································· 73
  - 5.3.1 中断响应 ······························ 74
  - 5.3.2 中断处理 ······························ 75
  - 5.3.3 中断返回 ······························ 76
- 5.4 外部中断扩展方法 ····························· 76
  - 5.4.1 利用定时器扩展外部中断源 ········· 76
  - 5.4.2 利用查询方式扩展外部中断源 ······ 76
- 5.5 思考练习题 ·································· 77

第 6 章 定时器及其应用 ························ 78

- 6.1 8051 单片机定时器结构与工作原理 ········· 78
  - 6.1.1 8051 单片机定时器结构 ············ 78
  - 6.1.2 8051 单片机定时器工作原理 ······· 78
- 6.2 定时器/计数器的方式寄存器和控制寄存器 ··· 79
  - 6.2.1 定时器/计数器的方式寄存器(TMOD) ··· 79

6.2.2 定时器/计数器的控制寄存器(TCON) ……… 80
6.3 定时器/计数器的4种工作方式 ……… 80
  6.3.1 工作方式0 ……… 80
  6.3.2 工作方式1 ……… 81
  6.3.3 工作方式2 ……… 81
  6.3.4 工作方式3 ……… 82
6.4 定时器/计数器应用 ……… 82
  6.4.1 定时器/计数器的初始化 ……… 82
  6.4.2 定时器应用举例 ……… 83
6.5 思考练习题 ……… 86

第7章 串行通信与8051单片机串行口 ……… 88

7.1 串行通信概述 ……… 88
  7.1.1 数据通信 ……… 88
  7.1.2 串行通信的传送方式 ……… 88
  7.1.3 异步通信和同步通信 ……… 89
  7.1.4 异步串行通信协议 ……… 90
7.2 8051单片机串行口及其应用 ……… 91
  7.2.1 8051单片机串行口 ……… 91
  7.2.2 波特率设计 ……… 95
  7.2.3 8051单片机串行口的应用 ……… 97
7.3 RS-232C接口及串行通信硬件设计 ……… 101
  7.3.1 RS-232C接口总线 ……… 101
  7.3.2 信号电气特性与电平转换 ……… 102
  7.3.3 RS-232C接口的应用 ……… 102
  7.3.4 单片机与个人计算机通信的接口电路 ……… 103
7.4 思考练习题 ……… 105

第8章 单片机系统扩展技术 ……… 106

8.1 扩展三总线的产生 ……… 107
  8.1.1 总线 ……… 107
  8.1.2 系统扩展的实现 ……… 108
8.2 程序存储器的扩展 ……… 109
  8.2.1 外部程序存储器的扩展原理及时序 ……… 109
  8.2.2 地址锁存器 ……… 110
  8.2.3 EPROM扩展电路 ……… 111
8.3 外部数据存储器的扩展 ……… 112
  8.3.1 外部数据存储器的扩展方法及时序 ……… 112
  8.3.2 静态RAM扩展 ……… 114

8.3.3　EEPROM 扩展 115
8.4　外部 I/O 口的扩展 116
8.4.1　I/O 口地址译码技术 116
8.4.2　简单 I/O 口扩展 117
8.4.3　8155 可编程并行扩展接口芯片 119
8.5　思考练习题 123

第 9 章　输入/输出设备接口 125
9.1　键盘及其接口技术 125
9.1.1　按键的抖动及消除 125
9.1.2　独立式按键接口设计 126
9.1.3　矩阵式键盘接口设计 128
9.1.4　键盘的编码 129
9.1.5　键盘的工作方式 129
9.2　显示器接口设计 131
9.2.1　LED 显示器 131
9.2.2　液晶显示器 135
9.3　打印机接口 137
9.3.1　打印机的电路构成 137
9.3.2　打印机的接口信号 138
9.3.3　打印机的打印命令 139
9.3.4　标准并行打印机与 8051 单片机接口设计 139
9.4　思考练习题 140

第 10 章　模拟电路接口技术 141
10.1　D/A 转换器 141
10.1.1　D/A 转换器组成和工作原理 141
10.1.2　描述 D/A 转换器的性能参数 142
10.2　8051 单片机与 8 位 D/A 转换器接口技术 142
10.2.1　DAC0832 的技术指标 143
10.2.2　DAC0832 的结构及原理 143
10.2.3　DAC0832 引脚功能 144
10.2.4　8 位 D/A 转换器接口方法 144
10.2.5　D/A 转换器的输出方式 145
10.3　8051 单片机与 8 位以上 D/A 转换器接口技术 147
10.3.1　一级锁存法 147
10.3.2　二级锁存法 147
10.4　A/D 转换器 148
10.4.1　逐次逼近式 A/D 转换器 148

10.4.2 双斜积分式 A/D 转换器 ………………………………………… 149
10.4.3 描述 A/D 转换器的性能参数 ………………………………… 149
10.5 8051 单片机与 8 位 A/D 转换器接口技术 …………………………… 150
10.5.1 ADC0809 的组成及工作原理 ………………………………… 150
10.5.2 ADC0809 引脚功能 …………………………………………… 151
10.5.3 ADC0809 的操作时序 ………………………………………… 152
10.5.4 8051 单片机与 ADC0809 接口设计 ………………………… 152
10.6 单片机与 8 位以上 A/D 转换器接口 …………………………………… 154
10.7 微型计算机控制的数据采集处理系统 ………………………………… 155
10.7.1 采样 ……………………………………………………………… 155
10.7.2 模拟输入通道的结构形式 …………………………………… 156
10.8 思考练习题 ………………………………………………………………… 157

第 11 章 单片机常用外围扩展总线 ……………………………………………… 159

11.1 I^2C 总线 ………………………………………………………………… 159
11.1.1 I^2C 总线物理层 ……………………………………………… 159
11.1.2 I^2C 协议层 …………………………………………………… 160
11.1.3 I^2C 总线协议的软件模拟 …………………………………… 162
11.1.4 I^2C 总线接口的 EEPROM 应用 …………………………… 164
11.2 单总线(1-Wire) ………………………………………………………… 166
11.2.1 单总线简介 …………………………………………………… 166
11.2.2 单总线温度传感器 DS18B20 ………………………………… 166
11.3 SPI 总线 …………………………………………………………………… 172
11.4 思考练习题 ………………………………………………………………… 174

第 12 章 单片机的 C 语言编程 …………………………………………………… 175

12.1 C 语言编程与汇编语言编程的特点比较 ……………………………… 175
12.1.1 C 语言编程的优点 …………………………………………… 175
12.1.2 C 语言编程的缺点 …………………………………………… 175
12.1.3 汇编语言编程的优点 ………………………………………… 175
12.1.4 汇编语言编程的缺点 ………………………………………… 176
12.2 C51 数据的定义与操作 ………………………………………………… 176
12.2.1 变量存储类型的定义 ………………………………………… 176
12.2.2 特殊功能寄存器的定义 ……………………………………… 177
12.2.3 片内 I/O 口的定义 …………………………………………… 177
12.2.4 片外 I/O 口的定义 …………………………………………… 178
12.2.5 C51 头文件 …………………………………………………… 178
12.3 C51 的运算符 …………………………………………………………… 180
12.3.1 算术运算符 …………………………………………………… 180

		12.3.2 关系运算符	180
		12.3.3 逻辑运算符	181
		12.3.4 位运算符	181
12.4	C51的中断处理程序		182
12.5	C51编程实例		183
		12.5.1 8051单片机与ADC0809接口电路	183
		12.5.2 模拟量采样的程序举例	183

第13章 单片机系列产品简介 185

13.1	与MCS-51系列单片机兼容的单片机		185
		13.1.1 ATMEL公司AT89系列单片机	185
		13.1.2 Philips公司8XC552单片机	187
		13.1.3 华邦电子公司Turbo-51系列单片机	188
		13.1.4 Silabs公司C8051F系列单片机	190
13.2	TI公司MSP430系列单片机		194
		13.2.1 MSP430系列单片机的特点	195
		13.2.2 MSP430系列单片机的发展和应用	196
13.3	STM32系列微处理器		197

第14章 单片机应用系统设计 199

14.1	单片机应用系统设计的一般方法		199
		14.1.1 总体方案设计	199
		14.1.2 硬件设计	200
		14.1.3 软件设计	201
		14.1.4 应用系统调试	202
		14.1.5 可靠性设计	203
14.2	应用系统设计实例		203
		14.2.1 通用型电压测量仪设计任务和要求	203
		14.2.2 实时日历时钟芯片DS12887	203
		14.2.3 双斜积分式A/D转换器ICL7135	207
		14.2.4 硬件电路设计	209
		14.2.5 软件设计	210
		14.2.6 目标样机的设计制作	212

附录 MCS-51单片机指令表 214

参考文献 219

第 1 章　绪　　论

20 世纪 40 年代诞生的数字电子计算机（简称为计算机）是 20 世纪最伟大的发明之一，是人类科学技术发展史上的一个里程碑。半个多世纪以来，计算机科学技术有了飞速的发展，计算机的性能越来越高、价格越来越便宜、应用越来越广泛。时至今日，计算机已经广泛应用于国民经济以及社会生活的各个领域，计算机科学技术的发展水平、计算机的应用程度已经成为衡量一个国家现代化水平的重要标志。

计算机技术的发展，经历了电子管、晶体管、集成电路和大规模集成电路 4 个阶段。由于社会的需要和应用，计算机也在不断革新和发展，又派生出各种各样类型的计算机，按照计算机的规模、性能及用途，计算机可分为巨型、大型、中型、小型、微型计算机 5 类。近年来，计算机的发展趋势是：一方面向着高速、智能化的超级巨型机的方面发展；另一方面向着微型计算机的方面发展。

1.1　微型计算机基础知识

微型计算机（micro computer）一词出现在 20 世纪 70 年代初，是大规模集成电路技术的产物。1971 年美国 Intel 公司研制成世界上第一台微型计算机 MCS-4，它采用了世界上第一块微处理器芯片 Intel4004。近 20 年来，微型计算机从研究所的实验室走向社会，取得了突飞猛进的发展。微型计算机已经成为现代信息社会的一大标志。

计算机的组成结构采用的是冯·诺依曼型，即"存储程序"的工作方式，计算机自动执行事先加载在存储器中的程序，不需人工干预。程序和数据由输入设备输入到存储器，执行程序所获得的运算结果由输出设备输出。因此，计算机通常是由中央处理器（central processing unit，CPU）、存储器、输入设备和输出设备等部分组成。微型计算机是具有完整运算和控制功能的计算机，是由 CPU、存储器、I/O 接口等集成在同一块或数块印制电路板上所构成的计算机。图 1-1 所示为微型计算机的基本组成结构。

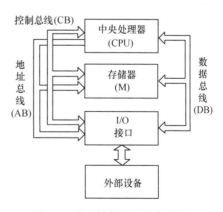

图 1-1　微型计算机的基本结构

微型计算机与巨型、大型、中型、小型计算机并没有本质上的区别，只是在规模、性能、体积及应用上有所不同。一般认为微型计算机的 CPU 是集成在一块小硅片上的，而其他 4 类计算机的 CPU 往往是由多个电路组成的，因此微型计算机的 CPU 也称为微处理器(micro processing unit 或 micro processor,MPU)。实际上,由于计算机工艺技术的进步,中型、小型计算机的 CPU 也有单片化的趋势,而采用多个微处理器的微型计算机系统也在应用和发展之中。

1.1.1 微处理器

随着大规模集成电路技术的迅速发展,芯片集成密度越来越高,CPU 可以集成在一个半导体芯片上,这种具有中央处理器功能的大规模集成电路器件,被统称为微处理器。因此,微处理器可以定义为:集成在同一块芯片上的具有运算和控制功能的中央处理器。一般为了与巨型、大型、中型、小型计算机 CPU 相区别,称微型计算机的 CPU 为微处理器。现在,人们通常把微处理器和 CPU 这两个名词看成同一个概念,不特别加以区别。

微处理器是微型计算机的大脑,微型计算机的运算、控制都是由它来处理的。微处理器主要由运算器和控制器两部分组成。

1. 运算器

运算器由算术逻辑单元(arithmetic & logical unit,ALU)、累加器(accumulator,A)、通用寄存器(register,R)、暂存器(temporary register,TMP)和程序状态寄存器(program status word,PSW)等部分组成。运算器用于对二进制数进行算术运算和逻辑操作。算术逻辑单元(ALU)主要由加法器、移位电路和判断电路等组成,用于对累加器 A 和暂存器(TMP)中两个操作数进行四则运算和逻辑操作。累加器 A 是一个具有输入/输出能力的移位寄存器,用于存放加法运算中的一个操作数,以及加法后存放操作结果,以便再次累加。暂存器(TMP)用于暂存另一操作数。程序状态寄存器(PSW)用于存放 ALU 操作过程中形成的状态。通用寄存器(R)用于存放操作数或运算结果等。

2. 控制器

控制器是发布操作命令的机构,是计算机的指挥中心,相当于人脑的神经中枢。控制器由指令部件、时序部件和微操作控制部件三部分组成。

(1) 指令部件。它是一种能对指令进行分析、处理和产生控制信号的逻辑部件,也是控制器的核心。通常,指令部件由程序计数器(program counter,PC)、指令寄存器(instruction register,IR)和指令译码器(instruction decoder,ID)等三部分组成。

指令是一种能供机器执行的控制代码。指令的有序集合称为程序,程序必须预先放在存储器内,机器执行程序应从第一条指令开始逐条执行。这就需要有一个专门寄存器用来存放当前要执行指令的内存地址,这个寄存器就是程序计数器(PC)。当机器根据 PC 中地址取出要执行指令的一个字节后,PC 就自动加 1,指向指令的下一字节,为机器下次取这个字节时做好准备。在 8 位微处理器中,程序计数器通常为 16 位。

指令寄存器(IR)用于存放从存储器中取出当前要执行指令的指令码。该指令码在 IR 中得到寄存和缓冲后被送到指令译码器,指令码经译码后,即可向微操作控制部件发出具体操作的特定信号。

(2) 时序部件。它由时钟系统和脉冲分配器组成,用于产生微操作控制部件所需的定时脉冲信号。时钟系统产生机器的时钟脉冲序列。脉冲分配器用于产生节拍电位和节拍脉冲。

(3) 微操作控制部件。该部件为指令译码器的输出信号配上节拍电位和节拍脉冲，也和外部输入的控制信号组合，共同形成相应的微操作控制序列，以完成规定的操作。

1.1.2 存储器

存储器是计算机的主要组成部分，其用途是存放程序和数据，使计算机具有记忆功能。计算机中的全部信息，包括计算机的程序和数据都保存在存储器中，使得计算机能够脱离人的干预而自动工作。

存储器可分为外存储器和内存储器。外存储器主要包括磁带、磁盘和光盘等，外存储器的容量很大，价格低廉，但运行速度较慢，它们不能直接参与计算机的运算，一般情况下外存储器只与内存储器成批交换信息，即仅起到扩大计算机存储容量的作用。因此，在计算机中，外存储器是属于计算机的外围设备的组成部分。内存储器又称为主存储器，简称内存，它由半导体集成电路芯片组成，用于存放当前运行所需要的程序与数据。内存运行速度很快，可以直接与 CPU 交换数据、参与运算，但价格较贵，因此内存容量有限。

按功能划分，内存储器又可分易失性存储器和非易失性存储器。易失性存储器包括静态随机存储器(static random access memory, SRAM)和动态随机存储器(dynamic random access memory, DRAM)，统称为随机存储器(random access memory, RAM)。非易失性存储器包括只读存储器(read only memory, ROM)和可现场改写的非易失性存储器(non-volatile memory, NVM)。

1. 随机存储器(RAM)

随机存储器(RAM)又称读写存储器，不仅能读取存放在存储单元中的数据，还能随时写入新的数据，写入后，原来的数据则会丢失。但断电后 RAM 中的信息将全部丢失。RAM 常用于存放中间运算结果，因此又被称作数据存储器。

RAM 按照存储信息的方式，又可分为静态和动态两种。

1) 静态随机存储器(SRAM)

SRAM 用触发器存储信息，其特点是只要不断电，数据就能长期保留。

2) 动态随机存储器(DRAM)

DRAM 依靠电容存储信息，充电后为"1"，放电后为"0"。由于集成电路中的电容容量很小，且存在泄漏电流的放电作用，因此写入的信息只能保持若干毫秒，每隔几毫秒必须重新写入一次，以保持原来的信息不变。这种重写的操作又称刷新。故动态 RAM 控制电路较复杂，但动态 RAM 集成度高，价格比静态 RAM 便宜些；静态 RAM 的集成度低、功耗大。

2. 只读存储器(ROM)

只读存储器在使用时只能读出而不能写入，断电后 ROM 中的信息不会丢失。一般用来存放程序、常数、表格等，因此又称程序存储器。

ROM 按存储信息的方法不同可分为 4 种。

1) 掩模 ROM

掩模 ROM 也称固定 ROM，它是指在半导体工厂生产时，已经用掩模技术将程序写入 ROM 芯片，用户只能读出内容，不能更改它。掩模 ROM 只能应用于有固化程序且批量很大的产品中。因此其价格最便宜。

2) 可编程只读存储器(PROM)

PROM(programmable read only memory)的内容可由用户将程序一次性写入，一旦写入，只能读出，而不能再进行更改。这类存储器现在也称为 OTP(one time programmable)。

3) 可擦可编程只读存储器(EPROM)

EPROM(erasable programmable read only memory)是目前广泛应用的 ROM 芯片。这种芯片的内容可以通过紫外线照射而彻底擦除，擦除后又可重新写入新的程序。一般一个 EPROM 芯片可改写几十次以上。紫外线擦除器一般只需几分钟到十几分钟即可对 EPROM 芯片进行一次擦除。

4) 电擦除可编程只读存储器(EEPROM)

EEPROM(electrically erasable programmable read only memory)可通过加电改写或清除其内容，其编程电压和清除电压均与工作电压相同，不需另加电压。它既有与 RAM 一样读写操作简便，又有数据不会因掉电而丢失的优点，因而使用极为方便，因此，EEPROM 既可用做程序存储器，也可用做数据存储器。EEPROM 保存的数据至少可达 10 年以上，每块芯片可擦写 1000 次以上，但与 RAM 相比写入时间较长。

3. 非易失性存储器(NVM)

随着新的半导体存储技术的发展，由于只读存储器(ROM)写入信息困难的缺点，目前在主流市场上 ROM 的使用已越来越少，而出现了各种各样新的可现场改写的非易失性存储器。主要有快擦写存储器(Flash ROM)、铁电随机存取存储器(Ferroelectric RAM，简称 FeRAM)、磁性随机存取存储器(Magnetic RAM，简称 MRAM)等。这些存储器的共同特点是从原理上均源自于 ROM 技术，但在功能上又可随时改写信息，相当于 RAM。因此，现在存储器的概念已经发生变化，ROM 和 RAM 的区分已不严格。但由于非易失性存储器写的速度还是要比一般的 RAM 慢，因此单片机中主要用做程序存储器，只是在需要重新编程，或者需要在线保存现场数据时，使用非易失性存储器十分方便。例如，与 8051 单片机兼容的 Atmel 公司的 89 系列单片机都采用 Flash ROM 作程序存储器。随着移动电话、数字摄像机等移动数字产品市场的扩大，新一代的非易失性存储器正日益成为主流。

1.1.3 I/O 接口

I/O 接口(输入/输出接口)是指连接微型计算机与外部设备之间的硬件电路。I/O 接口是 CPU 对外部设备实现控制和信息交换的必经之路，用于信息传送过程中的速度匹配和增强它的负载能力等。I/O 接口有串行 I/O 接口和并行 I/O 接口之分，串行 I/O 接口用于串行通信，它一次只能传送一位二进制信息；并行 I/O 接口则一次可以传送一组二进制信息。利用 I/O 接口可方便地实现 CPU 与外部设备的信息交换。

1.2 单片机概述

单片微型计算机的原文是：single chip micro computer，简称 SCM，即单片机。单片机是指在一片集成电路芯片上集成了计算机的中央处理器、存储器和输入/输出接口。在单片机诞生时,SCM是一个准确的、流行的称谓,"单片机"一词准确地表达了这一概念。随着单片机在技术上、体系结构上不断扩展其控制功能,单片机已不能用"单片微型计算机"来准确表达其内涵。国际上逐渐采用MCU(Micro Controller Unit)来代替,形成了单片机界公认的、最终统一的名词。为了与国际接轨,可将中文"单片机"一词和"MCU"对应翻译。在国内因为"单片机"一词已约定俗成,因此一直沿用。

1.2.1 单片机的概念

单片机(MCU)可以定义为:一种把微处理器、随机存取存储器(RAM)、只读存储器(ROM)、I/O接口电路、定时器/计数器、串行通信接口以及中断系统等部件集成在同一块芯片上的,有完整功能的微型计算机。这块芯片就是它的硬件,软件程序就存放在片内只读存储器内。其实,单片机很难和被控对象直接进行电气连接,故在实际应用中单片机总要通过这样和那样的芯片与被控对象相连。

1.2.2 单片机的发展历史

1974年,美国著名的仙童(Fairchild)公司研制出世界上第一台单片机F8。该机由两块集成电路芯片组成,结构奇特,具有与众不同的指令系统,深受民用电器和仪器仪表领域的欢迎和重视。从此单片机开始迅速发展,应用范围也在不断扩大,现已成为微型计算机的重要分支。单片机的发展过程通常可以分为以下几个发展阶段。

1. 第一代单片机(1974年—1976年)

这是单片机发展的起步阶段。这个时期生产的单片机特点是,单片机的字长为4位,内部结构简单,制造工艺落后和集成度低。典型的代表产品有Fairchild公司的F8等。

2. 第二代单片机(1976年—1978年)

这是单片机的第二个发展阶段。8位单片机已经出现,单片机已经集成了CPU、并行口、定时器、RAM和ROM等功能部件,但性能低、品种少、应用范围也不广。典型的代表产品有Intel公司的MCS-48。

3. 第三代单片机(1979年—1982年)

这是8位单片机的成熟阶段。Intel公司在MCS-48基础上推出了完善的、典型的单片机系列MCS-51。它在以下几个方面奠定了通用总线型单片机体系结构。

(1) 完善的外部总线。MCS-51设置了经典的8位单片机的总线结构,包括8位数据总线、16位地址总线、控制总线及具有多机通信功能的串行通信接口。

(2) CPU外围功能单元的集中管理模式。

(3) 体现工业控制特性的位地址空间和位操作方式。

(4) 指令系统趋于丰富和完善,并且增加了许多突出控制功能的指令。

4. 第四代单片机(1983年以后)

这是8位高性能单片机和16位单片机并行发展的阶段。Intel公司推出的MCS-96系列单片机,将一些用于测控系统的模/数转换器、程序运行监视器、脉宽调制器等集成到片中,体现了单片机的微控制器特征。

目前,将测控系统中使用的电路技术、接口技术、多通道A/D转换部件、可靠性技术等直接应用到单片机中,增强了外围电路功能,强化了智能控制特征的单片机不断涌现,同时,也有很多公司推出了16位和32位的单片机,单片机的性能得到不断的提高。

1.2.3 单片机的发展趋势

目前,单片机正朝着高性能和多品种方向发展,今后单片机的发展趋势将是进一步向着CMOS化、低功耗、小体积、大容量、高性能、低价格和外围电路内装化等几个方面发展。下面是单片机的主要发展趋势。

1. CMOS化

CMOS电路具有低能耗、高密度、低速度、低价格的特点,随着技术和工艺水平的提高,又出现了HMOS(高密度、高速度MOS)和CHMOS工艺。CMOS芯片除了低功耗特性之外,还具有功耗的可控性,使单片机可以工作在功耗精细管理状态。这也是80C51单片机取代8051单片机为标准MCU芯片的原因。

2. 低功耗与低电压

单片机的功耗已从毫安级降到微安级以下;使用电压为2~6V,完全适应电池工作。低功耗化的效应不仅是功耗低,而且带来了产品的可靠性、高抗干扰能力以及产品的便携化。低电压供电的单片机电源下限已可达1~2V。

3. 低噪声与高可靠性

为提高单片机的抗电磁干扰能力,使产品能适应恶劣的工作环境,满足电磁兼容性方面更高标准的要求,各单片机厂家在单片机内部电路中都采取了新的技术措施。

4. 存储器大容量化

以往单片机内的ROM仅为几个KB,RAM也只有几百字节。但在需要复杂控制的场合容量是不够的,必须进行外接扩充。为了适应这种领域的要求,要运用新的工艺,使片内存储器大容量化。目前,有些单片机内的ROM已达64KB以上,RAM达数KB。

5. 高性能化

由于采用精简指令集(RISC)结构和流水线技术,大幅度提高了CPU的运行速度。现指令速度最高者已达100兆指令/秒(million instruction per seconds,MIPS),并加强了位处理功能、中断和定时控制功能。这类单片机的运算速度比标准的单片机高出10倍以上。

6. 小容量、低价格化

与上述相反,以4位、8位单片机为中心的小容量、低价格化也是发展方向之一。这类单片机的用途是把以往用数字逻辑集成电路组成的控制电路单片化,可广泛用于家用电器产品。

7. 外围电路内装化

这也是单片机发展的主要方向。随着集成度的不断提高,有可能把众多的各种外围功能器件集成在片内。除了一般必须具有的CPU、ROM、RAM、定时器/计数器等以外,片内集成的部件还有模/数转换器、数/模转换器、DMA控制器、声音发生器、监视定时器、液晶显示驱动器、彩色电视机用的锁相电路等。

随着半导体集成工艺的不断发展,单片机的集成度将更高、体积将更小、功能将更强。在单片机家族中,8051单片机系列是其中的佼佼者,加之Intel公司将其MCS-51系列中的8051单片机内核使用权以专利互换或出售形式转让给世界许多著名IC制造厂商,如

Philips、NEC、Atmel、AMD、华邦等公司,这些公司都在保持与 8051 单片机兼容的基础上改善了 8051 单片机的许多特性。这样,8051 单片机就变成有众多制造厂商支持的、发展出上百品种的大家族,现统称为 8051 单片机系列。8051 单片机已成为单片机发展的主流。专家认为,虽然世界上的 MCU 品种繁多,功能各异,开发装置也互不兼容,但是客观发展表明,8051 单片机可能最终形成事实上的标准 MCU 芯片。

1.2.4 典型的单片机产品

如果根据器件的制造厂商分类,单片机主要有以下几种:美国 Intel、Motorola、Zilog、Microchip 和 TI 等公司的单片机,荷兰的 Philips 公司的单片机,德国的 Siemens 公司单片机,日本的 NEC 公司单片机等。下面仅对 Intel 公司的典型产品作简要介绍。

Intel 公司的单片机主要有 MCS-48、MCS-51 和 MCS-96 等系列。

1. MCS-48 系列单片机

MCS-48 系列单片机是 Intel 公司于 1976 年推出的 8 位单片机,其典型产品为 8048,它在一个 40 引脚的大规模集成电路内包含 8 位 CPU、1KB ROM 程序存储器、64B RAM 数据存储器、一个 13 位的定时器/计数器、27 根输入/输出线。

2. MCS-51 系列单片机

Intel 公司于 1980 年推出了 MCS-51 系列单片机,这是一个高性能的 8 位单片机。与 MCS-48 相比,MCS-51 系列单片机无论在片内 RAM、ROM 容量、I/O 的功能、种类和数量还是在系统扩展能力、指令系统功能等方面都有很大加强。

MCS-51 的典型产品为 8051 单片机,其内部有如下资源:

(1) 8 位 CPU;

(2) 4KB ROM 程序存储器;

(3) 128B RAM 数据存储器;

(4) 32 根 I/O 线;

(5) 2 个 16 位的定时器/计数器;

(6) 1 个全双工异步串行口;

(7) 5 个中断源,2 个中断优先级;

(8) 64KB 程序存储器空间;

(9) 64KB 外部数据存储器空间;

(10) 片内振荡电路等。

MCS-51 系列的单片机采用模块式结构,MCS-51 系列中加强型单片机都是以 8051 单片机为核心加上一定的新功能部件后组成的,从而使它们完全兼容。

3. MCS-96 系列单片机

Intel 公司于 1984 年推出了 16 位高性能的 MCS-96 系列单片机。MCS-96 采用多累加器和"流水线作业"的系列结构,它最著名的特点是运算精度高、速度快。它的典型产品为 8397BH,主要有如下资源和功能特性:

(1) 16 位 CPU;

(2) 232B 寄存器文件;

(3) 具有采样保持的 10 位 A/D 转换器;

(4) 5个8位输入/输出口；
(5) 20个中断源；
(6) 脉冲宽度调制输出；
(7) 8KB ROM 程序存储器；
(8) 全双工串行口；
(9) 专用的串行口波特率发生器；
(10) 2个16位定时器/计数器；
(11) 4个16位软件定时器；
(12) 高速输入/输出子系统；
(13) 16位监视定时器；
(14) 具有16位×16位的乘法指令和32位/16位的除法指令。

目前 MCS-96 系列单片机包含有许多型号产品,差别主要是 ROM、A/D 和封装等。
由于单片机种类繁多、功能各异、生产厂家众多,在实际应用中,可根据需要进行合理的选择。在第13章中,我们将对目前流行的单片机系列产品进行介绍。

1.3 单片机的特点及应用

1.3.1 单片机的特点

由于单片机的这种结构形式及它所采取的半导体工艺,使其具有很多显著的特点,因而在各个领域都得到了广泛的应用。单片机主要有如下特点：

(1) 有优异的性能价格比。

(2) 集成度高、体积小、很高的可靠性。单片机把各功能部件集成在一块芯片上,内部采用总线结构,减少了各芯片之间的连线,大大提高了单片机的可靠性与抗干抗能力。另外,其体积小,对于强磁场环境易于采取屏蔽措施,适合在恶劣环境下工作。

(3) 控制功能强。为了满足工业控制的要求,一般单片机的指令系统中均有极丰富的转移指令、I/O口的逻辑操作以及位处理功能。单片机的逻辑控制功能及运行速度均高于同一档次的微型计算机。

(4) 低能耗、低电压,便于生产便携式产品。

(5) 外部总线增加了 I^2C 及 SPI 等串行总线方式,进一步缩小了体积,简化了结构。

(6) 单片机的系统扩展和系统配置较典型、规范,容易构成各种规模的应用系统。

1.3.2 单片机的分类

单片机作为微型计算机发展的一个重要分支,品种多,功能各异。根据目前的情况,从不同角度,单片机大致可以分为通用型和专用型、总线型和非总线型、工控型和家电型等。

1. 按单片机适用范围可分为通用型和专用型

通用型单片机的用途很广泛,使用不同的接口电路及编制不同的应用程序就可完成不同的功能。小到家用电器仪器仪表,大到机器设备和整套生产线都可用通用型单片机来实现自动化控制。例如，8051单片机是通用型单片机，它不是为某种专门用途设计的。我国目前最常用的通用型单片机有Intel公司的MCS-51系列、MCS-96系列，Motorola公司的68HCXX系列等。

专用型单片机是针对某一类产品甚至某一产品设计产生的，例如，为了满足电子体温计的要求，在片内集成有ADC接口等功能的温度控制电路。

2. 按单片机是否提供并行总线可分为总线型和非总线型

总线型单片机普遍设置有并行地址总线、数据总线、控制总线，这些引脚用以扩展并行外围器件。

近年来许多外围器件都可通过串行口与单片机连接，另外，许多单片机已把所需要的外围器件及设备接口集成到片内，因此在许多情况下可以不要并行扩展总线，大大减少封装成本和芯片体积，这类单片机称为非总线型单片机。

3. 按单片机应用领域可分为工控型和家电型

工控型单片机寻址范围大，运算能力强。

用于家电的单片机多为专用型，通常是小封装、外围器件和外设接口集成度高。

显然，上述分类并不是唯一的和严格的。例如，80C51类单片机既是通用型又是总线型，还可以作工控用。

1.3.3 单片机的应用

由于单片机具有显著的优点，它已成为科技领域的有力工具、人类生活的得力助手。它的应用遍及各种领域，主要表现在以下几个方面：

1. 单片机在智能仪表中的应用

单片机广泛用于各种仪器仪表，使仪器仪表智能化，并可以提高测量的自动化程度和精度，简化仪器仪表的硬件结构，提高其性能价格比。

2. 单片机在机电一体化中的应用

机电一体化是机械工业发展的方向。机电一体化产品是指集机械技术、微电子技术、计算机技术于一体，具有智能化特征的机电产品，例如微型计算机控制的车床、钻床等。单片机作为产品中的控制器，能充分发挥它的体积小、可靠性高、功能强等优点，可大大提高机器的自动化、智能化程度。

3. 单片机在实时控制中的应用

单片机广泛用于各种实时控制系统中。例如，在工业测控、航空航天、尖端武器、机器人等各种实时控制系统中，都可以用单片机作为控制器。单片机的实时数据处理能力和控制功能，可使系统保持在最佳工作状态，提高系统的工作效率和产品质量。

4. 单片机在分布式多机系统中的应用

在比较复杂的系统中，常采用分布式多机系统。多机系统一般由若干台功能各异的单片机组成，各自完成特定的任务。它们通过串行通信相互联系、协调工作。单片机在这种系统中往往作为一个终端机，安装在系统的某些节点上，对现场信息进行实时的测量和控制。单片机的高可靠性和强抗干扰能力，使它可以在恶劣环境的前端工作。

5. 单片机在人类生活中的应用

自从单片机诞生以后，它就步入了人类生活，如洗衣机、电冰箱、电子玩具、收录机等家用电器配上单片机后,提高了智能化程度,增加了功能,倍受人们喜爱。单片机使人类生活更加方便、舒适、丰富多彩。

综上所述,单片机已成为计算机发展和应用的一个重要方面,同时单片机的应用改变了传统的控制系统设计思想和设计方法。从前必须由模拟电路或数字电路实现的大部分功能,现在已能用单片机通过软件方法来实现了。这种用软件代替硬件的控制技术也称为微控制技术,是对传统控制技术的一次革命。

1.4 思考练习题

1. 什么是微型计算机?微型计算机主要由哪几部分组成?
2. 什么是微处理器?微处理器主要由哪几部分组成?
3. 微处理器与中央处理器CPU有什么不同?
4. 什么是单片机?单片机有哪些特点?主要有哪些方面的应用?
5. 简述单片机的发展历史和发展方向。

第 2 章　MCS-51 单片机的结构

　　MCS-51 单片机是应用最为广泛的单片机系列,目前许多流行的单片机都与 MCS-51 单片机兼容。因此,掌握 MCS-51 单片机的工作原理,可以适合大多数单片机应用场合。本章以 8051 为例介绍 MCS-51 系列单片机的基本结构、引脚功能、存储器配置、CPU 时序和 I/O 接口等内容。

2.1　MCS-51 单片机的基本结构

2.1.1　MCS-51 单片机的结构类型

　　MCS-51 单片机是以 8051 单片机为核心电路发展起来的,它们都具有 8051 单片机的基本结构和指令系统。MCS-51 单片机的系列产品包括 8031/8051/8751 单片机和 80C31/80C51/87C51 单片机,区别主要在于制造工艺和内部存储器容量等方面。第一方面是制造工艺不同,MCS-51 系列单片机中的器件基本上可分为 HMOS 和 CMOS 两类制造工艺。80C31/80C51/87C51 单片机采用 CMOS 制造工艺,CMOS 器件的特点是电流小、功耗低,但对信号的电平要求高;8031/8051/8751 单片机采用 HMOS 制造工艺,HMOS 器件的特点是对电平要求低,但功耗大,因此现在已较少使用。第二方面是存储器容量的不同,其中 8051 单片机或 80C51 单片机内部有 4KB 的 ROM,8751 单片机或 87C51 单片机为 4KB EPROM,而 8031 单片机或 80C31 单片机内部则没有 ROM。另外,52 子系列的存储器容量是 51 子系列的 2 倍,如表 2-1 所列。

表 2-1　MCS-51 单片机芯片

系列	单片机	掩模 ROM	EPROM	RAM
51 子系列	8031/80C31	—	—	128B
	8051/80C51	4KB	—	128B
	8751/87C51	—	4KB	128B
52 子系列	8032/80C32	—	—	256B
	8052/80C52	8KB	—	256B
	8752/87C52	—	8KB	256B

2.1.2　MCS-51 单片机的基本组成

　　8051 单片机集成了微型计算机所必需的基本功能部件,如图 2-1 和图 2-2 所示,主要包括:1 个 8 位微处理器、128B 片内数据存储器(RAM)和 128B 特殊功能寄存器(SFR)空间、4KB 片内程序存储器(ROM)、2 个定时器/计数器、4 个 8 位可编程的并行 I/O 接口、1 个全双工串行口、5 个中断源的中断控制系统和时钟电路等。

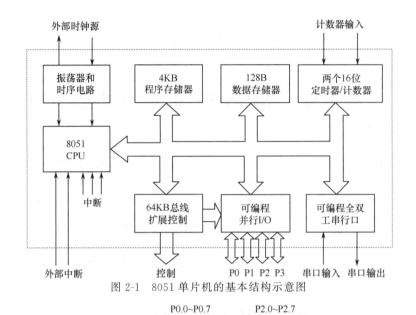

图 2-1　8051 单片机的基本结构示意图

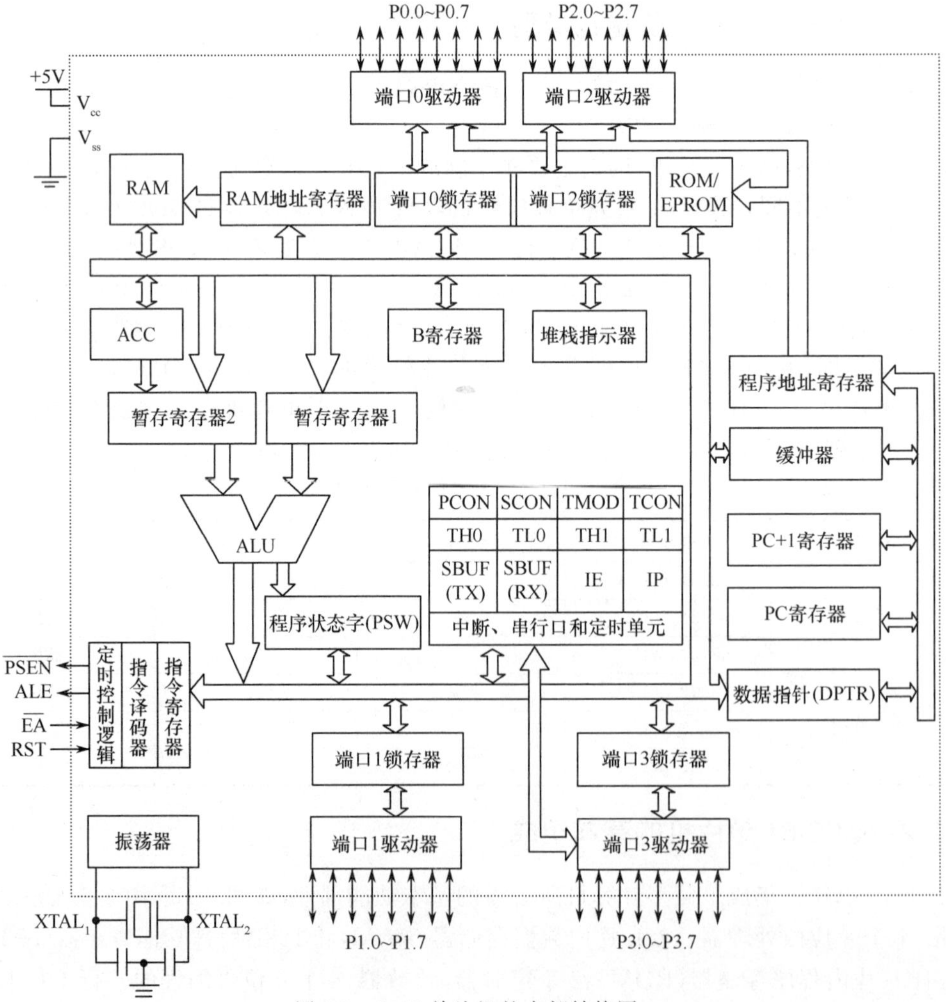

图 2-2　8051 单片机的内部结构图

1. 中央处理器

MCS-51 单片机的 CPU 是一个 8 位的中央处理器,由运算器和控制器两部分组成。

(1) 运算器。运算器是用于算术运算和逻辑运算的执行部件。主要由 8 位算术逻辑单元(ALU)、8 位累加器(ACC)、8 位寄存器(B)、程序状态字寄存器(PSW)、8 位暂存寄存器(TMP1)和(TMP2)等组成。8051 单片机的运算器性能很强,既可以进行加、减、乘、除四则运算,也可以进行与、非、或、异或等逻辑运算,还具有独特的位操作功能,如置位、清零、取反、转移、检测判断、位逻辑运算,特别适用于工业控制领域。

(2) 控制器。控制器是 CPU 的控制中枢,是用来统一指挥和控制计算机工作的部件。8051 单片机的控制器主要由程序计数器(PC)、指令寄存器(IR)、指令译码器(ID)、振荡器(OSC)及定时电路等组成。

2. 程序存储器

程序存储器用于永久性地存储系统程序和表格常数等。8051 单片机片内有 4KB 掩模 ROM,8751 单片机则是 4KB 的 EPROM,目前流行的与 80C51 兼容的单片机 ATMEL 的 AT89C51 单片机片内有 4KB 的 Flash ROM,8031 单片机内部没有 ROM。

3. 数据存储器

数据存储器用于存放运算的中间结果和数据暂存。8051 单片机片内数据存储器包括 128B 的 RAM 和 128B 的特殊功能寄存器空间。

4. 并行 I/O 口

8051 单片机有 4 个 8 位可编程双向并行 I/O 接口,即 P0～P3 口。每个端口对应 1 个 8 位寄存器,并与片内 RAM 统一编址。

5. 串行 I/O 口

8051 单片机有 1 个全双工串行口,可以实现单片机与其他设备之间的串行数据通信。

6. 定时器/计数器

在单片机应用系统中,经常需要精确的定时,或对外部事件进行计数。8051 单片机片内有 2 个 16 位的定时器/计数器,这样提高了单片机的实时控制能力,也减少了软件开销。

7. 中断系统

8051 单片机中断控制系统有 5 个中断源:其中 2 个是外部中断源 INT0 和 INT1,3 个内部中断源,即 2 个定时器/计数器溢出中断和 1 个串行口中断。这些中断具有 2 个中断优先级,分别为高优先级中断和低优先级中断。

8. 时钟电路

8051 单片机的时钟电路为片内振荡器外接石英晶体和微调电容。

2.2 MCS-51 单片机的引脚功能

MCS-51 单片机大都采用双列直插式塑料封装(DIP)形式,共有 40 个引脚,其中有 2 根主电源引脚、2 根时钟电路引脚、4 根控制信号引脚、32 根输入/输出引脚,如图 2-3 所示。

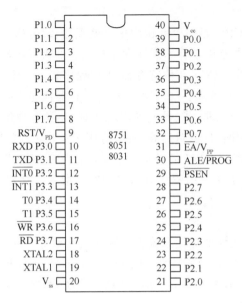

图 2-3 MCS-51 单片机的引脚图

1. 主电源引脚

V_{cc}(40 脚):电源端,接+5V。

V_{ss}(20 脚):接地线。

2. 时钟电路引脚

XTAL1(19 脚):接外部晶体的一端。在片内它是振荡电路反相放大器的输入端。如果采用外部时钟,对于 HMOS 单片机(如 8051 单片机)该引脚必须接地;对于 CHMOS 单片机(如 80C51)该引脚作为驱动端。

XTAL2(18 脚):接外部晶振的另一端。在片内它是振荡电路反相放大器的输出端,振荡电路的频率是晶体的固有振荡频率。如果采用外部时钟,对于 HMOS 单片机该引脚输入外部时钟脉冲;对于 CHMOS 单片机该引脚应悬浮。

3. 控制信号引脚

(1) RST/V_{PD}(9 脚):复位/备用电源引脚。当振荡器工作时,在该引脚上保持两个机器周期以上的高电平将使 8051 单片机复位。

该引脚的第二个功能是作为备用电源输入端。当主电源 V_{cc} 发生故障而降低到规定的低电平时,RST/V_{PD} 线上的备用电源自动接入,以保证片内 RAM 中的数据不丢失。

(2) ALE/$\overline{PROG}$(30 脚,address latch enable/programming):地址锁存允许/编程信号引脚。ALE 配合 P0 口,使之成为分时复用的地址/数据总线。在访问片外存储器时,8051 单片机通过 P0 口输出片外存储器的低 8 位地址,同时还在 ALE 引脚上输出一个高电位脉冲,把片外存储器的低 8 位地址锁存到外部专用地址锁存器上,以便空出 P0 口去传送随后而来的片外存储器读写数据。

对于 8751 单片机,该引脚具有第二功能,在编程写入时,可作为编程脉冲输入端。

(3) $\overline{EA}/V_{PP}$(31 脚,enable address/voltage pulse of programming):允许访问片外存储器/编程电源引脚。可以控制 8051 单片机使用片内 ROM 还是片外 ROM。当其接低电平时,8051 单片机只访问片外 ROM,而不管片内是否有 ROM。对 8031 单片机来说,由于无片内 ROM,该引脚只能接地。当$\overline{EA}$接高电平时,8051 单片机首先访问片内程序存储器,但当程序计数器 PC 的值超过片内 ROM 容量时(0FFFH),单片机将自动转去执行片外 ROM 内的程序。

对于 8751 单片机,该引脚的第二个功能是作为固化编程电压 V_{PP}。

(4) $\overline{PSEN}$(29 脚,program store enable):片外程序存储器读选通引脚。在访问片外 ROM 时,8051 单片机自动在该引脚上产生一个负脉冲,用于片外 ROM 芯片的选通。该引脚接外 EPROM 的$\overline{OE}$端。其他情况该引脚均为高电平封锁状态。

4. 输入/输出引脚

8051 单片机有 4 个并行 I/O 端口(每个并行口有 8 位,共有 32 根 I/O 引脚),分别命名为 P0、P1、P2 和 P3,每个端口都有双向 I/O 功能。每个 I/O 端口内部都有一个 8 位数据输出锁存器和一个 8 位数据输入缓冲器,4 个数据输出锁存器和端口号 P0、P1、P2 和 P3 同名,为特殊功能寄存器(SFR)中的一个。因此,CPU 从并行 I/O 端口输出数据时可以得到锁存,数据输入时可以得到缓冲。

2.3 MCS-51 单片机的存储器配置

MCS-51 系列单片机与一般微型计算机的存储器配置方式很不相同。一般微型计算机通常只有一个地址空间,可以随意安排 ROM 和 RAM,同一地址对应唯一的存储空间,可以是 ROM 也可以是 RAM,并用同类访问指令。此种存储器结构称为普林斯顿结构。

8051 单片机的存储器在物理结构上有 4 个存储空间:片内程序存储器空间、片外程序存储器空间、片内数据存储器空间和片外数据存储器空间,这种程序存储器和数据存储器分开的结构形式,称为哈佛结构。但在逻辑上,即从用户使用的角度看,8051 单片机可分 3 个独立的存储空间。

(1) 片内、外统一编址的 64KB 程序存储器地址空间,0000H~FFFFH(用 16 位地址)。

(2) 64KB 片外数据存储器地址空间,0000H~FFFFH(用 16 位地址)。

(3) 256B 片内数据存储器的地址空间。用 8 位地址,其中低 128B(00H~7FH)是真正的 RAM 区,高 128B(80H~FFH)为特殊功能寄存器(SFR)区。

8051 单片机的存储器空间配置如图 2-4 所示。

上述 3 个存储空间地址是重叠的,为了正确区分这 3 个不同的逻辑空间,8051 单片机的指令系统设计了不同的数据传送指令符号:CPU 访问片内、片外 ROM 指令用 MOVC,访问片外 RAM 指令用 MOVX,访问片内 RAM 指令用 MOV。

2.3.1 程序存储器

程序存储器 ROM 用于存放编好了的程序和表格常数。

8031 单片机没有片内 ROM 存储器,只有 8051 单片机才有片内 4KB 的 ROM 存储器,地址范围为 0000H~0FFFH。无论 8031 单片机还是 8051 单片机,都可以外接片外 ROM,但片内和片外之和不能超过 64KB。8051 单片机有 64KB ROM 的寻址区,其中

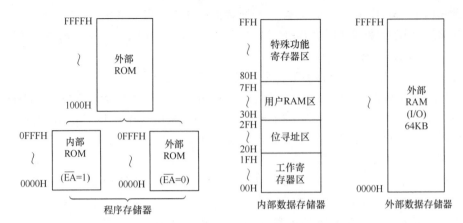

图 2-4 8051 单片机存储器结构

0000H～0FFFH 的 4KB 地址区可以被片内 ROM 和片外 ROM 公用,1000H～FFFFH 的 60KB 地址区被片外 ROM 所专用。在 0000H～0FFFH 的 4KB 地址区,片内 ROM 可以占用,片外 ROM 也可以占用,但不能两者同时占用。为了指示机器的这种占用,器件设计者为用户提供了一条专用的控制引脚 $\overline{EA}$。若 $\overline{EA}$ 接高电平,即 $\overline{EA}=1$,则机器使用片内 4KB ROM;若 $\overline{EA}=0$,则机器自动使用片外 ROM。由于 8031 单片机片内无 ROM,故它的 $\overline{EA}$ 应接地。

在程序存储器中,以下 6 个单元具有特殊功能。

0000H:复位入口。8051 单片机复位后,PC=0000H,即程序从 0000H 开始执行指令。

0003H:外部中断 0 入口。

000BH:定时器 0 溢出中断入口。

0013H:外部中断 1 入口。

001BH:定时器 1 溢出中断入口。

0023H:串行口中断入口。

使用时,通常在这些入口地址处存放一条跳转指令,使程序跳转到用户安排的中断程序起始地址,或者从 0000H 起始地址跳转到用户设计的初始程序上。

2.3.2 数据存储器

数据存储器用于存放中间运算结果、数据暂存和缓冲、标志位等。数据存储器由 RAM 构成,当切断电源时,数据存储器中的数据将丢失,所以数据存储器只能存放不需永久保存的数据。MCS-51 单片机的 RAM 存储器有片内和片外之分,下面分别介绍。

片外 RAM 容量可达 64KB,地址范围为 0000H～FFFFH。片内 RAM 的容量为 256B,地址范围为 00H～FFH。因此,MCS-51 单片机的 RAM 的实际存储容量是超过 64KB 的。为了把两者区分开,MCS-51 单片机采用不同的指令访问片内 RAM 和片外 RAM。MOV 指令用于访问片内 256B,MOVX 指令用于访问片外 64KB。

片外 RAM 采用间接寻址方式,R0、R1 和 DPTR 都可以作为间接寻址寄存器。前两个是 8 位地址指针,寻址范围仅为 256B,而 DPTR 是 16 位地址指针,寻址范围可达 64KB。

片内 RAM 又分成高 128B、低 128B 两部分。其中高 128B(80H～FFH)为专用寄存器区，下面要专门介绍。低 128B(00H～7FH)为真正的片内 RAM 区，一般片内 RAM 就是指该区。

1. 片内低 128B RAM

片内低 128B RAM 可分为工作寄存器区、位寻址区和用户 RAM 区。

1) 工作寄存器区(00H～1FH)

这 32 个 RAM 单元共分 4 组，每组由 8 个工作寄存器(R0～R7)组成，占 8 个 RAM 单元，见表 2-2。R0～R7 可以指向 4 组中任一组，由 PSW 中的 RS1、RS0 状态决定。

工作寄存器 R0～R7 常常被用户用来进行程序设计，但它在 RAM 中的实际物理地址是可以根据需要选定的。RS1 和 RS0 就是为了这个目的提供给用户使用的，用户通过改变 RS1 和 RS0 的状态可以方便地决定 R0～R7 的实际物理地址。

表 2-2 RS1、RS2 对工作寄存器的选择

RS1	RS0	R0～R7 寄存器组号	R0～R7 的物理地址
0	0	第 0 组	00H～07H
0	1	第 1 组	08H～0FH
1	0	第 2 组	10H～17H
1	1	第 3 组	18H～1FH

采用 8051 单片机或 8031 单片机做成的单片机控制系统，开机后的 RS1 和 RS0 总是为零状态，故 R0～R7 的物理地址为 00H～07H，即 R0 的地址为 00H，R1 的地址为 01H，R2 的地址为 02H，……，R7 的地址为 07H。但若机器执行对 PSW 进行赋值的指令，使得其中的 RS1、RS0 为 01B，则 R0～R7 的物理地址变为 08H～0FH，因此，用户利用这种方法可以很方便地达到保护 R0～R7 中数据的目的，这对用户的程序设计是非常有利的。

2) 位寻址区(20H～2FH)

这 16 个 RAM 单元具有双重功能。它既可以像普通 RAM 单元一样按字节存取，也可以对每个 RAM 单元中的任何一位单独存取，这就是位寻址。20H～2FH 用做位寻址时，共有 16×8＝128 位，每位都分配了一个特定地址，即 00H～7FH。这些地址称为位地址，如表 2-3 所列。

表 2-3 片内 RAM 位寻址区地址表

字节地址	位 地 址							
	D7	D6	D5	D4	D3	D2	D1	D0
2FH	7FH	7EH	7DH	7CH	7BH	7AH	79H	78H
2EH	77H	76H	75H	74H	73H	72H	71H	70H
2DH	6FH	6EH	6DH	6CH	6BH	6AH	69H	68H
2CH	67H	66H	65H	64H	63H	62H	61H	60H
2BH	5FH	5EH	5DH	5CH	5BH	5AH	59H	58H
2AH	57H	56H	55H	54H	53H	52H	51H	50H
29H	4FH	4EH	4DH	4CH	4BH	4AH	49H	48H

(续)

字节地址	位 地 址							
	D7	D6	D5	D4	D3	D2	D1	D0
28H	47H	46H	45H	44H	43H	42H	41H	40H
27H	3FH	3EH	3DH	3CH	3BH	3AH	39H	38H
26H	37H	36H	35H	34H	33H	32H	31H	30H
25H	2FH	2EH	2DH	2CH	2BH	2AH	29H	28H
24H	27H	26H	25H	24H	23H	22H	21H	20H
23H	1FH	1EH	1DH	1CH	1BH	1AH	19H	18H
22H	17H	16H	15H	14H	13H	12H	11H	10H
21H	0FH	0EH	0DH	0CH	0BH	0AH	09H	08H
20H	07H	06H	05H	04H	03H	02H	01H	00H

位地址在位寻址操作指令中使用。例如,欲把2FH单元最高位(位地址为7FH)置位成1,则可使用如下置位指令:

SETB 7FH ;位单元7FH的内容置1

其中,SETB为位置位指令的操作码。

位地址的另一种表示方法是采用字节地址和位数相结合的表示法。例如,位地址00H可以表示成20H.0,位地址1AH可以表示成23H.2等。

3) 用户RAM区(30H～7FH)

共有80个RAM单元,用于存放用户数据或作堆栈区使用。MCS-51单片机对用户RAM区中每个RAM单元是按字节存取的。

2. 片内高128字节(SFR)

特殊功能寄存器(special function register,SFR)(80H～FFH)也称专用寄存器。SFR位于片内RAM的高128B。SFR的实际个数和单片机型号有关:8051单片机或8031单片机的SFR有21个,8052单片机的SFR有26个。每个SFR占有一个RAM单元,它们离散地分布在80H～FFH地址范围内,不被SFR占用的RAM单元实际并不存在,访问它们也是没有意义的,如表2-4所列。

表2-4 MCS-51单片机的特殊功能寄存器表

符 号	名 称	地 址
* ACC	累加器	E0H
* B	B寄存器	F0H
* PSW	程序状态字	D0H
SP	栈指针	81H
DPTR	数据指针(包括指针高8位DPH和低8位DPL)	83H(高8位),82H(低8位)
* P0	P0口锁存寄存器	80H
* P1	P1口锁存寄存器	90H
* P2	P2口锁存寄存器	A0H
* P3	P3口锁存寄存器	B0H

(续)

符 号	名 称	地 址
* IP	中断优先级控制寄存器	B8H
* IE	中断允许控制寄存器	A8H
TMOD	定时器/计数器工作方式寄存器	89H
* TCON	定时器/计数器控制寄存器	88H
TH0	定时器/计数器 0(高字节)	8CH
TL0	定时器/计数器 0(低字节)	8AH
TH1	定时器/计数器 1(高字节)	8DH
TL1	定时器/计数器 1(低字节)	8BH
* SCON	串行口控制寄存器	98H
SBUF	串行数据缓冲器	99H
PCON	电源控制及波特率选择寄存器	87H

注：带"*"号的 SFR 可直接按字节寻址，也可按位寻址。

在 21 个 SFR 寄存器中，用户可以用直接寻址指令对它们进行直接存取，也可以对带有"*"号的 11 个寄存器进行位寻址。在字节型寻址指令中，直接地址的表示方法有两种：一种是使用物理地址，如累加器 A 用 E0H，B 寄存器用 F0H，SP 用 81H；另一种是采用表 2-4 中的寄存器标号，如累加器 A 用 ACC，B 寄存器用 B，程序状态字寄存器用 PSW。两种表示方法中，采用后一种方法比较普通，因为它们比较容易为人们记忆。下面对 8051 单片机的专用寄存器进行分析。

1) 累加器(accumulator, A)

累加器(A)又记作 ACC，它是一个具有特殊用途的二进制 8 位寄存器，专门用来存放操作数和运算结果，而不是一个做加法的部件，为什么给它这么一个名字呢？或许是因为在运算器做运算时其中有一个数一定是在 ACC 中的缘故吧。它的名字特殊，身份也特殊，稍后我们将学到指令，可以发现，所有的运算类指令都离不开它。累加器是 CPU 中使用最频繁的寄存器。在 CPU 执行某种运算时，两个操作数中的一个通常存放在 A 中，运算完成后累加器 A 中可得到运算的结果。例如，要实现加法运算 1+2 可通过下面的程序段来实现：

MOV　A,♯1
ADD　A,♯2

第一条指令把加数 1 送入累加器 A，第二条指令把 A 中的内容与 2 相加，执行加法操作的和送入 A 中，所以当这条指令执行结束后，累加器 A 中的数为运算结果 3。并不是所有的指令必须通过累加器 A 进行操作，有些指令以直接地址或间接地址的形式使数据可以从片内的任意地址单元传送到其他寄存器，而不经过累加器 A。逻辑操作也可以不经累加器 A 而在其他寄存器与变量间直接进行。

2) 通用寄存器(general purpose register, B)

通用寄存器 B 是专门为乘法和除法设置的寄存器，也是一个二进制 8 位寄存器，由 8 个触发器组成。不做乘除法时，可随意使用。该寄存器在乘法或除法前，用来存放乘数或除数,在乘法或除法完成后,用于存放乘积的高 8 位或除法的余数。

3) 程序状态字(program status word,PSW)

PSW 是一个很重要的寄存器,里面放了 CPU 工作时的很多状态信息,借此,我们可以了解 CPU 的当前状态,并做出相应的处理。

PSW 是一个 8 位的程序状态标志寄存器,用来存放指令执行后的有关状态信息。PSW 中各位状态通常是在指令执行过程中自动形成的,但也可以由用户根据需要采用传送指令加以改变。它的各标志位定义如下:

PSW.7	PSW.6	PSW.5	PSW.4	PSW.3	PSW.2	PSW.1	PSW.0
CY	AC	F0	RS1	RS0	OV	—	P

其中,PSW.7 为最高位,PSW.0 为最低位。

(1) 进位标志位(carry,CY)。8051 单片机中的运算器是 8 位的运算器,我们知道,8 位运算器只能表示到 0~255,如果做加法的话,两数相加可能会超过 255,这样最高位就会丢失,造成运算的错误。解决的办法是利用进位标志 CY,用于表示加减运算过程中累加器最高位 A7 有无进位或借位。在加法运算时,若累加器最高位 A7 有进位,则 CY=1;否则 CY=0。在减法运算时,有了借位,则 CY=1;否则 CY=0。此外,CPU 在进行移位操作时也会影响这个标志位。

(2) 辅助进位位(auxiliary carry,AC),也称半进位标志位。AC 用于表示加减运算时低 4 位(A3)有无向高 4 位(A4)进位或借位。若 AC=0,则表示加减过程中 A3 没有向 A4 进位或借位;若 AC=1,则表示加减过程中 A4 有了进位或借位。

(3) 用户标志位 F0(Flag zero):F0 的状态通常不是机器在执行指令过程中自动形成的,是由编程人员决定什么时候用,什么时候不用。F0 是根据程序执行的需要通过传送指令确定的。该标志位状态一经设定,便可由用户程序直接检测,以便供用户在程序设计中使用。

(4) 寄存器选择位 RS1 和 RS0:用于选择工作寄存器的组号。

(5) 溢出标志位(overflow,OV):可以指示运算过程中是否发生了溢出,由机器执行指令过程中自动形成,若机器在执行运算指令过程中,累加器 A 中运算结果超出了 8 位数能表示的范围,即 −128~+127,则 OV 标志自动置 1;否则 OV=0。因此,人们根据执行运算指令后的 OV 状态就可判断累加器 A 中的结果是否正确。

(6) PSW.1 为无定义的保留位,用户也可不使用。

(7) 奇偶标志位(parity,P):奇偶标志位 P 用于指示运算结果中 1 的个数的奇偶性。若累加器(A)中 1 的个数为奇数,则 P=1;累加器 A 中的 1 的个数为偶数,则 P=0。例如,存放于 A 中的数值为 78H(01111000B),显然 1 的个数为偶数,所以 P=0。

例 2-1 设程序执行前 F0=0,RS1=00B,RS0=00B,请问机器执行如下程序后,PSW 中各位的状态是什么?

  MOV A,#0FH ;(A)←0FH
  ADD A,#0F8H ;(A)←(A)+0F8H

解 上述加法指令执行时的人工算式是

$$\begin{array}{r} 00001111B \\ +\quad 11111000B \\ \hline 1\ 00000111B \end{array}$$

其中：最高位进位，CY 为 1；次高位进位，CS 也为 1；F0、RS1 和 RS0 由用户设定，加法指令也不会改变其状态；辅助进位，AC 为 1；由于加法运算后 A 的内容为 00000111B，则奇偶检验位 P 为 1；OV 状态由如下关系确定：

OV＝CY⊕CS＝1⊕1＝0   ;⊕为异或

4) 堆栈指针（stack pointer, SP）

SP 是一个 8 位寄存器，能自动加 1，专门用来存放堆栈的栈顶地址。在日常生活中，我们都注意到这样的现象，家里洗的碗，一只一只摞起来，最后放上去的在最上面，而最早放上去的则在最下面，在取的时候正好相反，先从最上面取。这种现象我们用一句话来概括："先进后出，后进先出"。其实这种现象比比皆是。如建筑工地上堆放的砖头、材料，仓库里放的货物，都是"先进后出，后进先出"，这实际是一种存取物品的规则，我们称为"堆栈"。

计算机中的堆栈类似于商业中的货栈，是一种能按"先进后出"或"后进先出"规律存取数据的 RAM 区域。这个区域是可大可小的，常称为堆栈区。8051 单片机片内 RAM 共有 128B，地址范围为 00H～7FH，故这个区域中的任何子区域都可以用做堆栈区，即作堆栈区域用。堆栈有栈顶和栈底之分，栈底由栈底地址标识，栈顶地址始终在 SP 中，即由 SP 指示，是可以改变的，它决定堆栈中是否存放有数据。因此，当堆栈中空无数据时，栈顶地址必定和栈底地址重合，即 SP 中一定是栈底地址；当堆栈中存放的数据越多，SP 中的栈顶地址比栈底地址越大。这就是说，SP 就好像是一个地址指针，始终指示着堆栈中最上面的那个数据的位置。通常堆栈由如下指令设定：

MOV SP, ♯data   ;(SP)←data

若把指令中的 data 用 70H 替代，则机器执行指令后就设定了堆栈的栈底地址 70H。此时，堆栈中尚未压入数据，即堆栈是空的，故 SP 中的 70H 地址也是堆栈的栈顶地址。堆栈中数据是由 PUSH 指令压入和 POP 指令弹出的，PUSH 指令能使 SP 中内容加 1 后将数据压入堆栈，POP 指令将数据从堆栈中弹出后，SP 减 1。堆栈指令的具体操作方法将在指令系统中详细加以介绍。

由于堆栈区在程序中没有标识，因此，程序设计人员在进行程序设计时应主动给可能的堆栈区空出若干存储单元，这些单元是禁止用传送指令存放数据的，只能由 PUSH 和 POP 指令访问它们，以免造成混乱。

5) 数据指针（data pointer, DPTR）

DPTR 是一个 16 位的寄存器。由两个 8 位寄存器 DPH 和 DPL 拼装而成，其中 DPH 为 DPTR 的高 8 位，DPL 为 DPTR 的低 8 位。DPTR 可以用来存放访问片外 RAM 的 16 位地址，也可以用来作为访问 ROM 时的 16 位基址寄存器。

2.4 时钟电路与时序

时钟电路用于产生单片机工作所需的时钟信号。微型计算机执行指令的过程可分为取指令,分析指令和执行指令3个步骤,每个步骤又由许多微操作所组成,这些微操作必须在一个统一的时钟脉冲的控制下才能按照正确的顺序执行。微型计算机实际上就是一个复杂的同步时序电路,它是在时钟脉冲的控制下工作的。

2.4.1 时钟电路

MCS-51单片机的时钟可以通过两种方式产生:内部振荡方式和外部振荡方式。

1. 内部时钟方式

MCS-51单片机片内有一个高增益反相放大器,用于构成振荡器,其输入端为芯片引脚XTAL1(19脚),输出端为引脚XTAL2(18脚)。只需在XTAL1和XTAL2两端跨接石英晶体和两个微调电容,就可以构成稳定的自激振荡器并产生振荡时钟脉冲,这种方式称为内部时钟方式,如图2-5(a)所示。振荡器的工作频率一般为1.2~12MHz,由所选择的石英晶体决定,现在由于制造工艺的改进,频率范围正向两端引伸,高端可达40MHz,低端趋近于0MHz。微调电容通常取30pF左右。

2. 外部时钟方式

在由多片单片机组成的系统中,为了使各单片机之间的时钟信号同步,通常引入唯一的公用外部时钟信号作为各单片机的时钟信号。

8051单片机可以由XTAL2引脚直接输入外部振荡脉冲信号,送至内部时钟电路。为了保证XTAL2的逻辑电平与TTL电平兼容,可接一个4.7~10kΩ的上拉电阻,如图2-5(b)所示。

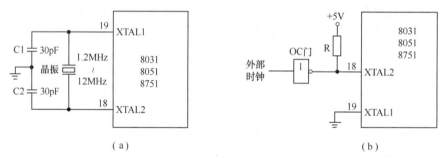

图 2-5 MCS-51 单片机时钟电路
(a) 内时钟方式;(b) 外时钟方式。

对于CHMOS型单片机,外部时钟信号则必须从XTAL1引脚输入,XTAL2引脚悬空;对HMOS型单片机,外部时钟信号则必须从XTAL2引脚输入,XTAL1引脚接地。

2.4.2 MCS-51 单片机的时序

单片机的时序是指CPU在执行指令时所需控制信号的时间顺序。时序信号是以时钟脉冲为基准产生的。CPU发出的时序信号有两类:一类用于片内各功能部件的控制,由于这类信号在CPU内部使用,用户无需了解;另一类信号通过单片机的引脚送到外部,用于片外存储器或I/O端口的控制,这类时序信号对单片机系统的硬件设计非常重要。

由于指令的字节数不同,取这些指令所需要的时间就不同,即使是字节数相同的指令,由于执行操作有较大差别,不同的指令执行时间也不一定相同,即所需要的节拍数不同。为了便于对 CPU 时序进行分析,人们按指令的执行过程规定了几种周期,即振荡周期、状态周期、机器周期和指令周期。

1. 振荡周期

振荡周期是单片机提供时钟信号的振荡源的周期,定义为时钟脉冲频率 f_{OSC} 的倒数,是时序中最小的时间单位。8051 单片机把一个振荡周期定义为一个节拍(用 P 表示),$T_P = 1/f_{\text{OSC}}$。

例如,振荡频率为 1MHz,则它的振荡周期应为 $1\mu s$。因此,振荡周期的时间尺度不是绝对的,而是一个随时钟脉冲频率而变化的参量。但时钟脉冲毕竟是计算机的基本工作脉冲,它控制着计算机的工作节奏,使计算机的每一步工作都统一到它的步调上来。显然,时钟脉冲频率 f_{OSC} 越高,计算机的工作速度就越快,但在选用时钟频率时并不一定越高越好,时钟频率高,系统对单片机的外围集成芯片的工作速度要求也高,否则系统将无法正常工作。

2. 状态周期

状态周期是振荡源脉冲信号经二分频后形成的时钟脉冲信号。即一个状态周期由两个节拍组成,是振荡周期的 2 倍,状态周期通常用 S 表示:

$$T_S = 2T_P$$

3. 机器周期

在计算机中,为了便于管理,常把一条指令的执行过程划分为若干个阶段,每个阶段完成一项基本操作。例如,取指令、读存储器、写存储器等,通常将完成一个基本操作所需的时间称为机器周期。也就是说机器周期是实现特定功能所需时间。

MCS-51 单片机的机器周期是固定不变的,一个机器周期由 6 个状态周期 S 组成。分为 6 个状态(S1~S6),每个状态又分为 P1 和 P2 两拍。因此一个机器周期共有 12 个振荡周期,可以表示为 S1 P1, S1 P2, S2 P1, S2 P2, …, S6 P2。也就是说,机器周期就是振荡脉冲的 12 分频,如图 2-6 所示。当振荡脉冲频率为 12MHz 时,一个机器周期为 $1\mu s$;当振荡脉冲频率为 6MHz 时,一个机器周期为 $2\mu s$。

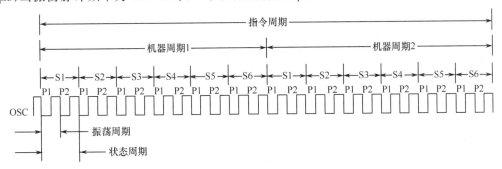

图 2-6　MCS-51 单片机各种周期的相互关系

4. 指令周期

指令周期是执行一条指令所需要的时间,一般由若干个机器周期组成。指令不同,所需要的机器周期数也不同。对于一些简单的单字节指令,在取指令周期中,指令从程序存储器取出送到指令寄存器后,立即译码执行,不再需要其他机器周期。对于一些比较复杂的指令,例如,转移指令、乘除指令,则需要两个或者两个以上的机器周期。在 MCS-51 单片机中,指令按长度可分单字节指令、双字节指令和三字节指令。从单片机执行指令的速度看,单字节和双字节指令都可能是单周期和双周期,而三字节指令都是双周期,只有乘、除法指令占四周期。除了乘、除两条指令是 4 个机器周期,其余都是单周期或双周期。

指令周期是时序信号的最大时间单位。一个指令周期包括若干机器周期,一个机器周期又包括若干个状态周期,CPU 就是按照这种时序有条不紊地控制指令的执行。振荡周期、状态周期、机器周期、指令周期之间的关系如图 2-6 所示。

例 2-2 已知 8051 单片机外接晶振频率为 12MHz 时,求振荡周期、状态周期、机器周期和指令周期。

解 振荡周期$=1/(12\mathrm{MHz})=(1/12)\mu s=0.0833\mu s$
状态周期$=$振荡周期$=2\times 0.0833\mu s=0.167\mu s$
机器周期$=$振荡周期$\times 12=1\mu s$

对不同的指令,其指令周期是不同的,对于 8051 单片机而言,指令周期可为 1、2 和 4 个机器周期。因此,在晶振频率为 12MHz 时,指令周期为 $1\mu s$、$2\mu s$ 和 $4\mu s$。

2.4.3 MCS-51 单片机的指令时序

单片机执行任何一条指令时都可以分为取指令阶段和执行阶段。取指令阶段简称取指阶段,在这个阶段单片机把程序计数器 PC 中的指令地址送到程序存储器的地址线上,并从中取出需要执行指令的操作码和操作数。指令执行阶段可以对指令操作码进行译码,以产生一系列控制信号完成指令的执行。

MCS-51 单片机指令的取指/执行时序如图 2-7 所示。在每个机器周期内,地址锁存控制信号 ALE 两次有效,即出现两次高电平,每次有效时都对应一次读指令操作,第一次出现在 S1P2 和 S2P1 期间,第二次出现在 S4P2 和 S5P1 期间。

按照指令字节数和机器周期数,8051 单片机的 111 条指令可分为 6 类,分别对应于 6 种基本时序。这 6 类指令是:单字节单周期指令、单字节双周期指令、单字节四周期指令、双字节单周期指令、双字节双周期指令和三字节双周期指令。为了便于了解这些基本时序的特点,现列举几种主要时序进行简述。

1. 单字节单周期指令(例如 INC A)

如图 2-7(a)所示,单字节指令的读取始于 S1P2,接着锁存于指令寄存器内并开始执行。当第二个 ALE 有效时,在 S4 虽仍有读操作,由于 CPU 封锁住程序计数器 PC,使其不增量,因而第二次读操作无效,指令在 S6P2 时执行完成。

2. 双字节单周期指令(例如 ADD A,#data)

如图 2-7(b)所示,此时对应 ALE 的两次读操作都有效,其在同一机器周期的 S1P2 读第一字节(操作码),CPU 对其译码后便知道是双字节指令,故使程序计数器 PC 加 1,并在 ALE 第二次有效时的 S4P2 期间读第二字节(操作数),在 S6P2 结束时完成操作。

3. 单字节双周期指令(例如 INC DPTR)

如图 2-7(c)所示,两个机器周期内共进行了 4 次读操作码操作。由于是单字节指令,CPU 自动封锁后面的读操作,故后 3 次读操作无效,并在第二机器周期的 S6P2 时完成指令的执行。

4. 单字节双周期指令(例如 MOVX A,@DPTR)

图 2-7(d)示出访问片外数据存储器指令"MOVX A,@DPTR"的时序。MOVX 类

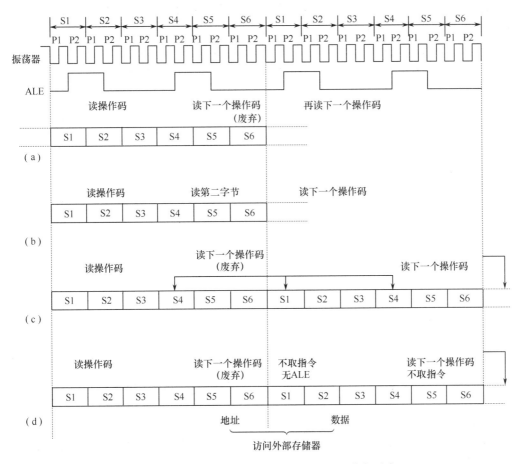

图 2-7 MCS-51 单片机典型指令的取指和执行时序
(a) 单字节单周期指令(例如 INCA); (b) 双字节单周期指令(例如 ADD A,#data);
(c) 单字节双周期指令(例如 INC DPTR); (d) 单字节双周期指令(例如 MOVX A,@DPTR)。

指令与其他单字节双周期指令有所不同,因为在执行这类指令时,先从 ROM 读取指令,然后对外部 RAM 进行读/写操作。在第一机器周期时,与其他指令一样,是第一次读指令(操作码)有效,第二次读指令无效。第二机器周期时,进行外部 RAM 访问,此时与 ALE 信号无关,所以第二机器周期不产生取指令操作。

该时序图只体现了取指令的过程,而没有表现执行指令过程。实际上,执行指令的操作是紧随取指令之后进行的,不同指令的操作时序是不同的。例如,从时序上讲,算术和逻辑操作一般发生在节拍 1 期间,片内寄存器对寄存器传送操作发生在节拍 2 期间。由于指令繁多,加之读者不必细究执行的时序,因而不再细述。

2.5 复位及复位电路

2.5.1 复位

复位是使计算机回到初始化状态的一种操作。计算机系统上电后,从何处开始执行

第一条指令,由系统复位后的状态决定。当计算机由于程序运行出错使系统处于死锁状态时,就需要通过复位重新启动。

MCS-51单片机复位的主要功能是把PC初始化为0000H,使单片机从0000H单元开始执行程序。另外,复位操作还对其他一些寄存器有影响,它们的复位状态如表2-5所列。

表2-5 特殊功能寄存器的复位状态

特殊功能寄存器	复位状态	特殊功能寄存器	复位状态
PC	0000H	TCON	00H
A	00H	TL0	00H
PSW	00H	TH0	00H
SP	07H	TL1	00H
DPTR	0000H	TH1	00H
P0~P3	FFH	SCON	00H
IP	××000000B	SBUF	不定
IE	0×000000B	PCON	0×××0000B
TMOD	00H		

注:"×"表示0或1的任意值。

2.5.2 复位电路

MCS-51单片机的复位电路分片内、片外两部分,RST引脚为复位引脚,复位信号通过引脚RST加到单片机的内部复位电路上。内部复位电路在每个机器周期S2P2对片外复位信号采样一次,当RST引脚上出现连续两个机器周期的高电平时,单片机就能完成一次复位。

外部复位电路就是为内部复位电路提供两个机器周期以上的高电平而设计的。MCS-51单片机通常采用上电自动复位和按键手动复位两种方式。

图2-8(a)是上电自动复位电路。在通电瞬间,在RC电路充电过程中,RST端出现高电平脉冲,从而使单片机复位。由于单片机内的等效电阻的作用,不用图中的电阻R也能达到上电复位的目的。

按键手动复位又分为按键电平复位和按键脉冲复位。按键电平复位电路如图2-8(b)所示,是将复位端通过电阻与V_{cc}相连。按键脉冲复位则是利用RC微分电路产生正脉冲来达到复位目的。

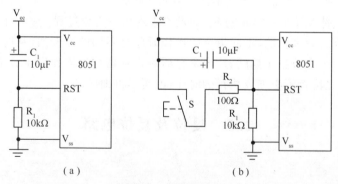

图2-8 复位电路
(a)上电自动复位;(b)按键电平复位。

2.6 并行 I/O 接口

MCS-51 单片机共有 4 个 8 位双向或准双向的并行 I/O 接口,称为 P0、P1、P2、P3 口,每一个接口都有 8 根 I/O 线,每一根 I/O 线都可以作为独立的输入/输出线使用。MCS-51 单片机的 I/O 接口是与片内 RAM 统一编址的,并采用相同的指令进行访问,P0~P3 口采用直接寻址方式,其口地址依次为 80H、90H、A0H、B0H。另外,每个 I/O 口都具有相应的一个 8 位的锁存器(特殊功能寄存器 P0~P3)、一个 8 位的输出驱动器和输入缓冲器。做输出时,数据可以锁存;做输入时,数据可以缓冲,但必须先写入 1。

在无片外扩展存储器的系统中,这 4 个接口的每一位都可以作为双向通用 I/O 接口使用。在具有片外扩展存储器的系统中,P2 作为片外扩展的 16 位地址总线的高 8 位地址线,而 P0 口分时作为低 8 位地址线和数据总线。

MCS-51 单片机 4 个 I/O 接口在结构上是基本相同的,但又各具特点。

2.6.1 P0 口

P0 口(39 脚~32 脚)是一个 8 位漏极开路型双向 I/O 端口。它由一个 8 位输出锁存器、两个三态输入缓冲器和输出驱动电路及控制电路组成,如图 2-9 所示。

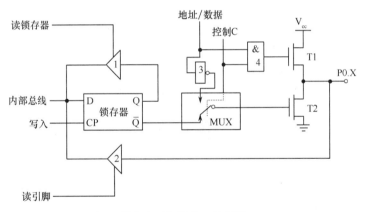

图 2-9 P0 口的一位结构

P0 口有两种功能:在扩展片外存储器时,作为地址/数据分时复用总线;在不扩展片外存储器时,作为双向通用输入/输出口使用。图中的模拟开关受内部控制信号 C 控制,与反相器 3 一起构成输出控制电路,实现 P0 口的两种功能。当 CPU 使控制线 C=0 时,开关 MUX 打到下位,P0 口作为通用 I/O 使用;当 CPU 使控制线 C=1 时,开关 MUX 打到上位,接反相器 3 的输出端,P0 口分时作为地址/数据总线。

1. P0 口作为通用 I/O 口使用

(1) 作为输出口使用时,内部带锁存器,可以直接与外设相连,输出数据可以得到锁存,不需外接专用锁存器。由于 P0 口用于输出时,控制线 C=0,"与"门 4 输出为 0,输出级中的场效应管 T_1 处于截止状态,因此 P0 口是漏极开路的开漏电路,输出时必须外接上拉电阻以输出高电平。

(2) 作为输入口使用时,读信号有效,三态门 2 打开,P0.X 上的输入数据经三态门 2

直接送上内部数据总线。但若锁存器原来保存的数据使场效应管 T_2 导通，P0.X 被强行钳制在低电平上，不能向内部数据总线输入"1"，从而产生误读。所以在 P0 口做输入操作前必须先用输出指令向锁存器写入"1"，使 $\overline{Q}=0$，场效应管 T_2 截止。由于 T_1 和 T_2 全截止，引脚处于悬浮状态，可做高阻抗输入。

2. P0 口作为地址/数据分时复用总线

MCS-51 单片机在外扩存储器或 I/O 接口时，CPU 对片外存储器进行读写，使控制线 C=1，开关 MUX 接反相器 3 的输出端，这时 P0 口分时复用，作为系统的地址/数据总线。要注意的是，当 P0 口作为地址/数据总线时，就不再作为通用 I/O 口使用了。

2.6.2 P1 口

P1 口（1 脚～8 脚）一般作通用输入/输出接口使用。如图 2-10 所示，P1 口在电路结构上与 P0 口有所不同，没有 P0 口中的模拟开关，并且内部有上拉负载电阻，与场效应管 T 一起构成输出驱动电路，因此不需要再外接上拉电阻，直接可作为输出口。当 P1 口用做输入时，也必须先向对应的锁存器写入 1，使场效应管 T 截止，此时由于接口内部的上拉电阻较大，所以不会对输入的数据产生影响。因此，P1 口是一个带内部上拉电阻的 8 位准双向的 I/O 接口。

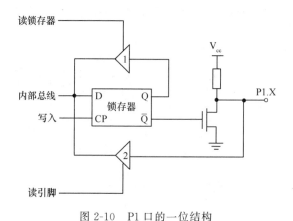

图 2-10 P1 口的一位结构

P1 口输出时能驱动 4 个 LSTTL 负载，即输出电流不小于 $400\mu A$。

2.6.3 P2 口

P2 口（21 脚～28 脚）有两种作用：第一，用做一般的输入/输出接口；第二，在外部存储器扩展时用做高 8 位的地址总线。如图 2-11 所示，P2 口结构的控制部分与 P0 口类似，驱动部分与 P1 口类似。图中模拟开关 MUX 用来控制 P2 口的两种工作状态。当开关打向 Q 端时，用做通用准双向 I/O 接口，当开关打向地址端时，输出高 8 位地址。锁存器、上拉电阻和场效应管 T 的作用同 P1 口，负载能力与 P1 口相同，能驱动 4 个 LSTTL 负载。

2.6.4 P3 口

P3 口（10 脚～17 脚）是一个多功能接口，除了具有一般通用 I/O 接口的功能外，其各

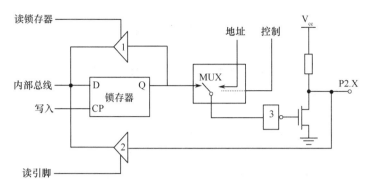

图 2-11 P2 口的一位结构

个引脚还具有第二功能。P3 口某一位的结构如图 2-12 所示。P3 口与 P1 口的差别在于多了"与非"门 3 和缓冲器 4。"与非"门 3 的作用相当于一个开关,决定是输出锁存器上的数据还是输出第二功能的信号。当第二输出功能端保持高电平时,打开"与非"门 3,锁存器输出可通过与非门送至驱动场效应管输出到引脚端,这是作为通用 I/O 口输出使用的情况。输入时同样需要向对应的锁存器写入 1,当 CPU 发出读命令时,"读引脚"有效,引脚信号读入 CPU。

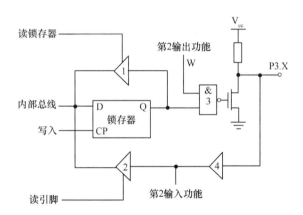

图 2-12 P3 口的一位结构

当锁存器输出端 Q=1 时,打开"与非"门 3,端口用于第二功能情况下的输出,第二功能端的内容通过"与非"门和场效应管送至引脚;输入时,引脚的第二功能信号通过缓冲器 4 送至第二功能端。P3 口的第二功能如表 2-6 所列。

表 2-6 P3 口的第二功能表

端口引脚	第 二 功 能	端口引脚	第 二 功 能
P3.0	RXD(串行输入口)	P3.4	T0(定时器/计数器 0 外部输入)
P3.1	TXD(串行输出口)	P3.5	T1(定时器/计数器 1 外部输入)
P3.2	$\overline{INT0}$(外部中断 0 输入)	P3.6	$\overline{WR}$(外部数据存储器写信号)
P3.3	$\overline{INT1}$(外部中断 1 输入)	P3.7	$\overline{RD}$(外部数据存储器读信号)

2.7 思考练习题

1. MCS-51 单片机包含哪些主要的逻辑功能部件？
2. 8051 单片机有哪 3 个独立寻址空间？各自的寻址范围为多少？如何区分 3 个寻址空间？
3. 8051 单片机的 $\overline{EA}$、ALE、$\overline{PSEN}$ 各有什么作用？
4. 说明程序状态寄存器 PSW 中的常用标志位的定义。
5. 什么是当前工作寄存器？8051 单片机如何选择当前工作寄存器组？
6. 8051 单片机的 21 个特殊功能寄存器中哪些具有位寻址功能？
7. 什么是堆栈？堆栈指针 SP 有何作用？
8. 位地址 7CH 与字节地址 7CH 有什么区别？
9. 什么是振荡周期、状态周期、机器周期和指令周期？它们之间有何关系？
10. 8051 单片机的复位信号有什么要求？
11. 8051 单片机复位后，P0～P3 口处于什么状态？
12. 8051 单片机 P0～P3 口的结构有何区别？作为通用 I/O 口输入数据时应注意什么问题？
13. 为什么 P1～P3 口称为"准双向"I/O 口？

第 3 章　MCS-51 单片机指令系统

指令是规定计算机执行某种操作的命令,一台计算机所能执行的全部指令的集合称为该计算机的指令系统。不同的计算机具有各自所固有的指令系统,用户无法改变它,而只能接受和应用它。虽然各种不同 CPU 的指令系统各不相同,但它们的指令类型、指令格式、指令的基本操作和指令的寻址方式等都有很多相似和共同之处。学好了一种机器的指令系统,再学其他机器的指令系统就方便和容易得多了。

3.1　指令系统概述

3.1.1　指令分类和特点

MCS-51 单片机指令系统由 111 条指令组成,指令功能丰富,使用灵活方便。

1. 指令分类

按指令功能可分为 5 类:数据传送类指令(28 条)、算术运算类指令(24 条)、逻辑运算类指令(25 条)、控制转移类指令(17 条)、布尔操作(位操作)类指令(17 条)。

按指令执行时间可分为 3 类:单周期指令(64 条)、双周期指令(45 条)、四周期指令(2 条)。

按指令代码长度可分为三类:单字节指令(49 条)、双字节指令(45 条)和三字节指令(17 条)。

本章将按照指令的功能分类具体介绍所有指令。

2. 指令特点

MCS-51 单片机指令系统有如下特点:
(1) 指令执行速度快。
(2) 指令长度短,约有一半的指令为单字节指令。
(3) 具有单字节无符号数的乘法和除法指令。
(4) 具有丰富的位操作指令。
(5) 可直接用传送指令实现端口的输入/输出操作。

3.1.2　指令格式

指令的表示方法称为指令格式,其内容主要包括指令的长度和内部信息的安排等。一条指令通常由操作码和操作数两部分组成。操作码指明执行什么性质和类型的操作,例如,数据传送、加法、减法等。操作数指明操作对象,可能是一个具体的数据本身或者是指出取得数据所在的地址等。在 MCS-51 系列单片机的指令系统中,有单字节、双字节和三字节等不同长度的指令。

(1) 单字节指令。指令只有一个字节,操作码和操作数同在一个字节中,也有个别指令只有操作码,没有或隐含操作数。

(2) 双字节指令。双字节指令包括两个字节。其中第一个字节的全部或部分位为操作码,另一个字节是操作数。

(3) 三字节指令。在三字节指令中,操作码占一个字节,操作数占两个字节。其中操作数既可能是数据,也可能是地址。

从指令执行时间来看,有单机器周期指令、双机器周期指令,只有乘法、除法指令的执行时间为 4 个机器周期。在 12MHz 晶振条件下,8051 单片机的指令执行时间分别为 1μs、2μs、4μs。可见,8051 单片机的指令系统在存储空间和时间的利用效率上都是比较有效的。

3.1.3 寻址方式

寻址就是寻找指令中操作数或操作数所在的地址。寻址方式就是如何找到存放操作数的地址,把操作数提取出来的方式。MCS-51 单片机主要有如下 7 种寻址方式。

1. 直接寻址

它是指令中直接给出操作数所在存储单元地址的寻址方式。能进行直接寻址的存储空间为片内 RAM 空间,含内部 128B 数据 RAM 单元和所有的特殊功能寄存器(SFR)。对于特殊功能寄存器,既可以使用它们的地址,也可以使用它们的寄存器名,直接寻址是访问特殊功能寄存器的唯一方式。

例如:

MOV   PSW,#25H   ;(PSW)←#25H

PSW 为直接寻址特殊功能寄存器的符号地址。

MOV   A,32H   ;(A)←(32H)

32H 为直接给出的内部 RAM 的地址。

2. 立即寻址

它是指令中直接给出操作数的寻址方式。立即操作数使用前面加前缀"#"号的 8 位或 16 位数来表示。

例如:

MOV   A,#68H   ;(A)←#68H
MOV   DPTR,#1234H   ;(DPTR)←#1234H
MOV   30H,#45H   ;(30H)←#45H

上述 3 条指令执行完后,累加器 A 中数据为立即数 68H,DPTR 寄存器中数据为 1234H,30H 单元中数据为 45H。

3. 寄存器寻址

它是以通用寄存器的内容为操作数的寻址方式。通用寄存器指 A、B、DPTR 以及 R0~R7 等。

例如:

CLR   A   ;(A)←#00H
INC   DPTR   ;(DPTR)←(DPTR)+1

ADD   A,20H   ;(A)←(A)+(20H)

4. 寄存器间接寻址

它是以寄存器中的内容为地址,再以该地址单元中的内容为操作数的寻址方式。间接寻址的存储器空间包括内部数据 RAM 和外部数据 RAM。能用于寄存器间接寻址的寄存器有 R0、R1、DPTR、SP。其中 R0、R1 必须是工作寄存器组中的寄存器。SP 仅用于堆栈操作。除堆栈操作外,所有寄存器间接寻址指令中,应在寄存器的名称前面加前缀"@"。

例如:

MOV   A,@R0   ;(A)←((R0))

该指令操作是将寄存器 R0 的内容作为地址,然后找到该地址单元的内容送给累加器 A。

MOVX   @DPTR,A   ;((DPTR))←(A)

该指令操作是将累加器 A 的内容送给以寄存器 DPTR 的内容为地址的片外 RAM 单元中。

5. 变址寻址

变址寻址只能对程序存储器中的内容进行操作。由于程序存储器是只读的,因此变址寻址只有读操作而无写操作。通常以 DPTR 或 PC 作为基址寄存器,累加器 A 作为变址寄存器,将两者的内容相加后得到的 16 位值作为对程序存储器操作的地址,也称为基址寄存器加变址寄存器间接寻址。指令符号上采用 MOVC 的形式。

例如:

MOVC   A,@A+DPTR   ;(A)←((A)+(DPTR))
MOVC   A,@A+PC   ;(A)←((A)+(PC))

这两条指令的不同点是,基址寄存器一个是 DPTR,另一个是 PC。

6. 相对寻址

它是以当前程序计数器 PC 的内容为基础,加上指令给出的一个字节的偏移量(rel)而形成新的 PC 值的寻址方式。

相对寻址用于修改 PC 值,主要用于实现程序的相对转移。相对转移指令执行时,是以当前 PC 值加上指令中所规定的偏移量(rel)而形成实际的目标转移地址。这里所说的当前 PC 值是指完成相对转移指令取指令后的 PC 值。一般将相对转移指令操作码所在的首地址称为源地址,转移后的地址称为目标地址。可得到:

目标地址=源地址+相对转移指令的字节数+rel。

其中,相对转移指令字节数依据不同指令,可为 2 或 3。

例如:

SJMP   08H   ;(PC)←(PC)+2+08H

7. 位寻址

位寻址只能对有位地址的单元作进行寻址操作。位寻址其实是一种直接寻址方式,不过其地址是位地址。

例如:

SETB   10H   ;位地址 10H 的内容置"1",若字节单元 22H 中存放着数据

40H,字节单元22H的D0位的位地址即为10H,执行上述指令后(22H)=41H。

  MOV 35H,C   ;(35H)←(C)

  针对不同的寻址方式,所涉及的寻址空间各不相同,表3-1给出了8051单片机的7种寻址方式所涉及的寻址空间。

表3-1 8051单片机的7种寻址方式所涉及的寻址空间

寻址方式	寻 址 空 间
立即数寻址	程序存储器
直接寻址	片内RAM低128B,特殊功能寄存器
寄存器寻址	R0~R7、A、B、DPTR
间接寻址	片内RAM低128B,片外RAM
变址寻址	程序存储器
相对寻址	程序存储器
位寻址	片内RAM的20H~2FH字节单元,部分特殊功能寄存器

3.1.4 指令描述符号介绍

  为了更加方便介绍分类指令,先将经常使用的符号及意义作简单介绍如下。

  Rn:当前选中的寄存器区中的8个工作寄存器R0~R7中的一个,$n=0$~7。

  Ri:当前选中的寄存器区中的2个工作寄存器R0或R1中的一个,$i=0$或$i=1$。

  direct:8位的内部数据存储器单元中的地址,既可以指片内RAM的低128个单元地址,也可以指特殊功能寄存器的地址或符号名称,direct表示直接寻址方式。

  ♯data:包含在指令中的8位常数。

  ♯data16:包含在指令中的16位常数。

  addr16:16位目的地址,只限于在LCALL和LJMP指令中使用。

  addr11:11位目的地址,只限于在ACALL和AJMP指令中使用。

  rel:相对转移指令中的偏移量,为8位带符号数。在SJMP和所有条件转移指令中使用。转移范围为相对于下一条指令第一字节地址的-128~$+127$之间。

  DPTR:数据指针,可用作16位地址寄存器。

  bit:内部RAM或特殊功能寄存器中的直接寻址位地址。

  A:累加器。

  B:专用寄存器,用于乘法和除法指令中。

  C:进位标志或借位标志位,也是布尔处理机中的累加器。

  @:间接寻址寄存器的前缀。

  /:位操作数的前缀,表示对该位操作数取反。

  (×):片内RAM的直接地址或寄存器×的内容,通常为寄存器寻址或直接寻址。

  ((×)):由×的内容为地址所指的单元中的内容,通常为寄存器间接寻址。

  ←:箭头左边的内容被箭头右边的内容所代替。

3.2 数据传送类指令

数据传送类指令(Data Transfer)是将源操作数送到目的操作数的指令。指令执行后,源操作数不变,目的操作数被源操作数取代。数据传送是一种最基本、最主要的操作,在应用程序中,数据传送指令占有较大的比例。数据传送是否灵活和高效对整个程序的编写和运行具有重要的影响。MCS-51 单片机指令系统为用户提供了丰富的数据传送指令,使用方便灵活。数据传送类指令用到的助记符有 MOV、MOVX、MOVC、XCH、XCHD、SWAP、PUSH、POP 等,共 28 条。

源操作数可采用寄存器寻址、寄存器间接寻址、直接寻址、立即寻址和变址寻址 5 种寻址方式进行寻址,目的操作数可以采用寄存器寻址、寄存器间接寻址和直接寻址 3 种寻址方式。

3.2.1 普通数据传送指令

普通数据传送指令包含 MOV、MOVC 和 MOVX 三类助记符,其指令实现将源操作数送给目的操作数,而源操作数内容保持不变。

1. MOV(move byte variable)指令

指令格式:MOV　＜目的操作数＞,＜源操作数＞;(目的操作数)←(源操作数)

MOV 指令主要实现 MCS-51 单片机片内各部件之间的数据传送,其数据传送途径如图 3-1 所示。

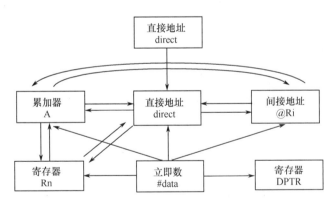

图 3-1　MCS-51 单片机片内数据传送途径

1) 以 A 为目的操作数的指令(4 条[①])

MOV　A,Rn　　　;(A)←(Rn)

字节:1,周期:1T。

编码: | 1110 1rrr |　　E8H～EFH。

其中,rrr 为工作寄存器地址,rrr＝000～111,对应于当前工作寄存器组中的寄存器 R0～R7。

---

① 表示有 4 条该类指令。

MOV　A,direct　　;(A)←(direct)

字节:2,周期:1T。

编码:| 1 1 1 0　0 1 0 1 |　　| direct |　　E5H。

其中,direct 为直接寻址单元。

MOV　A,@Ri　　;(A)←((Ri))

字节:1,周期:1T。

编码:| 1 1 1 0　0 1 1 i |　　E6H,E7H。

其中,i 为间接寻址工作寄存器地址,i=0 或 i=1,对应于工作寄存器 R0 或 R1。

MOV　A,♯data　　;(A)←♯data

字节:2,周期:1T。

编码:| 0 1 1 1　0 1 0 0 |　　| data |　　74H。

其中,data 为 8 位立即数。

例如:已知(A)=40H,(55H)=01H。执行指令 MOV　A,55H 后,(A)=01H,(55H)=01H 不变。

2) 以 Rn 为目的操作数的指令(3 条)

MOV　Rn,A　　　;(Rn)←(A)

字节:1,周期:1T。

编码:| 1 1 1 1　1 r r r |　　F8H～FFH。

MOV Rn,direct　;(Rn)←(direct)

字节:2,周期:2T。

编码:| 1 0 1 0　0 r r r |　　| direct |　　A8H～AFH。

MOV Rn,♯data　;(Rn)←♯data

字节:2,周期:1T。

编码:| 0 1 1 1　1 r r r |　　| data |　　78H～7FH。

例如:已知(R2)=23H。执行指令 MOV　R2,♯55H 后,(R2)=55H。

3) 以直接地址为目的操作数的指令(5 条)

MOV　direct,A　　;(direct)←(A)

字节:2,周期:1T。

编码:| 1 1 1 1　0 1 0 1 |　　| direct |　　F5H。

MOV　direct,Rn　　;(direct)←(Rn)

字节:2,周期:2T。

编码:| 1 0 0 0　1 r r r |　　| direct |　　88H～8FH。

MOV　direct1,direct2　;(direct1)←(direct2)

字节:3,周期:2T。

编码:| 1 0 0 0　0 1 0 1 |　　| direct2(源) |　　| dircet1(目的) |　　85H。

MOV direct,@Ri   ;(direct)←((Ri))
字节:2,周期:2T。

编码: | 1 0 0 0 0 1 1 i | | direct | 86H,87H。

MOV direct,♯data   ;(direct)←♯data
字节:3,周期:2T。

编码: | 0 1 1 1 0 1 0 1 | | direct | | data | 75H。

例如:已知(A)=40H,(55H)=01H。执行指令 MOV 55H,A 后,(A)=40H 不变,(55H)=40H。

4) 以间接地址为目的操作数的指令(3条)
MOV @Ri,A   ;((Ri))←(A)
字节:1,周期:1T。

编码: | 1 1 1 1 0 1 1 i | F6H,F7H。

MOV @Ri,direct   ;((Ri))←(direct)
字节:2,周期:2T。

编码: | 1 0 1 0 0 1 1 i | | direct | A6H,A7H。

MOV @Ri,♯data   ;((Ri))←♯data
字节:2,周期:1T。

编码: | 0 1 1 1 0 1 1 i | | data | 76H,77H。

例如:已知(R1)=23H。执行指令 MOV @R1,♯55H 后,(R1)=23H 不变,(23H)=55H。

5) 以DPTR为目的操作数的16位数据传送指令(1条)
MOV DPTR,♯data16 ;(DPTR)←♯data16
字节:3,周期:2T。

编码: | 1 0 0 1 0 0 0 0 | | data15~8 | | data7~0 | 90H。

这是唯一的一条16位数据传送指令,其功能是把16位常数送入DPTR,DPTR由DPH和DPL两个8位特殊功能寄存器组成。这条指令的执行结果是data16中的高8位送入DPH,低8位送入DPL。

例如:若执行指令 MOV DPTR,♯4567H 后,(DPTR)=4567H,即(DPH)=45H,(DPL)=67H。

2. MOVX指令(move external,4条)
指令格式:MOVX <目的操作数>,<源操作数>   ;(目的操作数)←(源操作数)
MOVX指令用于访问外部数据RAM。
MOVX A,@DPTR   ;(A)←((DPTR))
字节:1,周期:2T。

编码: | 1 1 1 0 0 0 0 0 | E0H。

MOVX @DPTR,A　　　　　;((DPTR))←(A)

字节:1,周期:2T。

编码:| 1111　0000 |　F0H。

MOVX　A,@Ri　　　　　;(A)←((Ri))

字节:1,周期:2T。

编码:| 1110　001i |　E2H,E3H。

MOVX @Ri,A　　　　　;((Ri))←(A)

字节:1,周期:2T。

编码:| 1111　001i |　F2H,F3H。

上述 4 条 MOVX 指令,是实现累加器 A 与外部数据存储器或 I/O 口之间传送一个字节数据的指令。P0 口作为复用总线,分时实现低 8 位地址输出和 8 位数据的输入或输出。

前两条指令,采用 16 位 DPTR 作为间址,可寻址整个 64KB 的片外数据存储器空间,低 8 位地址由 P0 口进行分时使用,高 8 位地址由 P2 口输出。后两条指令,采用 8 位工作寄存器 Ri 作为间址,可寻址 256B 的片外数据存储器空间范围,这时若要访问大于 256 个单元的片外 RAM 空间范围时,一般选用 P2 口或任何其他输出口线来输出高 8 位的地址。

MOVX 指令执行时,由于要对外部 RAM 进行读或写的操作,除了数据和地址信号以外还自动产生相应的读或写控制信号。以 A 为目标的操作称为读片外 RAM,指令执行时 P3.7($\overline{RD}$)引脚产生一个低电平"读"脉冲,以片外 RAM 单元为目标的操作称为写片外 RAM,指令执行时 P3.6($\overline{WR}$)引脚产生一个低电平"写"脉冲。

另外,在学习和使用中一定要正确区分:

MOVX　A,@Ri 与 MOV　A,@Ri 指令;

MOVX　@Ri,A 与 MOV　@Ri,A 指令。

举例:某应用系统外扩了 16KB RAM,要求把内部 RAM 的 32H 单元内容发送到外部 RAM 的 1234H 单元中。

　　MOV　R0,#32H　　　　　;内部数据存储器地址指针
　　MOV　A,@R0　　　　　　;取内部数据存储器32H单元内容送给A
　　MOV　DPTR,#1234H　　　;外部数据存储器地址指针
　　MOVX　@DPTR,A　　　　 ;A 的内容送给外部数据存储器1234H单元

3. MOVC 指令(Move Code Byte,2 条)

指令格式:

MOVC　A,<源操作数>　　　;(A)←(源操作数)

MOVC 指令用于访问程序存储器(仅能进行读操作)。

MOVC　A,@A+DPTR　　　　;(A)←((A)+(DPTR))

字节:1,周期:2T。

编码:| 1001　0011 |　93H。

MOVC   A,@A+PC   ;(PC)←(PC)+1,(A)←((A)+(PC))

字节:1,周期:2T。

编码: $\boxed{1000\ 0011}$ 83H。

上述两条指令的功能均是从程序存储器单元中读取数据(代码或常数等)装入累加器A,执行过程相同,其差别是基址不同,因此适用范围也不同。

累加器 A 为变址寄存器,而 PC 或 DPTR 为基址寄存器。以 DPTR 为基址寄存器时,允许在 64KB 的程序存储器中任意单元获取数据,编程比较直观方便;而以 PC 为基址寄存器时,只能在该指令单元往下的 256 个单元中获取数据,且编程时需计算 A 值与查找表格首址的偏移量。

例如:已知 R1 中有一个 0~9 的数,执行下列程序后,R2 的值为 R1 数值的平方。

```
SQ2:    MOV     A,R1            ;(A)←(R1)
        MOV     DPTR,#TAB       ;指向表格首地址
        MOVC    A,@A+DPTR       ;查表得到该数的平方数值
        MOV     R2,A            ;存平方值到 R2 中
HERE:   SJMP    HERE
TAB:    DB      00,01,04,09,16  ;数 0~9 的平方表
        DB      25,36,49,64,81
```

3.2.2 数据交换指令

1. 字节交换 XCH(exchange accumulator with byte variable,3 条)

XCH   A,Rn   ;(A)←→(Rn)

字节:1,周期:1T。

编码: $\boxed{1100\ 1rrr}$ C8H~CFH。

XCH   A,direct   ;(A)←→(direct)

字节:2,周期:1T。

编码: $\boxed{1100\ 0101}$ $\boxed{\quad direct \quad}$ C5H。

XCH   A,@Ri   ;(A)←→((Ri))

字节:1,周期:1T。

编码: $\boxed{1100\ 011i}$ C6H,C7H。

字节交换指令的功能是将累加器 A 与源操作数的字节内容互换。源操作数有寄存器寻址、直接寻址和寄存器间接寻址等寻址方式。与 MOV 指令相比,该类指令执行后,源操作数和目的操作数的内容都要发生变化。

例如:已知(R1)=30H,(A)=2AH。执行 XCH A,R1 指令后,(R1)=2AH,(A)=30H。

2. 半字节交换 XCHD(exchange low-order digit,1 条)

XCHD   A,@Ri   ;$(A_{3\sim 0})$←→$((Ri)_{3\sim 0})$

字节:1,周期:1T。

编码:| 1 1 0 1   0 1 1 i | D6H,D7H。

XCHD指令实现累加器A的低4位内容与Ri间接寻址单元的低4位内容互换,而它们的高4位内容均不变。

例如:已知(R1)=30H,(A)=36H,内部RAM(30H)=75H。执行 XCHD A,@R1指令后,(R1)=30H 不变,(A)=35H,(30H)=76H。

3.2.3 堆栈操作

堆栈是在片内RAM中按"先进后出"原则设置的专用存储区。数据的进栈出栈由指针SP统一管理。堆栈的操作有如下两条专用指令。

1. 进栈(压栈)指令 PUSH(push direct byte onto stack)

PUSH   direct   ;(SP)←(SP)+1,((SP))←(direct)

字节:2,周期:2T。

编码:| 1 1 0 0   0 0 0 0 | | direct | C0H。

2. 出栈(退栈)指令 POP(pop direct byte from stack)

POP   direct   ;(direct)←((SP)),(SP)←(SP)-1

字节:2,周期:2T。

编码:| 1 1 0 1   0 0 0 0 | | direct | D0H。

在8051单片机片内的128B的RAM中,可以设定一个区域作为堆栈区,栈顶由堆栈指针SP指出,8051单片机复位后,(SP)=07H,可通过对SP重新赋值,来改变入栈顶位置。

PUSH指令执行后栈指针(SP)+1,然后,将直接地址direct单元内容送入SP所指示的堆栈单元,此操作不影响标志位。

POP指令又称"弹出"操作,由栈指针(SP)所寻址的片内RAM中的内容((SP))送入直接寻址单元direct中,然后执行(SP)-1并送入SP,此操作不影响标志位。

本节全面介绍了实现数据传送的指令,在实际应用中,应采取灵活的方式进行使用,达到同一个目的可能有多种不同的方法和手段。实现片内RAM的41H单元与42H单元中的内容互换。

例如:

方法1:直接地址传送法。

  MOV   40H,41H
  MOV   41H,42H
  MOV   42H,40H

方法2:间接地址传送法。

  MOV   R0,#41H
  MOV   R1,#42H
  MOV   A,@R0
  MOV   B,@R1

```
        MOV    @R0,B
        MOV    @R1,A
方法3：字节交换传送法。
        MOV    A,41H
        XCH    A,42H
        MOV    41H,A
方法4：堆栈操作法。
        PUSH   41H
        PUSH   42H
        POP    41H
        POP    42H
```

3.3 算术运算类指令

算术运算类指令(arithmetic operations)是通过算术逻辑运算单元(ALU)进行数据运算处理的指令。它包括各种算术操作，其中有加、减、乘、除等运算。加法类指令包括加法、带进位的加法、加1以及二—十进制调整；减法类指令包括有带借位减法、减1指令等。这些运算指令大大加强了8051单片机的运算能力。但ALU仅执行无符号二进制整数的算术运算。对于带符号数则要进行其他处理。

使用的助记符有：ADD、ADDC、INC、DA、SUBB、DEC、MUL、DIV等8种。

除了加1和减1指令之外，算术运算结果将使进位标志(用CY或C表示)、半进位标志(AC)、溢出标志(OV)置位或复位。影响标志位的算术运算类指令如表3-2所列。

表3-2 影响标志位的算术运算指令

指 令	标 志 位			
	C	OV	AC	P
ADD	√	√	√	√
ADDC	√	√	√	√
SUBB	√	√	√	√
MUL	0	√	×	√
DIV	0	√	×	√
DA	√	×	√	√
INC A	×	×	×	√
DEC A	×	×	×	√

注：√表示根据指令执行结果使该标志位置位或复位；×表示不影响标志位。

3.3.1 加法指令

1. 不带进位加法指令(addition, 4条)

        ADD   A,Rn   ;(A)←(A)+(Rn)

字节:1,周期:1T。

编码:| 0 0 1 0　1 r r r |　28H～2FH。

其中,rrr 为工作寄存器地址,rrr=000～111,对应于当前工作寄存器组中的寄存器 R0～R7。

ADD　A,direct　　;(A)←(A)+(direct)
字节:2,周期:1T。

编码:| 0 0 1 0　0 1 0 1 |　| direct |　25H。

其中,direct 为直接寻址单元。

ADD　A,@Ri　　;(A)←(A)+((Ri))
字节:1,周期:1T。

编码:| 0 0 1 0　0 1 1 i |　26H,27H。

其中,i 为间接寻址工作寄存器地址,i=0 或 i=1,对应于使用工作寄存器 R0 或 R1。

ADD　A,#data　　;(A)←(A)+#data
字节:2,周期:1T。

编码:| 0 0 1 0　0 1 0 0 |　| data |　24H。

其中,data 为 8 位立即数。

例如:已知(A)=89H,(55H)=90H。执行 ADD　A,55H 指令后,(55H)=90H 不变,(A)=19H,(CY)=1,(AC)=0,(OV)=1。

其中,溢出标志位,在有符号整数相加时有意义,OV 为 1 表示两个正数相加得出负数或两个负数相加得出正数。在 CPU 内部,利用 D7 和 D6 位的进位 C7 和 C6 异或得到, OV=C7⊕C6。

2. 带进位加法指令(addition with carry,4 条)

ADDC　A,Rn　　;(A)←(A)+(C)+(Rn)
字节:1,周期:1T。

编码:| 0 0 1 0　1 r r r |　38H～3FH。

ADDC　A,direct　;(A)←(A)+(C)+(direct)
字节:2,周期:1T。

编码:| 0 0 1 1　0 1 0 1 |　| direct |　35H。

ADDC　A,@Ri　　;(A)←(A)+(C)+((Ri))
字节:1,周期:1T。

编码:| 0 0 1 1　0 1 1 i |　36H,37H。

ADDC　A,#data　;(A)←(A)+(C)+#data
字节:2,周期:1T。

编码:| 0 0 1 1　0 1 0 0 |　| data |　34H。

ADDC 指令的功能是把所指出的源操作数字节内容、进位标志位和累加器内容相加,结果放在累加器中。允许的源操作数寻址方式有:寄存器、直接、寄存器间接或立即数寻址。该指令常用于多字节数的相加。

例如:已知两个 16 位二进制无符号数分别存放在 45H,44H 单元和 43H,42H 单元中(高位在先),写出两个 16 位数相加的程序,并将结果放入 45H,44H 单元。

由于指令系统中只有 8 位的加法运算指令,因此,只能先将低 8 位相加,后加高 8 位,而且在高 8 位加法时要连低 8 位相加的进位一起相加,程序如下:

```
MOV    A,44H      ;取第一个加数的低字节给 A
ADD    A,42H      ;两个数的低字节相加
MOV    44H,A      ;低字节相加结果送入 44H 单元
MOV    A,45H      ;取第一个加数的高字节给 A
ADDC   A,43H      ;两个数的高字节相加,同时加上低字节相加产生的进位
MOV    45H,A      ;高字节相加结果送入 45H 单元
```

3. 加 1 指令(increment,5 条)

INC A   ;(A)←(A)+1

字节:1,周期:1T。

编码: | 0000 0100 | 04H。

INC Rn   ;(Rn)←(Rn)+1

字节:1,周期:1T。

编码: | 0000 1rrr | 08H~0FH。

INC direct   ;(direct)←(direct)+1

字节:2,周期:1T。

编码: | 0000 0101 | | direct | 05H。

INC @Ri   ;((Ri))←((Ri))+1

字节:1,周期:1T。

编码: | 0000 011i | 06H,07H。

INC DPTR   ;(DPTR)←(DPTR)+1

字节:2,周期:1T。

编码: | 1010 0011 | A3H。

INC 指令的功能是将所指出的操作数字节内容加 1,若原来的内容为 0FFH,则加 1 后为 00H。除了"INC A"指令会影响奇偶校验标志位 P 外,其余 INC 指令均不影响 PSW 中的标志位。另外,INC DPTR 指令是唯一的一条 16 位数操作的算术运算指令。

例如:已知(30H)=0FFH。执行 INC 30H 后,(30H)=00H,所有标志位均不变。

4. 加法十进制调整指令(decimal-adjust accumulator for addition)

DA A   ;加法的十进制累加器调整

字节:1,周期:1T。

编码：| 1 1 0 1 | 0 1 0 0 |　D4H。

该指令实现对BCD码的加法结果进行调整。两个压缩型BCD码按二进制数相加之后，经此指令的调整才能得到压缩型BCD码的和数。

这条指令跟在加法指令ADD或ADDC指令后，将相加后存放在累加器中的结果进行十进制调整，完成十进制加法运算功能。调整时，根据A的原始数值和PSW的状态，决定对A进行加00H或06H或60H或66H的操作。因此，本指令不能简单地把二进制数变换成BCD码。

BCD码采用4位二进制数编码，并且只采用了其中的10个编码，即0000～1001，分别代表BCD码0～9，而1010～1111为无效码。当相加结果大于9，说明已进入无效编码区；当相加结果有进位，说明已跳过无效编码区。凡结果进入或跳过无效编码区时，结果是错误的，相加结果均比正确结果小6。压缩型BCD码是指在一个字节中，用高4位和低4位分别表示一个BCD码的形式。十进制调整的修正方法为：当累加器低4位大于9或AC=1时，则进行低4位加6修正，即：$(A_{3\sim0})+6\rightarrow(A_{3\sim0})$；同时，当累加器高4位大于9或CY=1时，则进行高4位加6修正，即：$(A_{7\sim4})+6\rightarrow(A_{7\sim4})$。

例如：设(A)=56H，表示十进制数56的压缩BCD码。(R3)=61H，表示十进制数61的压缩BCD码。执行下述二条指令：

　　ADD　A,R3
　　DA　A

第一条指令为标准的二进制加法指令，完成后，(A)=0B7H,(CY)=0,(AC)=0。然后，执行第二条十进制调整指令，因为高4位值为0BH,大于9,低4位值为7H,小于9。所以，指令将作加60H的调整操作，得到(A)=17H,表示十进制数17的压缩BCD码数字,(CY)=1,表示有十进制的十位向百位的进位。因此，十进制数56加61的实际结果为117。

3.3.2　减法指令

1. 带借位减指令(subtract with borrow,4条)

　　SUBB　A,Rn　　　;(A)←(A)−(C)−(Rn)
　　字节：1,周期：1T。

编码：| 1 0 0 1 | 1 r r r |　98H～9FH。

　　SUBB　A,direct　;(A)←(A)−(C)−(direct)
　　字节：2,周期：1T。

编码：| 1 0 0 1 | 0 1 0 1 |　| direct |　95H。

　　SUBB　A,@Ri　　;(A)←(A)−(C)−((Ri))
　　字节：1,周期：1T。

编码：| 1 0 0 1 | 0 1 1 i |　96H,97H。

　　SUBB　A,#data　;(A)←(A)−(C)−#data
　　字节：2,周期：1T。

编码：| 1001 0100 | | data | 94H。

例如：已知(A)＝69H,(55H)＝70H,(CY)＝0。

执行 SUBB A,55H 指令后,(55H)＝70H 不变,(A)＝0F9H,(CY)＝1,(AC)＝0,(OV)＝0。

指令系统中只有带借位减法指令,实现从累加器中减去指定变量和借位标志,结果放在累加器中。如果位 7 需要借位,则置位借位标志位,否则清零借位标志位。如果位 3 需要借位,则置位 AC,否则清零。其中,借位标志位、辅助借位标志位与加法中的进位标志位、辅助进位标志位都是指 PSW 中的标志位 CY、AC。溢出标志位,在有符号整数相减时有意义,OV 为 1 表示从一个正数中减去一个负数得出一个负数,或从一个负数中减去一个正数得出一个正数。在 CPU 内部,利用 D7 和 D6 位的借位 C7 和 C6 异或得到,OV＝C7⊕C6。

如果要进行不带借位减法运算,只要在执行 SUBB 指令之前,先将 CY 清零即可。

2. 减 1 指令(decrement,4 条)

DEC A　　　;(A)←(A)−1

字节:1,周期:1T。

编码：| 0001 0100 | 14H。

DEC Rn　　　;(Rn)←(Rn)−1

字节:1,周期:1T。

编码：| 0001 1rrr | 18H～1FH。

DEC direct　　;(direct)←(direct)−1

字节:2,周期:1T。

编码：| 0001 0101 | | direct | 15H。

DEC @Ri　　;((Ri))←((Ri))−1

字节:1,周期:1T。

编码：| 0001 011i | 16H,17H。

DEC 指令的功能是将所指出的操作数字节内容减 1,若原来的内容为 00H,则减 1 后为 0FFH。除了"DEC A"指令会影响奇偶校验标志位 P 外,其余 DEC 指令均不影响 PSW 中的标志位。

例如,已知(30H)＝1AH。执行 DEC 30H 后,(30H)＝19H,所有标志位均不变。

3.3.3 乘法指令

MUL AB　　　;(B)$_{15\sim8}$(A)$_{7\sim0}$←(A)×(B)

字节:1,周期:4T。

编码：| 1010 0100 | A4H。

乘法指令(multiply A&B)把累加器 A 和寄存器 B 中的无符号 8 位整数相乘,指令执行后,16 位乘积的低 8 位放在累加器 A 中,高 8 位在 B 中。如果乘积大于 255(0FFH)

时,即高位 B 不为 0 时,OV 置位;否则 OV 置 0。CY 总是清零。

举例:已知(A)=30H,(B)=60H。执行 MUL AB 后,(A)=00H,(B)=12H,(OV)=1,(CY)=0。

3.3.4 除法指令

DIV　AB　　　;商(A),余数(B)←(A)/(B)

字节:1,周期:4T。

编码:| 1000 0100 |　84H。

除法指令(divide A by B)把累加器 A 中的 8 位无符号整数除以寄存器 B 中的 8 位无符号整数,指令执行后,商的整数部分放在累加器 A 中,余数放在寄存器 B 中。清零 CY 和 OV 标志位。当除数(B)=0 时,结果不定,并将 OV 置 1,CY 清零。

举例:已知(A)=0FBH,(B)=12H。执行 DIV AB 后,(A)=0DH,(B)=11H,(OV)=(CY)=0。

3.4　逻辑运算类指令

逻辑运算类指令(logic operation)包括与、或、异或、清零、求反、移位等操作指令。按位进行逻辑运算,操作数均为 8 位。大量的位处理逻辑操作指令将在布尔指令中具体介绍。

逻辑运算类指令共有 25 条,助记符有 ANL、ORL、XRL、RL、RLC、RR、RRC、SWAP、CPL、CLR 等 10 种。

逻辑运算类指令对 PSW 中各标志位影响较少,在一般的资料中,大都描述为不影响标志位,而很少有详细具体的说明,为此作简单归纳:对于 RLC 和 RRC 指令,将要影响到标志位 CY 和 P,不影响任何其他标志位;对于 RL、RR、SWAP 和 CPL 指令,不影响任何标志位;CLR　A 指令将使 P=0,不影响任何其他标志位;对于 ANL、ORL 和 XRL 指令,若目的操作数为累加器 A,则也要影响标志位 P,若目的操作数不为累加器 A,则不影响任何标志位。在下列逻辑运算类指令的介绍时,不再描述其指令对标志位的影响情况。

3.4.1 简单逻辑操作指令

1. 清零(clear)

CLR　A　　　;(A)←00H

字节:1,周期:1T。

编码:| 1110 0100 |　E4H。

2. 取反(complement)

CPL　A　　　;(A)←($\overline{A}$)

字节:1,周期:1T。

编码:| 1111 0100 |　F4H。

对进行累加器的内容逐位取反,结果仍存在 A 中。

例如:已知(A)=21H(0010 0001B)。执行 CPL A 指令后,(A)=DEH(1101 1110B)。

3.4.2 循环操作指令

1. 循环左移指令(rotate accumulator left)

RL　A　　　　;$(A_{n+1}) \leftarrow (A_n)$,$(A_0) \leftarrow (A_7)$,其中,n=0~6

字节:1,周期:1T。

编码:| 0 0 1 0　0 0 1 1 |　23H。

累加器的 8 位向左移一位,位 7 循环移入位 0 的位置,不影响标志位,如下所示。

例如:已知(A)=24H(0010 0100B)。执行 RL A 指令后,(A)=48H(0100 1000B)。

2. 循环右移指令(rotate accumulator right)

RR　A　　　　;$(A_n) \leftarrow (A_{n+1})$,$(A) \leftarrow (A_{07})$,其中,n=0~6

字节:1,周期:1T。

编码:| 0 0 0 0　0 0 1 1 |　03H。

累加器的 8 位向右移一位,位 0 循环移入位 7 的位置,不影响标志位。

例如:已知(A)=24H(0010 0100B)。执行 RR A 指令后,(A)=12H(0001 0010B)。

3. 带进位循环左移指令(rotate accumulator left through the carry)

RLC　A　　　　;$(A_{n+1}) \leftarrow (A_n)$,$(A_0) \leftarrow (C)$,$(C) \leftarrow (A_7)$,其中,n=0~6

字节:1,周期:1T。

编码:| 0 0 1 1　0 0 1 1 |　33H。

累加器的 8 位和进位标志位一起向左移一位,位 7 移入进位标志位,进位标志位的原来状态移入位 0 位置,不影响进位标志位外的其他标志位,如下所示。

例如:已知(A)=24H(0010 0100B),(CY)=1。执行 RL A 指令后,(A)=49H(0100 1001B),(CY)=0。

4. 带进位循环右移指令(rotate accumulator right through the carry)

RRC　A　　　；$(A_n)\leftarrow(A_{n+1})$，$(A_7)\leftarrow(C)$，$(C)\leftarrow(A_0)$，其中，n＝0～6

字节：1，周期：1T。

编码：| 0 0 0 1　0 0 1 1 |　13H。

累加器的 8 位和进位标志位一起向右移一位，位 0 移入进位标志位，进位标志位的原来状态移入位 7 位置，不影响进位标志位以外的其他标志位，如下所示。

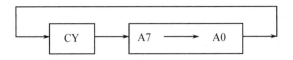

例如：已知(A)＝24H(0010 0100B)，(CY)＝1。执行 RRC　A 指令后，(A)＝92H (1001 0010B)，(CY)＝0。

5. 累加器高低半字节交换指令(swap nibbles within the accumulator)

SWAP　A，　　　　；$(A_{3\sim0})\leftarrow\rightarrow(A_{7\sim4})$

字节：1，周期：1T。

编码：| 1 1 0 0　0 1 0 0 |　C4H。

SWAP 指令将累加器 A 的高、低半字节交换，该操作也可看作是 4 位循环移位指令。

例如：已知(A)＝36H。执行 SWAP　A 指令后，(A)＝63H。

3.4.3　逻辑"与"操作指令

逻辑"与"操作指令 ANL(logical-and for byte variables)，允许目标操作数为累加器 A 或直接地址，共有 6 条指令。

ANL　A，Rn　　　；$(A)\leftarrow(A)\wedge(Rn)$

字节：1，周期：1T。

编码：| 0 1 0 1　1 r r r |　58H～5FH。

ANL　A，direct　；$(A)\leftarrow(A)\wedge(direct)$

字节：2，周期：1T。

编码：| 0 1 0 1　0 1 0 1 | | direct |　55H。

ANL　A，@Ri　　　；$(A)\leftarrow(A)\wedge((Ri))$

字节：1，周期：1T。

编码：| 0 1 0 1　0 1 1 i |　56H，57H。

ANL　A，#data　　；$(A)\leftarrow(A)\wedge\#data$

字节：2，周期：1T。

编码：| 0 1 0 1　0 1 0 0 | | data |　54H。

ANL　direct，A　　；$(direct)\leftarrow(direct)\wedge(A)$

字节：2，周期：1T。

编码：| 0 1 0 1　0 0 1 0 | direct | 52H。

ANL direct,♯data　　;(direct)←(direct)∧♯data

字节:3,周期:2T。

编码：| 0 1 0 1　0 0 1 1 | direct | data | 53H。

ANL指令功能是将目的地址单元中的数和源地址单元中的数按"位"相"与",其结果放回目的地址单元中。其中前4条指令以累加器A为目的操作数,后2条指令以直接地址单元为目的操作数。

例如:已知(A)=89H,(55H)=90H。执行ANL　A,55H指令后,(55H)=90H不变,(A)=80H。

3.4.4　逻辑"或"操作指令

逻辑"或"操作指令ORL(logical-or for byte variables),也允许目标操作数为累加器A或直接地址,共有6条指令。

ORL　A,Rn　　　;(A)←(A)∨(Rn)

字节:1,周期:1T。

编码：| 0 1 0 0　1 r r r | 48H～4FH。

ORL　A,direct　;(A)←(A)∨(direct)

字节:2,周期:1T。

编码：| 0 1 0 0　0 1 0 1 | direct | 45H。

ORL　A,@Ri　　;(A)←(A)∨((Ri))

字节:1,周期:1T。

编码：| 0 1 0 0　0 1 1 i | 46H,47H。

ORL　A,♯data　　;(A)←(A)∨♯data

字节:2,周期:1T。

编码：| 0 1 0 0　0 1 0 0 | data | 44H。

ORL　direct,A　;(direct)←(direct)∨(A)

字节:2,周期:1T。

编码：| 0 1 0 0　0 0 1 0 | driect | 42H。

ORL direct,♯data　　;(direct)←(direct)∨♯data

字节:3,周期:2T。

编码：| 0 1 0 0　0 0 1 1 | direct | data | 43H。

ORL指令功能是将目的地址单元中的数和源地址单元中的数按"位"相"或",其结果放回目的地址单元中。其中前4条指令以累加器A为目的操作数,后2条指令以直接地址单元为目的操作数。

例如:已知(A)=89H,(55H)=90H。执行ORL　55H,A指令后,(A)=89H不

变,(55H)=99H。

3.4.5 逻辑"异或"操作指令

逻辑"异或"操作指令 XRL(logical exclusive-or for byte variables),允许目标操作数为累加器 A 或直接地址,共有 6 条指令。

  XRL A,Rn ;(A)←(A)⊕(Rn)

  字节:1,周期:1T。

  编码: | 0 1 1 0 1 r r r | 68H～6FH。

  XRL A,direct ;(A)←(A)⊕(direct)

  字节:2,周期:1T。

  编码: | 0 1 1 0 0 1 0 1 | | direct | 65H。

  XRL A,@Ri ;(A)←(A)⊕((Ri))

  字节:1,周期:1T。

  编码: | 0 1 1 0 0 1 1 i | 66H,67H。

  XRL A,#data ;(A)←(A)⊕#data

  字节:2,周期:1T。

  编码: | 0 1 1 0 0 1 0 0 | | data | 64H。

  XRL direct,A ;(direct)←(direct)⊕(A)

  字节:2,周期:1T。

  编码: | 0 1 1 0 0 0 1 0 | | direct | 62H。

  XRL direct,#data ;(direct)←(direct)⊕ #data

  字节:3,周期:2T。

  编码: | 0 1 1 0 0 0 1 1 | | direct | | data | 63H。

XRL 指令功能是将目的地址单元中的数和源地址单元中的数按"位"相"异或",其结果放回目的地址单元中。其中前 4 条指令以累加器 A 为目的操作数,后两条指令以直接地址单元为目的操作数。

  例如:已知(A)=89H,(55H)=90H。

  执行 XRL A,55H 指令后,(55H)=90H 不变,(A)=19H。

3.5 控制和转移类指令

  通常情况下,程序是按顺序执行的,程序的顺序执行是由 PC 递加来实现的。对于 8051 单片机指令,其代码可以为 1、2 或 3 个字节。指令的执行过程可分为取指和执行指令两个基本过程,在取指过程中,根据当前指令的长度,每取一个字节代码,PC 值就加 1,直至当前指令全部代码字节取完。因此,取指后的 PC 值实际上已经指向下一条指令,以便顺序执行程序。但在应用系统中,往往会遇到一些情况,需要强迫改变程序执行顺序。

如调用子程序,或根据检测值与设定值的比较结果要求程序转移到不同的分支入口等。

8051 单片机设有丰富的控制转移指令(Program Branching),可分为无条件转移指令、条件转移指令、子程序调用和返回指令及空操作指令等。有关布尔(位)变量控制程序转移指令将在布尔操作指令中介绍。

3.5.1 无条件转移指令

无条件转移指令是指,当程序执行该指令时,程序无条件地转移到指令中所提供的指定的目标地址处去执行。无条件转移指令包括绝对转移指令、长转移指令、相对(短)转移指令和间接转移指令,共 4 条。

1. 绝对转移指令(absolute jump)

AJMP　　addr11　　　;(PC)←(PC)+2,($PC_{10\sim 0}$)←addr11

字节:2,周期:2T。

编码: | $a_{10}\ a_9\ a_8\ 0\ \ \ 0001$ | $a_7\ a_6\ a_5\ a_4\ \ \ a_3\ a_2\ a_1\ a_0$ | 。

该指令提供 11 位地址,目标地址由指令第一字节的高三位 $a_{10}\sim a_8$ 和指令第二字节的 $a_7\sim a_0$ 所组成。以指令提供的 11 位地址去取代当前 PC 的低 11 位,而 PC 的高 5 位地址不变,进而形成新的 PC 值,即为绝对转移地址。因此,程序的目标地址必须在与 AJMP 指令后第一条指令的第一个字节相同 2KB 区的程序存储器中(即高 5 位地址必须相同)。

2. 长转移指令(long jump)

LJMP　　addr16　　　;(PC)←(PC)+3,(PC)←addr16

字节:3,周期:2T。

编码: | $0000\ \ 0010$ | $a_{15}\sim a_8$ | $a_7\sim a_0$ | 02H。

该指令提供 16 位地址,目标地址由指令第二字节(高 8 位地址)和第三字节(低 8 位地址)组成。因此,程序转向的目标地址可以包含程序存储器的整个 64KB 空间。

例如:标号 JMPADR 指向程序存储器地址 1234H 的指令。执行 LJMP　　JMPADR 指令后,将把 1234H 装入程序计数器 PC 中。

3. 短(相对)转移指令(short jump)

SJMP　　rel　　　　;(PC)←(PC)+2,(PC)←(PC)+rel

字节:2,周期:2T。

编码: | $1000\ \ 0000$ | rel | 80H。

短转移指令也称相对转移指令,该指令在 PC 加 2 后(当前 PC 值),与指令的第二字节提供的 8 位带符号的相对位移值相加,得到转移的目标地址。因此,指令可转向该指令后第一条指令的第一个单元的前 128B 到后 127B 范围之间。

rel 是一个以 2 的补码形式表示的 8 位带符号的二进制数,其范围为:-128~+127。该指令为双字节指令,执行时,先将 PC 内容加 2,再加上偏移量 rel,就得到了转移目标地址。

例如:在(PC)=1200H 地址单元有一条 SJMP　　rel 指令,若 rel=25H,则正向转移到 1200H+2+25H=1227H 地址处;若 rel=0F5H,因 0F5H 为负数,将 8 位二进制数扩展成 16 位相加,则反向转移到 1200H+2+0FFF5H=11F7H 地址处。

在用汇编语言编写程序时,rel 可以写成一个转移目的地址的标号,由编译程序自动计算偏移量,并填入指令代码中。若是手工编译,可用转移目的地址减转移指令的源地址,再减去该指令的字节数 2,得到偏移量 rel 的值。

4. 间接转移指令(jump indirect relative to DPTR)

JMP　　@A+DPTR　　　　;(PC)←(A)+(DPTR)

字节:1,周期:2T。

编码:| 0 1 1 1 | 0 0 1 1 |　73H。

将累加器 A 中的 8 位无符号数与数据指针 DPTR 的 16 位数相加作为目标地址,送给程序计数器 PC。其中相加运算不影响累加器 A 和数据指针 DPTR 的原内容,也不影响任何标志位。该指令可替代众多的判断跳转指令,具有散转功能,又称散转指令。

例如:已知(A)=20H,(DPTR)=1234H。执行指令 JMP　　@A+DPTR 后,(PC)=1254H。所以,程序转向 1254H 单元执行。

3.5.2 条件转移指令

与无条件转移指令不同,条件转移指令仅仅在满足指令中规定的条件时,才执行转移动作,否则程序顺序执行。

1. 累加器判零转移指令(jump if accumulator is zero / not zero)

JZ　　rel　　　　;(PC)←(PC)+2,若(A)=0,则(PC)←(PC)+rel

字节:2,周期:2T。

编码:| 0 1 1 0 | 0 0 0 0 |　| rel |　60H。

如果累加器 A 的每一位均为 0,则转向指定的地址;否则顺序执行下一条指令。不改变累加器的内容,也不影响任何标志位。若条件满足,发生转移时,其目标地址的计算方法可参考 SJMP 指令。

JNZ　　rel　　　　;(PC)←(PC)+2,若(A)≠0,则(PC)←(PC)+rel

字节:2,周期:2T。

编码:| 0 1 1 1 | 0 0 0 0 |　| rel |　70H。

如果累加器 A 的任一位为 1,即 (A)≠0,则转向指定的地址;否则顺序执行下一条指令。不改变累加器的内容,也不影响任何标志位。

2. 比较条件转移指令(compare and jump if not equal)

比较条件转移指令共有 4 条,其功能相似,仅参与比较的操作数有差别。指令长度为 3 字节,也是 8051 单片机指令系统中仅有的 4 条 3 个操作数的指令。

其指令格式为:CJNE　　<操作数 1>,<操作数 2>,rel。

指令的功能是对指定的两操作数进行比较,即操作数 1 减操作数 2,但比较结果均不改变两个操作数的值,仅影响标志位 CY。

若两个操作数的值不相等,程序转移到 PC 加 3 后,再加上偏移量 rel 所指向的目标地址。同时,如果操作数1小于操作数2,则进位标志位置1;如果操作数1大于操作数2,则进位标志位清零。

若两个操作数的值相等,则程序继续执行,并且将进位标志位清零。程序转移的范围是从 PC 加 3 为起始的 $-128\sim +127$ 的单元地址内。

CJNE　A,direct,rel　　;(PC)←(PC)+3,若(A)≠(direct),则(PC)←(PC)+rel
　　　　　　　　　　　　;而且,若(A)<(direct),则(C)←1;否则(C)←0

字节:3,周期:2T。

编码:| 1011 0101 | direct | rel |　B5H。

CJNE　A,♯data,rel　　;(PC)←(PC)+3,若(A)≠♯data,则(PC)←(PC)+rel
　　　　　　　　　　　　;而且,若(A)<♯data,则(C)←1;否则(C)←0

字节:3,周期:2T。

编码:| 1011 0100 | data | rel |　B4H。

CJNE　Rn,♯data,rel　　;(PC)←(PC)+3,若(Rn)≠♯data,则(PC)←(PC)+rel
　　　　　　　　　　　　;而且,若(Rn)<♯data,则(C)←1;否则(C)←0

字节:3,周期:2T。

编码:| 1011 1rrr | data | rel |　B8H～BFH。

CJNE　@Ri,♯data,rel　　;(PC)←(PC)+3,若((Ri))≠♯data,则(PC)←(PC)+rel
　　　　　　　　　　　　;而且,若((Ri))<♯data,则(C)←1;否则(C)←0

字节:3,周期:2T。

编码:| 1011 011i | data | rel |　B6H,B7H。

3. 循环条件转移指令(Decrement and Jump if Not Zero)

DJNZ　Rn,rel　　;(PC)←(PC)+2,(Rn)←(Rn)-1,若(Rn)≠0,则(PC)←(PC)+rel

字节:2,周期:2T。

编码:| 1101 1rrr | rel |　D8H～DFH。

DJNZ　direct,rel　　;(PC)←(PC)+3,(direct)←(direct)-1
　　　　　　　　　　　　;若(direct)≠0,则(PC)←(PC)+rel

字节:3,周期:2T。

编码:| 1101 0101 | direct | rel |　D5H。

每执行一次本指令,先将指定的操作数 Rn 或 direct 的内容减 1,再判别其内容是否为 0。若不为 0,则转向目标地址,继续执行循环程序;若为 0,则结束循环程序段,程序往下顺序执行。若原来的值为 00H,减 1 运算后变为 0FFH。不影响标志位。这类指令通常用于编写计数循环程序。

例如:设 8051 单片机的振荡时钟频率为 6MHz,编一个 1ms 的时延子程序。

```
DL1MS:  MOV    R2,♯250
DL2T:   DJNZ   R2,DL2T
        RET
```

由于 1 个机器周期等于 12 个振荡周期,因此一个机器周期 $T=2\mu s$,一条 DJNZ 指令执行时间为 $2T$,因此将循环重复执行 250 次,正好花费了 1ms 的时间。

3.5.3 调用和返回指令

在程序设计中,经常会有一些需要反复执行的程序段,可以将其写成一个相对独立的可公用的程序,以简化代码长度,提高程序的可读性。这类程序段,一般可以用子程序来描述。子程序调用与无条件转移指令的主要不同在于,子程序调用不仅要转移到所指定的目标地址执行程序,还必须在执行完该子程序段后能自动返回到原来调用指令的下一条指令继续运行。因此,调用前必须保护当前 PC 值,在子程序的最后应有一条返回指令,获得返回地址。MCS-51 单片机有两条调用指令和两条返回指令,具体介绍如下。

1. 绝对调用指令(absolute subroutine call)

ACALL   addr11   ;$(PC)\leftarrow(PC)+2,(SP)\leftarrow(SP)+1,((SP))\leftarrow(PC_{7\sim0})$
;$(SP)\leftarrow(SP)+1,((SP))\leftarrow(PC_{15\sim8}),(PC_{10\sim0})\leftarrow addr11$

字节:2,周期:2T。

编码:| $a_{10}\ a_9\ a_8$ 1 0001 | $a_7\ a_6\ a_5\ a_4\ a_3\ a_2\ a_1\ a_0$ |。

该指令功能是无条件地调用位于所指出的地址的子程序。先把 PC 加 2,以获得下一条指令的地址,然后把 16 位的 PC 值分两次(先低字节后高字节)压入堆栈中,为子程序返回做地址保护。接着以指令所提供低 11 位地址去取代当前 PC 的低 11 位,而 PC 的高 5 位地址不变,进而形成新的 PC 值,即为该绝对调用的入口地址。因此,程序的目标地址必须在与 ACALL 指令后第一条指令的第一个字节相同的 2KB 区的程序存储器中(即高 5 位地址必须相同)。

2. 长调用指令(long subroutine call)

LCALL   addr16   ;$(PC)\leftarrow(PC)+3,(SP)\leftarrow(SP)+1,((SP))\leftarrow(PC_{7\sim0})$
;$(SP)\leftarrow(SP)+1,((SP))\leftarrow(PC_{15\sim8}),(PC)\leftarrow addr16$

字节:3,周期:2T。

编码:| 0001 0010 | $a_{15}\sim a_8$ | $a_7\sim a_0$ | 12H。

该指令功能是调用位于所指出的地址的子程序。先把 PC 加 3,以获得下一条指令的地址,然后把 16 位的 PC 值分两次(先低字节后高字节)压入堆栈中,为子程序返回作地址保护。接着以指令所提供的 16 位地址去取代当前 PC 值,即为该调用的入口地址。程序的目标地址由指令第二字节(高 8 位地址)和第三字节(低 8 位地址)组成。因此,程序调用的目标地址可以包含程序存储器的整个 64KB 空间。

3. 子程序返回指令(return from subroutine)

RET   ;$(PC_{15\sim8})\leftarrow((SP)),(SP)\leftarrow(SP)-1,(PC_{7\sim0})\leftarrow((SP)),(SP)\leftarrow(SP)-1$

字节:1,周期:2T。

编码:| 0010 0010 | 22H。

RET 指令表示从子程序返回。当程序执行到该指令时,表示结束子程序执行,返回到调用指令 ACALL 或 LCALL 的下一条指令处(断点处)继续往下执行。一般与子程序调用指令配对使用。执行时将栈顶的断点地址送入 PC(先送高字节后送低字节),并把栈指针减一二次。指令的操作不影响标志位。

4. 中断返回指令(return from interrupt)

RETI　　　;$(PC_{15\sim8})\leftarrow((SP))$,$(SP)\leftarrow(SP)-1$,$(PC_{7\sim0})\leftarrow((SP))$,$(SP)\leftarrow(SP)-1$

字节:1,周期:2T。

编码:| 0 0 1 1　0 0 1 0 |　　32H。

该指令适用于从中断服务程序返回的情况,除了具有与 RET 指令相同的功能外,还将恢复中断逻辑。中断服务程序必须以 RETI 为结束指令。

3.5.4 空操作指令

NOP　　　;$(PC)\leftarrow(PC)+1$

字节:1,周期:1T。

编码:| 0 0 0 0　0 0 0 0 |　　00H。

空操作指令(no operation)是一条单字节和单周期的指令。执行时,不做任何操作(空操作),仅将程序计数器 PC 的内容加 1,使 CPU 指向下一条指令继续执行程序。这条指令常用来产生一个机器周期的时间延迟。

3.6 位(布尔)操作指令

8051 单片机的一个重要特点就是其内部有一个位(布尔)处理器,具有较强的布尔变量处理能力。布尔处理器实际上是一位的微处理机,它以进位标志 CY 作为位累加器,以内部 RAM 的 20H~2FH 单元中的 128 个位及部分特殊功能寄存器中可位寻址的位为存储单元。对位地址空间具有丰富的位操作指令(Boolean Variable Manipulation),包括位(布尔)变量传送指令、逻辑操作指令及位控制条件转移指令。助记符有 MOV、CLR、CPL、SETB、ANL、ORL、JC、JNC、JB、JNB、JBC 等 11 种,共 17 条。

位地址在指令中用 bit 表示,进位标志 CY 作为位累加器,指令中直接用 C 表示。

3.6.1 位数据传送指令

MOV C,bit　　　;$(C)\leftarrow(bit)$

字节:2,周期:1T。

编码:| 1 0 1 0　0 0 1 0 | bit |　A2H。

其中,bit 为直接寻址单元。

MOV bit,C　　　;$(bit)\leftarrow(C)$

字节:2,周期:1T。

编码:| 1 0 0 1　0 0 1 0 | bit |　92H。

指令功能为:将源操作数(位地址或布尔累加器)送到目的操作数(布尔累加器或位地址)中去。其中一个操作数为 C,另一个操作数可以是任何直接寻址位。

例如:已知(C)=0。执行 MOV P1.3,C 指令后,P1.3 口线输出为"0"。

3.6.2 位状态修改指令

1. 位清零指令

CLR C　　　　　;(C)←0

字节:1,周期:1T。

编码:| 1100 0011 |　C3H。

CLR bit　　　　;(bit)←0

字节:2,周期:1T。

编码:| 1100 0010 |　| bit |　C2H。

指令功能为:将 C 或指定位(bit)清零。

例如:已知 20H 字节单元的原内容为 55H(0101 0101B)。执行 CLR 02H 指令后,字节单元 20H 单元的内容为 51H(0101 0001B)。

2. 位置 1 指令

SETB C　　　　;(C)←1

字节:1,周期:1T。

编码:| 1101 0011 |　D3H。

SETB bit　　　　;(bit)←1

字节:2,周期:1T。

编码:| 1101 0010 |　| bit |　D2H。

指令功能为:将 C 或指定位(bit)置 1。

例如:已知 20H 字节单元的原内容为 55H(0101 0101B)。执行 SETB 03H 指令后,位地址 03H 的内容置 1,即字节单元 20H 的内容为 5DH(0101 1101B)。

3. 位取反指令

CPL C　　　　　;(C)←/(C)

字节:1,周期:1T。

编码:| 1011 0011 |　B3H。

CPL bit　　　　;(bit)←/(bit)

字节:2,周期:1T。

编码:| 1011 0010 |　| bit |　B2H。

指令功能为:将 C 或指定位(bit)取反。

例如:已知(C)=1。执行 CPL C 指令后,(C)=0。

3.6.3 位逻辑运算指令

1. 位逻辑"与"操作指令

ANL C,bit　　　;(C)←(C)∧(bit)

字节:2,周期:2T。

编码: | 1 0 0 0 | 0 0 1 0 | | bit | 82H。

指令功能为:将 C 与指定位(bit)进行与操作,结果放在 C 中。

ANL C,/bit　　　　;(C)←(C)∧/(bit)

字节:2,周期:2T。

编码: | 1 0 1 1 | 0 0 0 0 | | bit | B0H。

指令功能为:将 C 与指定位(bit)的内容取反后进行"与"操作,结果放在 C 中。

2. 位逻辑"或"操作指令

ORL C,bit　　　　;(C)←(C)∨(bit)

字节:2,周期:2T。

编码: | 0 1 1 1 | 0 0 1 0 | | bit | 72H。

指令功能为:将 C 与指定位(bit)进行"或"操作,结果放在 C 中。

ORL C,/bit　　　　;(C)←(C)∨/(bit)

字节:2,周期:2T。

编码: | 1 0 1 0 | 0 0 0 0 | | bit | A0H。

指令功能为:将 C 与指定位(bit)的内容取反后进行"或"操作,结果放在 C 中。

例如:已知位地址(55H)=1,(C)=1。执行 ANL　C,/55H 指令后,(C)=0。

3.6.4　位条件转移指令

1. 进位标志位判 1 转移指令(jump if carry is set / not set)

JC　　rel　　　　;(PC)←(PC)+2,若(C)=1,则(PC)←(PC)+rel

字节:2,周期:2T。

编码: | 0 1 0 0 | 0 0 0 0 | | rel | 40H。

指令功能为:如果进位标志位 C 为 1,则转向指定的地址;否则顺序执行下一条指令。

JNC　　rel　　　　;(PC)←(PC)+2,若(C)=0,则(PC)←(PC)+rel

字节:2,周期:2T。

编码: | 0 1 0 1 | 0 0 0 0 | | rel | 50H。

指令功能为:如果进位标志位 C 为 0,则转向指定的地址;否则顺序执行下一条指令。

2. 位单元判 1 转移指令(jump if direct bit is set / not set / set and clear bit)

JB　　bit,rel　　　　;(PC)←(PC)+3,若(bit)=1,则(PC)←(PC)+rel

字节:3,周期:2T。

编码: | 0 0 1 0 | 0 0 0 0 | | bit | | rel | 20H。

指令功能为:如果指定位单元(bit)=1,则转向指定的地址;否则顺序执行下一条指令。

JNB　　bit,rel　　　　;(PC)←(PC)+3,若(bit)=0,则(PC)←(PC)+rel

字节:3,周期:2T。

编码: | 0011 0000 | bit | rel | 30H。

指令功能为:如果指定位单元(bit)=0,则转向指定的地址;否则顺序执行下一条指令。

JBC bit,rel   ;(PC)←(PC)+3,若(bit)=1,则 0→(bit),(PC)←(PC)+rel

字节:3,周期:2T。

编码: | 0001 0000 | bit | rel | 10H。

指令功能为:如果指定位单元(bit)=1,则转向指定的地址,并将位单元清零;否则顺序执行下一条指令。

例如:设在 8051 单片机的 P1.0 引脚上接了一个开关(接通时为低电平"0"),编一段简单的程序,实现在 P1.4 引脚上输出一个与之对应的 LED 指示灯输出(输出"1"对应 LED 亮,表示开关接通)。

方法 1:
```
PROG1:  JNB    P1.0,LED_ON
        CLR    P1.4            ;LED 灯不亮
        SJMP   PROG1
LED_ON: SETB   P1.4            ;LED 灯亮
        SJMP   PROG1
```

方法 2:
```
PROG2:  MOV    C,P1.0
        CPL    C
        MOV    P1.4,C
        SJMP   PROG2
```

8051 单片机指令系统面向控制应用,功能齐全,使用方便。掌握指令系统是熟悉单片机功能、开发和设计应用系统的基础,掌握指令系统应该与单片机的 CPU 结构、存储器结构和 I/O 端口的分布相结合。在学习和使用中,既要记忆又需要理解指令操作的含义,通过实际的程序设计和实验调试分析相结合,加深理解,增强记忆,达到良好的学习效果。

3.7 思考练习题

1. 什么是指令和指令系统?
2. MCS-51 单片机指令系统按指令功能可分为哪几类?
3. 按指令的长度和执行时间来分,MCS-51 单片机指令系统有哪几种形式?
4. 8051 单片机有哪几种寻址方式?每种寻址方式所涉及的寻址空间如何?
5. 访问片内低 128B RAM,可使用哪些寻址方式?
6. 访问片内特殊功能寄存器,可使用哪些寻址方式?

7. 访问片外 RAM,可使用哪些寻址方式?

8. 访问程序存储器,可使用哪些寻址方式?

9. 设(A)=10H,(R0)=40H,(40H)=58H,(58H)=70H。按顺序执行下列各条指令后,上述各寄存器和存储单元的内容各为多少?

  MOV R0,40H

  MOV A,@R0

  MOV 58H,#35H

  MOV @R0,A

10. 已知(A)=30H,(40H)=56H。执行下列程序段后,寄存器 A 和 DPTR,片内 RAM 的 40H 单元以及片外 RAM 的 1234H 单元的内容各为多少?

  MOV DPTR,#1234H

  MOV A,40H

  MOVX @DPTR,A

  MOV DPH,#56H

11. 试比较 MOV、MOVX 和 MOVC 三条指令的相同点和不同点?

12. 写出实现下列数据传送的简单程序。

（1）片内 RAM 的 70H 单元的内容送给 R2。

（2）R1 的内容送给 R2。

（3）片外 RAM 的 1234H 单元的内容送给片内 RAM 的 70H 单元。

（4）程序存储器的 2000H 单元的内容送给 R4。

（5）程序存储器的 2000H 单元的内容送给片外 RAM 的 1234H 单元。

13. 已知(A)=35H,(R1)=50H,(50H)=87H。按顺序执行下列各条指令,问:每条指令执行后 A,R1 和 50H 单元的内容各为多少?

  XCH A,50H

  PUSH 50H

  POP ACC

  MOV A,#12H

  XCHD A,@R1

14. ADD 指令与 ADDC 指令有何区别? 这两条指令执行后会对哪些标志位产生影响?

15. 编程计算 1234H+789AH,将结果的高 8 位放在 R2 中,低 8 位放在 R3 中。

16. 编程计算 5678H-203FH,将结果的高 8 位放在 R2 中,低 8 位放在 R3 中。

17. 读下列程序段,要求:

（1）说明程序的功能。

（2）已知(30H)=35H,(31H)=50H。执行该程序段后 30H、31H、32H、33H 以及 A、CY 的内容各为多少?

  MOV R0,#30H

  MOV A,@R1

  INC R1

```
ADD     A,@R1
INC     R1
MOV     @R1,A
MOV     A,#00H
ADDC    A,#00H
INC     R1
MOV     @R1,A
```

18. 读下列程序段,要求:

(1) 说明程序的功能。

(2) 已知(40H)=80H,(41H)=24H。执行该程序段后 40H、41H、42H、43H 以及 A、CY 的内容各为多少?

```
MOV     A,40H
MOV     B,#04H
MUL     AB
ADD     A,41H
MOV     42H,A
MOV     A,#00H
ADDC    A,B
MOV     43H,A
```

19. 指令 DA A 完成什么操作? 该指令适用于什么场合?

20. 算术运算类指令中,有哪几条指令的执行对标志位不产生任何的影响?

21. 已知(A)=8AH,(R0)=25H,(25H)=67H。执行完下列程序段后 A,R0 和 25H 单元的内容各为多少?

```
ORL     A,#0FH
ANL     A,@R0
XRL     25H,A
CPL     A
SWAP    A
```

22. 采用两种方法分别编程,将 A 乘以 16,结果的高 8 位放在 R6 中,低 8 位放在 R7 中。

23. MCS-51 单片机有哪几种无条件转移指令形式? 无条件转移和条件转移有何区别?

24. 比较无条件转移指令与子程序调用指令的功能特点。

25. RET 指令与 RETI 有何异同?

26. 编写一个子程序,实现将片内 RAM 中 40H 开始的 16 个字节单元的内容依次送到片外 RAM 中 1000H 开始的 16 个字节单元中。

27. 已知 8051 单片机的振荡频率为 12MHz,编写一个延时 $200\mu s$ 的延时子程序。

28. 使用位操作指令实现下列逻辑操作。

（1）将累加器 A 的第 5 位 ACC.5 置 1。

（2）累加器的低 4 位清零。

（3）内部 RAM 字节单元 28H 的第 0 位和第 7 位置 1。

29. 编程实现对片内 RAM 的 40H 单元内容与立即数 100 的比较，若 40H 单元的内容大于 100，则置 R7 为 3；若 40H 单元的内容等于 100，则置 R7 为 2；若 40H 单元的内容小于 100，则置 R7 为 1。

第 4 章 汇编语言程序设计知识

程序设计,通常是指人们把要解决的问题用计算机能接受的语言,按一定的步骤描述出来。程序设计时要考虑两个方面:其一是针对某种语言进行程序设计;其二是解决问题的方法和步骤。对同一个问题,可以选择高级语言,也可以选择汇编语言来进行设计,并且往往有多种不同的解决方法。通常把解决问题而采用的方法和步骤称为算法。

4.1 程序设计语言

在计算机的程序设计中,通常可以使用机器语言、汇编语言和高级语言来编写程序。

4.1.1 机器语言

机器语言就是用二进制(可缩写为十六进制)代码来表示指令和数据,也称为机器代码或指令代码。机器语言是计算机唯一能识别和执行的语言,用其编写的程序执行效率高,速度快,但由于指令的二进制代码很难记忆和辨认,给程序的编写、阅读和修改带来很多困难,所以,几乎没有人直接使用机器语言来编写程序。

4.1.2 汇编语言

计算机所能执行的每条指令都对应一组二进制代码。为了容易理解和记忆计算机的指令,人们用一些英语单词和字符等作为助记符来描述每一条指令的功能。用助记符表示的指令就是计算机的汇编语言,汇编语言与机器语言具有一一对应的关系。用汇编语言编写程序,每条指令的意义一目了然,给程序的编写、阅读和修改带来很大方便。而且用汇编语言编写的程序占用内存少,执行速度快,尤其适用于实时应用场合的程序设计,因此,在单片机应用系统中经常采用汇编语言来编写程序。

汇编语言也有它的缺点:缺乏通用性,程序不易移植,是一种面向机器的低级语言。使用汇编语言编写程序时,仍必须熟悉机器的指令系统、寻址方式、寄存器的设置和使用方法。每个计算机系统都有它自己的汇编语言,不同计算机的汇编语言之间不能通用。但是掌握了一种计算机的汇编语言,将有助于学习其他计算机的汇编语言。

4.1.3 高级语言

高级语言是一种面向算法、过程和对象的程序设计语言,它采用更接近人们自然语言和习惯的数学表达式及直接命令的方法来描述算法、过程和对象,如 BASIC、C 语言等。高级语言的语句直观、易学、通用性强,便于推广、交流。但是高级语言编写的程序经编译后所产生的目标程序大,占用内存多,运行速度较慢,这在实时应用中是一个突出的问题。

4.2 汇编程序设计

汇编语言程序设计不仅需要设计者掌握该类型的计算机的指令系统、硬件结构及其相关的存储器结构和配置等内容,还需掌握汇编语言程序设计的基本步骤和程序的基本结构形式等。

4.2.1 汇编语言程序设计步骤

用汇编语言编写程序,一般可按如下步骤进行。

(1) 分析题意,明确要求。解决问题之前,首先要明确所要解决的问题和要达到的目的、技术指标等。

(2) 建立数学模型。根据要解决的实际问题,反复研究分析并抽象出数学模型。

(3) 确定算法。解决一个实际问题,往往有多种方法,要从诸多算法中选择一种较为简洁和有效的方法作为进行程序设计的依据。

(4) 制定程序流程图。程序流程图是解题步骤及其算法进一步具体化的重要环节,是程序设计的重要环节,它直观清晰地体现了程序的设计思路。流程图是由预先约定的各种图形、流程线及必要的文字符号构成。

(5) 确定数据结构。合理地选择和分配内存工作单元以及工作寄存器。

(6) 编写源程序。根据程序流程图,精心选择合适的指令和寻址方式,实现流程图中每一框内的功能要求,完成源程序的编写。

(7) 上机调试程序。将编制好的源程序进行编译获得可执行目标代码,通常需要使用仿真器或利用仿真软件进行仿真调试,修改源程序中的错误,对程序运行结果进行分析,直至正确为止。同时,在不断的调试中还要尽量优化程序,缩短程序的长度,提高运算速度和节省存储空间。

4.2.2 程序质量的评价

解决某一问题、实现某一功能的程序不是唯一的。评价程序的质量通常有以下几个标准。

(1) 程序的执行时间。
(2) 程序所占用的内存字节数。
(3) 程序的逻辑性、可读性。
(4) 程序的兼容性、可扩展性。
(5) 程序的可靠性。

一般来说,一个程序执行时间越短,占用的内存单元越少,其质量越高。这就是程序设计中的"时间"和"空间"的概念。程序设计的逻辑性强、层次清楚、数据结构合理、便于阅读也是衡量程序优劣的重要标准;同时还要保证程序在任何实际工作条件下,都能正常运行。在较复杂的程序设计中,必须充分考虑程序的可读性和可靠性。另外,程序的可扩展性、兼容性以及容错性等都是衡量与评价程序优劣的重要标准。

4.2.3 汇编语言程序的基本结构

汇编语言程序具有顺序结构、分支结构、循环结构和子程序结构等基本结构形式。

1. 顺序程序

顺序程序是最简单的程序结构,也称直线程序。这种程序中既无分支、循环,也不调用子程序,程序按顺序一条一条地执行指令。

2. 分支程序

分支程序是通过条件转移指令实现的,即根据条件对程序的执行进行判断,满足条件则进行程序转移,不满足条件就顺序执行程序。

在 MCS-51 单片机指令系统中,通过条件判断实现单分支程序转移的指令主要有 JZ、JNZ、CJNE 和 DJNZ 等。此外,还有以位状态作为条件进行程序分支的指令,如 JC、JNC、JB、JNB 和 JBC 等。使用这些指令,可以完成以 0、1,正、负,相等、不相等作为各种条件判断依据的程序转移。分支程序又分为单分支和多分支结构。

3. 循环程序

循环程序是最常见的程序组织方式。在程序运行时,有时需要连续重复执行某段程序,这时可以使用循环程序。这种设计方法可大大地简化程序。

循环程序的结构一般包括下面几个部分。

1) 置循环初值

对于循环过程中所使用的工作单元,在循环开始时应置初值。例如,工作寄存器初值设置、计数初值设置、地址指针、长度设置等。这是循环程序中的一个重要部分,不注意就很容易出错。

2) 循环体

重复执行的程序段部分。

3) 修改控制变量

在循环程序中,必须给出循环结束条件。常见的是计数循环,当循环了一定的次数后,就停止循环。在单片机中,一般用一个工作寄存器 Rn 或直接寻址单元作为计数器,对该计数器赋初值作为循环次数。每循环一次,计数器的值减 1,即修改循环控制变量,当计数器的值减为 0 时,就停止循环。

4) 循环控制部分

根据循环结束条件,判断是否结束循环。8051 单片机可采用循环条件转移指令 DJNZ 来自动修改控制变量并能结束循环。

4.3 汇编语言源程序的编辑和汇编

单片机的程序设计通常都是借助于微型计算机实现的,即在微型计算机上使用编辑软件编写源程序,使用交叉汇编程序对源程序进行汇编,然后采用通信方法,利用 RS-232 串行口、并行打印机接口或 USB 接口,把汇编得到的目标程序传送到单片机开发系统,并进行程序调试和运行。

4.3.1 源程序编辑

源程序编辑就是在微型计算机上,借助编辑软件,编写汇编语言源程序。可供使用的编辑工具很多,如行编辑或屏幕编辑软件等。

例如,在文本区编写一个源程序如下。

```
        ORG    0000H
        MOV    DPTR,#1234H
        MOVX   A,@DPTR
HERE：   SJMP   HERE
        END
```

编辑结束后,存盘退出。

接下来是使用交叉汇编软件,对编辑完成的源程序进行汇编。如果源程序无误,机器会显示编译成功。如果有错误,机器会告诉你有几个错误,在哪条语句中。这时就要重新编辑修改源程序中的错误,然后,再重新进行汇编,直至汇编成功。

4.3.2 源程序的汇编

汇编语言源程序必须转换为机器码表示的目标程序,计算机才能执行,这种转换过程称为汇编。对单片机来说,有手工汇编和机器汇编两种汇编方法。

1. 手工汇编

手工汇编是把程序用助记符指令写出后,再通过手工方式查指令编码表(见附录中指令表),逐个把助记符指令"翻译"成机器码,然后把得到的机器码键入单片机开发系统,进行调试和运行。

手工汇编是按绝对地址进行定位的,因此,汇编工作有两点不便之处:

(1)偏移量的计算。手工汇编时,要根据转移的目标地址以及地址差计算转移指令的偏移量,不但麻烦而且稍有疏忽很容易出错。

(2)程序的修改。手工汇编后的目标程序,如需增加、删除或修改指令,就会引起后面各条指令地址的变化,转移指令的偏移量也要随之重新计算。

因此,手工汇编是一种很麻烦的汇编方法,通常只有小程序或条件所限时才使用。

2. 机器汇编

机器汇编是在计算机上使用交叉汇编程序进行源程序的汇编。汇编工作由机器自动完成,最后得到以机器码表示的目标程序。目前,PC 的使用非常普及,这种交叉汇编通常都是在 PC 上进行的。汇编完成后,再由 PC 把生成的目标程序代码加载到用户样机上。

4.3.3 伪指令

不同的微型计算机系统有不同的汇编程序,也就定义了不同的汇编命令。这些由英文字母表示的汇编命令称为伪指令。伪指令不是真正的指令,无对应的机器码,在汇编时不产生目标代码,只是用来对汇编过程进行某种控制。标准的 MCS-51 单片机汇编程序(如 Intel 公司的 ASM 51)定义的伪指令常用的有以下几条:

1. ORG 汇编起始命令

格式：ORG　16 位地址

功能：规定该伪指令后面程序的汇编地址，即汇编后生成目标程序存放的起始地址。

例如：

　　　　ORG　　1234H

MAIN：MOV　　A,♯64H

既规定了标号 MAIN 的地址是 1234H，又规定了汇编后的第一条指令码从 1234H 开始存放。ORG 可以多次出现在程序的任何地方，当它出现时，下一条指令的地址就由此重新定位。但在实际使用中，要合理使用，注意避免地址重叠现象的发生。

2. END 汇编结束命令

END 命令通知汇编程序结束汇编。在 END 之后所有的汇编语言指令均不予以处理。

3. EQU 赋值命令

格式：字符名称　EQU　项（数或汇编符号）

EQU 命令是把"项"赋给"字符名称"。注意，这里的字符名称不等于标号（其后没有冒号）；其中的项，可以是数，也可以是汇编符号。用 EQU 赋过值的符号名可以用做数据地址、代码地址、位地址或一个立即数。因此，它可以是 8 位的，也可以是 16 位的。

例如：

AAX　　EQU　　R3

　　　　MOV　　A,AAX

这里 AAX 就代表了工作寄存器 R3。又例如：

A30　　　EQU　　30

DELAY　EQU　　07EBH

　　　　MOV　　A,A30

　　　　LCALL DELAY

这里 A30 用做片内 RAM 的一个直接地址，而 DELAY 定义了一个 16 位地址，实际上它是一个子程序的入口地址。

4. DATA 数据地址赋值命令

格式：字符名称　DATA　表达式

DATA 命令功能与 EQU 类似，但有以下差别：

（1）EQU 定义的字符名必须先定义后使用，而 DATA 定义的字符名可以先使用后定义。

（2）用 EQU 伪指令可以把一个汇编符号赋给一个名字，而 DATA 只能把数据赋给字符名。

（3）DATA 语句中可以把一个表达式的值赋给字符名称，其中的表达式应是可求值的。DATA 伪指令常在程序中用来定义数据和地址。

5. DB 定义字节命令

格式：DB〔项或项表〕

项或项表可以是一个字节，用逗号隔开的字节串或括在单引号（' '）中的 ASCII 字符

串。它通知汇编程序从当前 ROM 地址开始,保留一个字节或字节串的存储单元,并存入 DB 后面的数据。例如:

ORG　　2000H

DB　　　23H,07H,8AH

经汇编后(2000H)=23H,(2001H)=07H,(2002H)=8AH。

6. DW 定义字命令

格式:DW　16 位数据项或项表

该命令把 DW 后的 16 位数据项或项表从当前地址连续存放。每项数值为 16 位二进制数,高 8 位先存放,低 8 位后存放。例如:

　　　　ORG　　1230H

TAB:DW　　1234H,008AH

汇编后,

(1230H)=12H,(1231H)=34H,(1232H)=00H,(1233H)=8AH

7. DS 定义存储空间命令

格式:DS　表达式

在汇编时,从指定地址开始保留 DS 之后表达式的值所规定的存储单元以备后用。

8. BIT 位地址符号命令

格式:字符名　BIT　位地址

其中,字符名不是标号,其后没有冒号,但它是必须的。其功能是把 BIT 之后的位地址值赋给字符名。

了解程序的设计方法后,可进行实际的编程练习,并利用 MCS-51 单片机仿真器或实验仪器进行实验、调试和分析。通过不断地动手实践,汇编程序的设计水平一定能得到提高。

4.4　思考练习题

1. 什么是计算机的机器语言、汇编语言和高级语言?
2. 汇编语言程序的基本结构有哪几种?
3. 如何正确区分概念指令与伪指令、程序与指令系统?

第 5 章 中 断 系 统

中断是计算机的一个重要功能,良好的中断系统可以提高 CPU 对外部事件的随机应变能力,提高系统的实时处理能力和工作效率。中断传送是 CPU 与外部设备进行数据传送的一种高效实用的方式。

5.1 微型计算机的输入/输出方式

单片机系统的运行同其他微型计算机系统一样,CPU 不断地与外部输入/输出设备交换信息。CPU 与外部设备交换信息通常有程序查询方式、中断传送方式和直接存储器存取(direct memory access,DMA)方式等。

5.1.1 程序查询方式

程序查询方式是指 CPU 通过软件来实现其与外设进行数据传送的方式。

查询方式的过程为:查询—等待—数据传送,待到下一次数据传送时则重复上述过程。等待也可以不采用循环等待,而用软件插入固定延时的方法来完成。

查询方式的优点是通用性好,无需增加硬件电路,可以用于各类外部设备和 CPU 间的数据传送;缺点是需要有一个等待过程,特别是在连续进行数据传送时,由于外设工作速度比 CPU 慢得多,因此,CPU 在完成一次数据传送后要等待较长的时间才能进行下一次的传送,而在等待过程中,CPU 不能进行其他操作,所以效率比较低。

5.1.2 直接存储器存取(DMA)方式

DMA 方式是一种完全由硬件执行的内存与外设之间数据直接传送的计算机工作方式。在这种工作方式中,DMA 控制器从 CPU 完全接管对总线的控制权,数据传送不经过 CPU,而直接在内存和外设之间进行。DMA 一般用于高速成组的数据传送。

5.1.3 中断方式

早期的计算机系统,主机和外设交换信息只能采用程序查询传送方式。由于查询传送方式交换信息时,CPU 不能再做别的事,而大部分时间处于等待 I/O 接口准备就绪状态,因而 CPU 使用效率得不到有效的发挥。

现代的计算机都具有实时处理功能,能对外界异步发生的事件作出及时的处理。这是靠中断技术来实现的。

中断是指当 CPU 正在执行一段程序时,外部随机发生的某一事件请求 CPU 迅速去处理,于是,CPU 暂时中止当前的工作,转去处理所发生的事件;中断服务处理完该事件以后,再回到原来被中止的地方,继续往下执行原来的程序,如图 5-1 所示。实现这种功能的部件称为中断系统,产生中断请求的原因和设备称为中断源。中断源向 CPU 提出的处理请求,称为中断请求或中断申请。CPU 暂时中止当前的程序,转去处理请求的事件的过程,称为 CPU 的中断响应过程。对事件的整个处理过程,称为中断服务。处理完毕,再回到原来被中止的地方,称为中断返回。

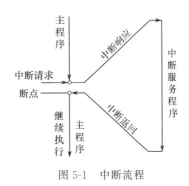

图 5-1 中断流程

在程序查询方式中,CPU 主动要求传送数据,而它又不能控制外设的工作速度,因此只能用等待的方式来解决速度匹配的问题。中断方式则是外设主动提出数据传送的请求,CPU 在收到这个请求以前,执行本身的程序(主程序),只是在收到外设希望进行数据传送的请求之后,才中断原有主程序的执行,暂时去与外设交换数据。由于 CPU 工作速度很快,交换数据所花费的时间很短。对于主程序来讲,虽然中断了一个瞬间,由于时间很短,对计算机的运行也不会有什么影响。

中断方式完全消除了 CPU 在查询方式中的等待现象,大大提高了 CPU 的工作效率。中断方式的另一个应用领域是实时控制。将从现场采集到的数据通过中断方式及时传送给 CPU,经过处理后就可立即作出响应,实现现场控制。而采用查询方式就很难做到实时采集与实时控制。

由于外界事件中断 CPU 正在执行的程序是随机的,CPU 转去执行中断服务程序时,除了硬件会自动把断点地址压入堆栈之外,用户还得注意保护有关工作寄存器、累加器、标志位等信息(称为保护现场),以便在完成中断服务程序后,恢复原工作寄存器、累加器、标志位等的内容(称为恢复现场)。最后执行中断返回指令,自动弹出断点地址给 PC,返回主程序,继续执行被中断的程序。

由于中断传送方式的优点极为明显,因此,在现代计算机系统中应用十分广泛。采用中断技术能实现以下的功能:

(1) 分时操作。计算机的中断系统可以使 CPU 与外设同时工作。CPU 在启动外设后,便继续执行主程序;而外设被启动后,开始进行准备工作。当外设准备就绪时,就向 CPU 发出中断请求,CPU 响应该中断请求并为其服务完毕后,返回到原来的断点处继续运行主程序。外设在得到服务后,也继续进行自己的工作。因此,CPU 可以使多个外设同时工作,并分时为各外设提供服务,从而大大提高了 CPU 的利用率和输入/输出的速度。

(2) 实时处理。当计算机用于实时控制时,请求 CPU 提供服务是随机发生的。有了中断系统,CPU 就可以立即响应并加以处理。

(3) 故障处理。计算机在运行时往往会出现一些故障,如电源断电、存储器奇偶校验出错、运算溢出等。有了中断系统,当出现上述情况时,CPU 可及时转去执行故障处理程序,自行处理故障而不必停机。

5.2 8051 单片机中断系统结构及中断控制

中断是计算机的一个重要功能。在 8051 单片机内设置了 1 个具有 5 个中断源 2 个优先级的中断系统。其中断系统的结构如图 5-2 所示。

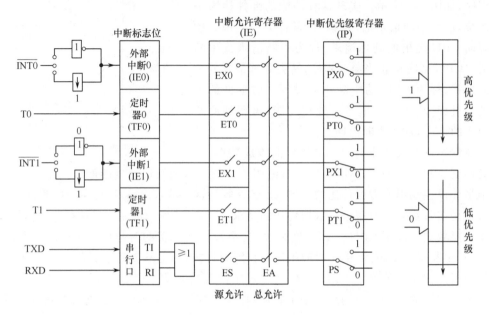

图 5-2 中断系统结构

从图 5-2 中可见,8051 单片机的 5 个中断请求源中,涉及 4 个用于中断控制的寄存器 IE、IP、TCON(用 6 位)和 SCON(用 2 位),用来控制中断的类型、中断的允许设置和各种中断源的优先级别。5 个中断源有 2 个中断优先级,每个中断源可以编程为高优先级或低优先级中断,可以实现二级中断服务程序嵌套。

5.2.1 8051 单片机中断源

8051 单片机中断系统有以下 5 个中断源。

(1) 外部中断 0(INT0)中断源。

(2) 定时器 0 溢出中断源。

(3) 外部中断 1(INT1)中断源。

(4) 定时器 1 溢出中断源。

(5) 串行口中断源。

每个中断源都对应一个中断请求标志位,它们设置在特殊功能寄存器 TCON 和 SCON 中。当这些中断源请求中断时,相应的标志分别由 TCON 和 SCON 中的相应位来锁存。

5.2.2 8051 单片机中断控制

8051 单片机中断系统有以下 4 个特殊功能寄存器。

(1) 定时器控制寄存器(TCON)(用 6 位)。

(2) 串行口控制寄存器(SCON)(用 2 位)。

(3) 中断允许寄存器(IE)。

(4) 中断优先级寄存器(IP)。

其中,TCON 和 SCON 只有一部分位用于中断控制。通过对以上各特殊功能寄存器的各位进行置位或复位等操作,可实现各种中断控制功能。

1. 中断请求标志

1) TCON 中的中断标志位

TCON 为定时器/计数器 T0 和 T1 的控制寄存器,同时也锁存 T0 和 T1 的溢出中断标志及外部中断 0 和外部中断 1 的中断标志等。与中断有关的位如下:

TCON (88H)	位地址	8FH	8EH	8DH	8CH	8BH	8AH	89H	88H
	位功能	TF1		TF0		IE1	IT1	IE0	IT0

(1) TF1:定时器/计数器 T1 的溢出中断请求标志位。当启动 T1 计数以后,T1 从初值开始加 1 计数,计数器最高位产生溢出时,由硬件使 TF1 置 1,向 CPU 发出中断请求。当 CPU 响应中断时,硬件将自动对 TF1 清零。

(2) TF0:定时器/计数器 T0 的溢出中断请求标志位。含义与 TF1 类同。

(3) IE1:外部中断 1 的中断请求标志位。当检测到外部中断 1 引脚(P3.3)上存在有效的中断请求信号时,由硬件使 IE1 置 1。当 CPU 响应该中断请求时,由硬件使 IE1 清零。

(4) IT1:外部中断 1 的中断触发方式控制位。IT1=0 时,外部中断 1 程控为电平触发方式。CPU 在每一个机器周期 S5P2 期间采样外部中断 1 请求引脚的输入电平。若外部中断 1 请求为低电平,则使 IE1 置 1;若外部中断 1 请求为高电平,则使 IE1 清零。

IT1=1 时,外部中断 1 程控为边沿触发方式。CPU 在每一个机器周期 S5P2 期间采样外部中断 1 请求引脚的输入电平。如果在相继的两个机器周期采样过程中,一个机器周期采样到外部中断 1 请求为高电平,接着的下一个机器周期采样到外部中断 1 请求为低电平,即产生一个下降沿,则使 IE1 置 1。直到 CPU 响应该中断时,才由硬件使 IE1 清零。

(5) IE0:外部中断 0 的中断请求标志。其含义与 IE1 类同。

(6) IT0:外部中断 0 的中断触发方式控制位。其含义与 IT1 类同。

2) SCON 中的中断标志位

SCON 为串行口控制寄存器,其低 2 位为串行口的接收中断标志 RI 和发送中断标志 TI。SCON 中 TI 和 RI 的格式如下:

SCON (98H)	位地址	9FH	9EH	9DH	9CH	9BH	9AH	99H	98H
	位功能							TI	RI

(1) TI:串行口发送中断请求标志。CPU 将一个数据写入发送缓冲器 SBUF 时,就启动发送。每发送完一帧串行数据后,硬件置位 TI。但 CPU 响应中断时,并不清除 TI,而必须在中断服务程序中由软件对 TI 清零。

(2) RI:串行口接收中断请求标志。在串行口允许接收时,每接收完一个串行帧,硬件置位 RI。同样,CPU 响应中断时不会清除 RI,必须用软件对其清零。

串行口中断由 TI 和 RI 的逻辑"或"所产生。转向中断服务程序后 TI 或 RI 均不被清零,一般情况下,由中断服务程序,通过判断标志位 TI 和 RI 来决定是串行口发送中断还是串行口接收中断,然后由软件清零标志位。

2. 中断允许控制

8051 单片机对中断源的开放或屏蔽是由中断允许寄存器 IE 控制的。IE 的格式如下:

IE (A8H)	位地址	AFH	AEH	ADH	ACH	ABH	AAH	A9H	A8H
	位功能	EA			ES	ET1	EX1	ET0	EX0

中断允许寄存器 IE 对中断的开放和关闭实现两级控制。即有一个总的中断控制位 EA(IE.7),当 EA＝0 时,屏蔽所有的中断申请,即任何中断申请都不接受;当 EA＝1 时,CPU 开放中断,但 5 个中断源还需要由 IE 的低 5 位的各对应控制位的状态进行中断允许控制。

(1) EA:中断允许总控制位。EA＝0,屏蔽所有中断请求;EA＝1,CPU 开放中断。对各中断源的中断请求是否允许,还要取决于各中断源的中断允许控制位的状态。

(2) ES:串行口中断允许位。ES＝0,禁止串行口中断;ES＝1,允许串行口中断。

(3) ET1:定时器/计数器 T1 的溢出中断允许位。ET1＝0,禁止 T1 溢出中断;ET1＝1,允许 T1 溢出中断。

(4) EX1:外部中断 1 中断允许位。EX1＝0,禁止外部中断 1 中断;EX1＝1,允许外部中断 1 中断。

(5) ET0:定时器/计数器 T0 的溢出中断允许位。ET0＝0,禁止 T0 溢出中断;ET0＝1,允许 T0 溢出中断。

(6) EX0:外部中断 0 中断允许位。EX0＝0,禁止外部中断 0 中断;EX0＝1,允许外部中断 0 中断。

例 5-1 假设允许定时器 0 溢出中断和外部中断 1 中断,禁止其他中断。试根据假设条件设置 IE 的相应值。

解 (1) 用位操作指令。

SETB　　ET0　　;定时器 0 中断允许
SETB　　EX1　　;外部中断 1 中断允许
CLR　　　EX0
CLR　　　ET1
CLR　　　ES
SETB　　EA　　　;CPU 开中断

(2) 用字节操作指令。

MOV　　IE,#10000110B

3. 中断优先级控制

8051 单片机有 2 个中断优先级。每一个中断请求源均可编程为高优先级中断或低优先级中断。中断系统中有两个不可寻址的"优先级生效"触发器,一个指出 CPU 是否正在执行高优先级的中断服务程序,另一个指出 CPU 是否正在执行低优先级中断服务程序。这两个触发器为 1 时,则分别屏蔽所有的中断请求。8051 单片机片内有 1 个中断优先级寄存器 IP,其格式如下:

IP (B8H)	位地址	BFH	BEH	BDH	BCH	BBH	BAH	B9H	B8H
	位功能				PS	PT1	PX1	PT0	PX0

IP 中的低 5 位为各中断源优先级的控制位,可用软件来设定。

(1) PS:串行口中断优先级控制位。
(2) PT1:定时器/计数器 T1 溢出中断优先级控制位。
(3) PX1:外部中断 1 中断优先级控制位。
(4) PT0:定时器/计数器 T0 溢出中断优先级控制位。
(5) PX0:外部中断 0 中断优先级控制位。

若某个控制位为 1,则相应的中断源就规定为高级中断;若某个控制位为 0,则相应的中断源就规定为低级中断。

当同时接收到几个同一优先级的中断请求时,响应哪个中断源则取决于内部硬件查询顺序。其优先权顺序排列如表 5-1 所列。

表 5-1 同一优先级中各中断的优先权顺序

中断源	同级内的中断优先权	中断源	同级内的中断优先权
外部中断 0 中断	1(优先权最高)	定时器 T1 溢出中断	4
定时器 T0 溢出中断	2	串行口中断	5(优先权最低)
外部中断 1 中断	3		

通常,系统中可能有多个中断源,因此就会出现数个中断源同时提出中断请求的情况。这样,就必须由设计者事先根据它们的轻重缓急,为每个中断源确定一个 CPU 为其服务的顺序号。当数个中断源为同一个优先级且同时向 CPU 发出中断请求时,CPU 根据中断源优先权顺序号的次序依次响应其中断请求。

当 CPU 正在处理一个中断请求时,又出现了另一个优先级比它高的中断请求时,CPU 就暂时中止执行对原来优先级较低的中断源的服务程序,保护当前断点,转去响应优先级更高的中断请求并为其服务。待服务结束,再继续执行原来较低级的中断服务程序。该过程称为中断嵌套。

例 5-2 设 8051 单片机的外部中断 1 和串行口中断为高优先级,其他中断为低优先级。试设置 IP 相应值。

解 (1) 用位操作指令。
SETB　　PX1
SETB　　PS
CLR　　PX0
CLR　　PT0
CLR　　ET1
(2) 用字节操作指令。
MOV　　IP,#00010100B

5.3　中断处理过程

中断处理过程可分为 3 个阶段,即中断响应、中断处理和中断返回。由于各计算机系统的中断系统硬件结构不同,中断响应的方式也有所不同。本节介绍8051单片机的中断处理过程。

5.3.1 中断响应

中断响应是指在满足CPU的中断响应条件之后,CPU对中断源中断请求的回答。在该阶段,CPU要完成中断服务以前的所有准备工作,包括保护断点和将程序转向中断服务程序的入口地址。计算机在运行时,只有满足中断响应条件,才会响应中断。

1. 中断响应条件

CPU响应中断有以下条件。

(1) 有中断源发出中断请求。

(2) 中断总允许位EA＝1,即CPU开放总中断。

(3) 申请中断的中断源的中断允许位为1,即该中断源开放。

上述3条是CPU响应中断的基本条件。若满足上述条件,CPU一般会响应中断,但是,如果有下列任何一种情况存在,则中断响应会受阻。

(1) 同级或更高级中断正在被服务。

(2) 现行机器周期不是当前执行指令的最后一个周期。

(3) 正在处理的指令为RETI或者是对IE或IP进行写入的指令。

这3个条件中的任何一个都将阻止中断响应的产生。条件(2)保证在转向服务程序之前执行完当前的一条完整指令。条件(3)保证如果正在处理的指令为RETI或者访问IE或IP时,在转向中断前将再执行至少一条指令。

CPU在每个机器周期的S5P2期间对各个中断源采样,并设置相应的中断标志位。在下一个机器周期查询该检查结果。如果满足中断响应的基本条件,且无阻止条件出现,则响应中断;如果一个中断标志位处于有效状态,但由于前述条件的阻止而没有得到响应,待上述阻止条件被撤销后,中断标志也已经消失了,则该中断申请不再被响应。每个查询周期均为新操作。

2. 中断响应操作过程

8051单片机的CPU在每个机器周期的S5P2期间顺序采样每个中断源,CPU在下一个机器周期S6期间按优先级顺序查询中断标志,如查询到某个中断标志为1,则将在接下来的机器周期S1期间按优先级进行中断处理。若中断响应条件满足,则中断系统通过硬件自动将相应的中断矢量地址装入PC,以便进入相应的中断服务程序。

对于某些中断源,CPU在响应中断后会自动清除中断标志,如定时器溢出标志TF0、TF1和边沿触发方式下的外部中断标志IE0、IE1;而有些中断标志不会自动清除,只能由用户用软件清除,如串行口接收发送中断标志RI、TI;在电平触发方式下的外部中断标志IE0和IE1则是根据引脚$\overline{INT0}$和$\overline{INT1}$的电平变化的,CPU无法直接干预,需在引脚外加硬件(如D触发器),使其自动撤消外部中断请求。

CPU执行中断服务程序之前,自动将程序计数器的内容(断点地址)压入堆栈保护起来(但不保护状态寄存器PSW的内容,也不保护累加器A和其他寄存器的内容),然后将对应的中断矢量装入程序计数器PC,使程序转向该中断矢量地址单元中,以执行中断服务程序。各中断源及与之对应的矢量地址如表5-2所列。

表 5-2　中断源及其对应的矢量地址

中 断 源	中断矢量地址	中 断 源	中断矢量地址
外部中断 0 中断	0003H	定时器 T1 溢出中断	001BH
定时器 T0 溢出中断	000BH	串行口中断	0023H
外部中断 1 中断	0013H		

由于 MCS-51 系列单片机的两个相邻中断源的中断服务程序入口地址相距只有 8 个单元,一般的中断服务程序是容纳不下的,通常是在相应的中断服务程序入口地址处放一条长跳转指令 LJMP,这样就可以转到 64KB 的任何可用区域了。

中断服务程序从矢量地址开始执行,一直到返回指令"RETI"为止。"RETI"指令一方面告诉中断系统该中断服务程序已执行完毕,另一方面把原来压入堆栈保护的断点地址从栈顶弹出,装入程序计数器 PC,使程序返回到被中断的程序断点处继续执行。

在编写中断服务程序时应注意以下几个方面:

(1) 可在中断矢量地址单元处放一条无条件转移指令,使中断服务程序可灵活地安排在 64KB 程序存储器的任何空间。

(2) 在中断服务程序中,用户应注意用软件保护现场,以免中断返回后丢失原寄存器、累加器中的信息。

(3) 若要在执行当前中断程序时禁止更高优先级中断,可以先用软件关闭 CPU 中断或禁止某中断源中断,在中断返回之前再开放中断。

3. 中断响应时间

CPU 不是在任何情况下都对中断请求予以响应,而且不同的情况下对中断响应的时间也是不同的。在每个机器周期的 S5P2 期间对中断源采样,CPU 在下一个机器周期才会查询这些值。这时,如果满足中断响应条件,下一步要执行的任务相当于执行一条长调用指令"LCALL",使程序转至中断源对应的矢量地址入口。长调用指令执行时间为 2 个机器周期。这样,从外部中断请求有效到开始执行中断服务程序的第一条指令,中间要隔 3 个机器周期,这是最短的响应时间。

如果遇到中断受阻的情况,则中断响应时间会更长一些。例如,一个同级或高优先级的中断正在进行,则附加的等待时间将取决于正在进行的中断服务程序。如果正在执行的一条指令还没有进行到最后一个机器周期,附加的等待时间为 1~3 个机器周期。因为一条指令的最长执行时间为 4 个机器周期(MUL 和 DIV 指令)。如果正在执行的是 RETI 指令或者是读/写 IE 或 IP 的指令,则附加的时间在 5 个机器周期之内(为完成正在执行的指令,还需要 1 个机器周期,加上为完成下一条指令所需的最长时间为 4 个机器周期,故最长为 5 个机器周期)。

若系统中只有一个中断源,则响应时间在 3~8 个机器周期。

5.3.2 中断处理

CPU 响应中断后即转至中断服务程序的入口,执行中断服务程序。从中断服务程序的第一条指令开始到返回指令为止,这个过程称为中断处理或中断服务。不同的中断源服务的内容及要求各不相同,其处理过程也就有所区别。一般情况下,中断处理包括两部分内容:一是保护现场;二是为中断源服务。

现场保护的对象通常有 PSW、累加器 A、工作寄存器和其他 SFR 等。如果在中断服务程序中要用这些寄存器,则在进入中断服务之前应将它们的内容保护起来,称为保护现场。中断结束时,在执行 RETI 指令前应恢复现场。

中断服务针对中断源的具体要求进行相应的处理。

用户在编写中断服务程序时,应注意以下几点:

(1)各中断源的入口矢量地址之间只相隔 8 个单元,一般的中断服务程序是容纳不下的,因而最常用的方法是在中断入口地址单元处存放一条无条件转移指令,转至存储器其他的任何空间。

(2)若在执行当前中断程序时禁止更高优先级中断,则应用软件关闭 CPU 中断或屏蔽更高级中断源的中断,在中断返回前再开放中断。

(3)在保护现场和恢复现场时,为了不使现场信息受到破坏或造成混乱,一般应关闭 CPU 中断,使 CPU 暂不响应新的中断请求。这样,在编写中断服务程序时,应注意在保护现场之前要关闭中断,在保护现场之后若允许高优先级中断嵌套,则应开中断。同样,在恢复现场之前应关闭中断,恢复之后再开中断。

5.3.3 中断返回

在中断服务程序中,最后一条指令必须为中断返回指令(RETI)。CPU 执行此指令时,一方面清除中断优先级状态触发器,一方面从当前栈顶弹出断点地址送入程序计数器 PC,从而返回主程序。若用户在中断服务程序中进行了压栈操作,则在 RETI 指令执行前应进行相应的出栈操作,使栈顶指针 SP 与保护断点后的值相同;也就是说,在中断服务程序中,PUSH 指令与 POP 指令必须成对使用,否则不能正确返回断点。

5.4　外部中断扩展方法

8051 单片机有两个外部中断请求输入端,即 $\overline{INT0}$ 和 $\overline{INT1}$。在实际应用中,若外部中断源有两个以上时,就需要扩展外部中断源。在此介绍两种扩展外部中断源的常用方法。

5.4.1　利用定时器扩展外部中断源

8051 单片机有 2 个定时器/计数器,各具有 1 个内部中断标志位和外部计数输入引脚。当定时器/计数器设置为计数工作方式时,若计数初值设置为满量程全 1(如定时器 T0,工作方式 1 时,TH0=TL0=0FFH),一旦外部信号从计数器引脚输入 1 个负跳变信号,计数器 T0 加 1,同时产生溢出中断,从而可以转去处理该外部中断源的请求。因此,我们可以把外部中断源作为边沿触发输入信号,接至定时器 T0(P3.4)或 T1(P3.5)引脚上;该定时器的溢出中断标志及中断服务程序作为扩充外部中断源的标志和中断服务程序。该方法无需增加硬件便可实现,但可扩展的数目有限。

5.4.2　利用查询方式扩展外部中断源

将外部多个中断源的输入线通过与门合成一个信号接至 8051 单片机的 2 根外部中

断输入线的任何一根,同时利用输入端口线作为各中断源的识别线。如图 5-3 所示,4 个外部装置中断请求信号通过与门接至 8051 单片机的外部中断输入引脚$\overline{INT0}$(或$\overline{INT1}$),P1.0~P1.3 作为 4 个中断源的查询识别线。4 个装置的中断请求输入均通过$\overline{INT0}$传给 CPU。无论哪一个外设提出中断请求,都会使$\overline{INT0}$引脚电平变低,究竟是哪个外设申请中断,可以通过程序查询 P1.0~P1.3 的逻辑电平获知。设这 4 个中断源的优先级为装置 1 最高,顺序至装置 4 最低。软件查询时,由最高至最低的顺序查询即可。

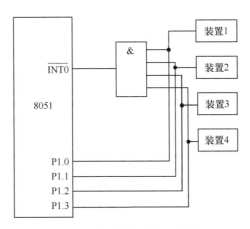

图 5-3 多个外部中断源扩展

5.5 思考练习题

1. 计算机的主机和外设进行数据传送的基本方式有哪几种?
2. 什么是中断和中断系统?其主要功能是什么?
3. 8051 单片机有哪几个中断源?按同一级中优先权从高到低的顺序写出。
4. 8051 单片机有几个优先级?如何设置中断优先级?
5. 外部中断有哪两种触发方式?应用时如何选择和设置?
6. 8051 单片机各中断源的中断服务程序的入口地址分别为多少?
7. 编写一段中断初始化程序,允许外部中断 0,T1 溢出和串行口中断,且串行口中断为高优先级中断。
8. 列出所有与中断有关的特殊功能寄存器。
9. 何为中断优先权?8051 单片机中断优先处理的原则是什么?
10. 8051 单片机在什么条件下可响应中断?
11. 阅读下段中断初始化程序,说明有哪些中断源的中断被允许,其优先级如何?
    MOV   IE,#97H
    MOV   IP,#11H
12. 假设某 8051 单片机的应用系统,需要 4 个外部中断信号输入端,试简要说明有哪些实现的方法?

第 6 章 定时器及其应用

在单片机应用系统中,经常要求实现一些定时或延时控制,如定时输出控制、定时扫描和定时采样测量等。采用延时程序可以实现软件定时,但软件定时会降低 CPU 的工作效率;若直接采用硬件电路定时,则需要增加硬件开销,且定时的范围和定时值不易由软件控制和修改。利用可编程定时器则可容易地由软件设定和修改定时范围、定时值,因而使用灵活方便。

6.1 8051 单片机定时器结构与工作原理

6.1.1 8051 单片机定时器结构

8051 单片机内部有 2 个 16 位定时/计数器 T0 和 T1,它们都具有定时和事件计数的功能,可应用于定时控制、对外部事件的计数和脉宽测量等场合。

定时器/计数器 T0 和 T1 都是以加"1"的方式完成计数,其逻辑结构如图 6-1 所示。特殊功能寄存器 TMOD 用于控制定时器/计数器的工作方式。TCON 用于控制定时器/计数器的启动运行并记录 T0、T1 的溢出标志等。通过对 TH0、TL0 和 TH1、TL1 的初始化编程,可以预置 T0、T1 的计数初值。通过对 TMOD 和 TCON 的初始化编程,可以分别置入方式字和控制字,以指定其工作方式并控制 T0、T1 按规定的工作方式计数。

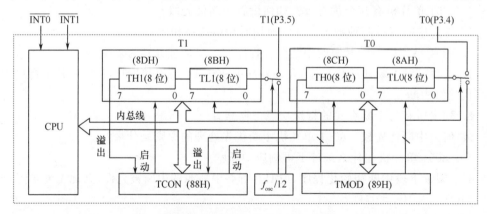

图 6-1 定时器/计数器逻辑结构

6.1.2 8051 单片机定时器工作原理

1. 定时器

当设置为定时器工作方式时,计数输入信号来自内部振荡信号,在每个机器周期内做定时器功能的硬件计数电路做一次加 1 运算。因此定时器也可视为计算机器周期的计数器。而每个机器周期又等于 12 个振荡周期,故定时器的计数速率为振荡频率的 1/12(12 分频)。若单片机的晶振主频为 12MHz,则计数周期为 $1\mu s$。如果计数器加 1 产生溢出,则标志着定时时间已到,定时器溢出标志为置 1。

2. 计数器

当设置为计数器工作方式时,计数的输入信号来自外部引脚 T0(P3.4)或 T1(P3.5)上的计数脉冲,外部每输入一个脉冲,计数器 TH0、TL0(或 TH1、TL1)做一次加 1 运算。而在实际工作中,计数器由计数脉冲的下降沿触发,即 CPU 在每个机器周期的 S5P2 期间对外部输入引脚 T0(或 T1)采样,若在一个机器周期中采样值为高电平,而在下一个机器周期中采样值为低电平,则紧跟着的再下一个机器周期的 S3P1 期间计数值就加 1,完成一次计数操作。因此,确认一次外部输入脉冲的有效跳变至少要花费 2 个机器周期,即 24 个振荡周期,所以最高计数频率为振荡频率的 1/24。同时,为了确保计数脉冲不被丢失,则要求脉冲的高电平及低电平均应保持一个机器周期以上。

不管是定时还是计数工作方式,定时器 T0 或 T1 在对内部时钟或外部脉冲计数时,不占用 CPU 的时间,除非产生溢出才可能中断 CPU 的当前操作。

6.2 定时器/计数器的方式寄存器和控制寄存器

定时器/计数器在系统中是作为定时器使用还是作计数器使用,采用何种工作方式,中断引脚是否参与计数过程的控制等都是可编程的。在开始定时或计数之前,应先对特殊功能寄存器 TMOD 和 TCON 写入方式字和控制字,实现对定时器/计数器的初始化设置。

6.2.1 定时器/计数器的方式寄存器(TMOD)

定时器/计数器的方式控制寄存器,是一个可编程的特殊功能寄存器,字节地址为 89H,不可位寻址。其中低 4 位控制 T0,高 4 位控制 T1,其格式如下:

TMOD (89H)	位功能	GATE	C/$\overline{T}$	M1	M0	GATE	C/$\overline{T}$	M1	M0
		用于 T1				用于 T0			

GATE:门控位。当 GATE=1 时,计数器受外部中断输入引脚信号 $\overline{INT0}$(或 $\overline{INT1}$)控制,$\overline{INT0}$ 控制 T0 计数,$\overline{INT1}$ 控制 T1 计数,当 $\overline{INT0}$=1(或 $\overline{INT1}$=1),且运行控制位 TR0(或 TR1)为"1"时,T0(或 T1)开始计数;否则,停止计数。当 GATE=0 时,外部中断信号 $\overline{INT0}$(或 $\overline{INT1}$)不参与控制,此时只要运行控制位 TR0(或 TR1)为 1,计数器 T0(或 T1)就开始计数,而不管外部中断引脚 $\overline{INT0}$(或 $\overline{INT1}$)信号的电平为高还是为低。

C/$\overline{T}$:计数器/定时器方式选择位。C/$\overline{T}$=0 时,表示定时方式,其计数器输入为晶振脉冲的 12 分频信号,即对机器周期计数。当 C/$\overline{T}$=1 时,表示计数方式,计数器的触发输入来自 T0(P3.4)或 T1(P3.5)端的外部脉冲。

M1 和 M0:操作方式选择位。对应 4 种操作方式,见表 6-1。当单片机复位时,TMOD=00H。

表 6-1 操作方式选择

M1	M0	操作方式	功 能
0	0	方式 0	13 位计数器
0	1	方式 1	16 位计数器
1	0	方式 2	可自动重新装载的 8 位计数器
1	1	方式 3	T0 分为两个独立的 8 位计数器,T1 停止计数

6.2.2 定时器/计数器的控制寄存器(TCON)

定时器/计数器的控制寄存器也是一个 8 位特殊功能寄存器,字节地址为 88H,可以位寻址,位地址为 88H~8FH。复位后,TCON 的各位均被清零。

TCON (88H)	位地址	8FH	8EH	8DH	8CH	8BH	8AH	89H	88H
	位功能	TF1	TR1	TF0	TR0	IE1	IT1	IE0	IT0

TF1:T1 溢出标志。当 T1 产生溢出时,由硬件置 1,可向 CPU 发出中断请求,CPU 响应中断后,被硬件自动清零。也可由程序查询,并由软件清零。

TR1:T1 运行控制位。由软件置 1 或清零来启动或关闭 T1 工作,因此又称为 T1 的启/停控制位。

TF0:T0 溢出标志。其功能和操作类同 TF1。

TR0:T0 运行控制位。其功能和操作类同 TR1。

TCON 的低 4 位是与外部中断有关的控制位。其功能已经在第 5 章中作过介绍。

6.3 定时器/计数器的 4 种工作方式

6.3.1 工作方式 0

当编程使 TMOD 中 M1 M0=00 时,设置为工作方式 0,计数器按 13 位长度工作。由 TLx 的低 5 位(TLx 的高 3 位未用)和 THx 的 8 位构成 13 位计数器,其中 x 为 0 或 1,分别对应于 T0 或 T1。图 6-2 所示的硬件结构表示了定时器/计数器 T1 在工作方式 0 下的逻辑图。若对于定时/计数器 T0,只要将图中相应的标识符后缀"1"改为"0"即可。

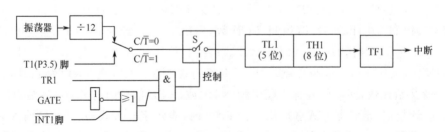

图 6-2 定时器/计数器 T1 方式 0 逻辑图

图 6-2 中 C/$\overline{T}$是 TMOD 中的控制位,当 C/$\overline{T}$=0 时,选择为定时器方式,计数器输入信号为晶振的 12 分频,即计数器对机器周期计数。当 C/$\overline{T}$=1 时,选择为计数器方式,计

数器输入信号为外部引脚 T1(P3.5)。TR1 在 TCON 中,是定时器/计数器 T1 的启/停控制位;GATE 在 TMOD 中,是定时器/计数器的门控位,用来释放或封锁 $\overline{INT1}$ 脚信号的;$\overline{INT1}$ 脚是外部中断 1 的输入端。当 GATE=1 且 TR1=1 时,则计数器启动运行受外部中断信号 $\overline{INT1}$ 的控制,此时只要 $\overline{INT1}$ 为高电平,计数器便开始计数,当 $\overline{INT1}$ 为低电平时,停止计数。利用这一功能可测量 $\overline{INT1}$ 引脚上正脉冲的宽度。TF1 在 TCON 中,是定时器/计数器 T1 的溢出标志。

当定时器/计数器 T1 按方式 0 工作时,计数输入信号作用于 TL1 的低 5 位;当 TL1 低 5 位计满产生溢出时,向 TH1 的最低位进位;当 13 位计数器计满产生溢出时,使 13 位计数器全部清零,并使控制寄存器 TCON 中溢出标志 TF1 置 1,向 CPU 发中断请求。若定时器/计数器将继续按方式 0 工作下去,则应按要求给 13 位计数器重新赋予计数初值或定时常数。

6.3.2 工作方式 1

当编程使 TMOD 中 M1 M0=01 时,设置为工作方式 1,计数器按 16 位工作,即 TL 和 TH 全部使用,构成 16 位计数器。其控制与操作方式与工作方式 0 完全相似,逻辑结构如图 6-3 所示。

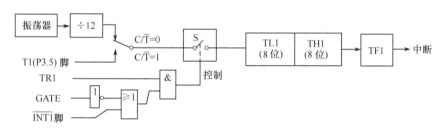

图 6-3 定时/计数器 T1 方式 1 逻辑图

6.3.3 工作方式 2

当编程使 TMOD 中 M1 M0=10 时,设置为工作方式 2,定时器/计数器设置为可自动装载计数初值的 8 位定时器/计数器。在这种方式下,TL1(或 TL0)被定义为计数器,TH1(或 TH0)被定义为赋值寄存器,其逻辑结构如图 6-4 所示。

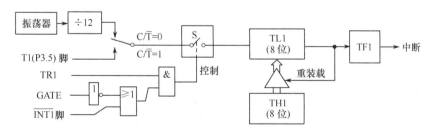

图 6-4 定时器/计数器 T1 方式 2 逻辑图

当计数器 TL1 计满产生溢出时,不仅使其溢出标志 TF1 置 1,同时还自动打开 TH1 和 TL1 之间的三态门,使 TH1 的内容重新装入 TL1 中,并继续计数操作。TH1 的内容可通过编程预置,重装载后其内容不变。因而用户可省去重新装入计数初值的程序,简化了定时时间的计算,可产生相当精确的定时时间。另外,工作方式 2 还特别适合于把定时器/计数器用做串行口波特率发生器。

6.3.4 工作方式 3

当编程使 TMOD 中 M1 M0＝11 时,设置为工作方式 3,内部控制逻辑把 TL0 和 TH0 配置成 2 个互相独立的 8 位计数器,如图 6-5 所示。

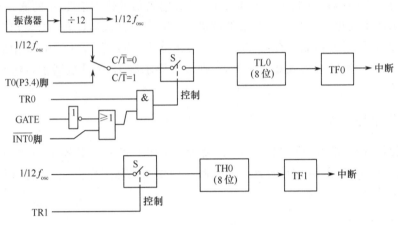

图 6-5 定时器/计数器 T0 方式 3 逻辑图

在工作方式 3 时,TL0 使用了自己本身的一些控制位。$C/\overline{T}$、GATE、TR0、$\overline{INT0}$、TF0,其操作类同于工作方式 0 和工作方式 1,可用于计数也可用于定时。但此时 TH0 只能用于定时器方式,因为它只能对机器周期计数。它借用了定时器 T1 的控制位 TR1 和 TF1,因 TH0 控制了定时器 T1 的中断,此时的 T1 只能用在任何不要求中断控制的情况下,例如,可作为串行口波特率发生器。

工作方式 3 只适合于定时器 T0,使其增加了一个 8 位定时器。若定时器 T1 选择工作方式 3,T1 将停止工作,相当于 TR1＝0 的情况。当定时器 T0 选择为工作方式 3 工作时,定时器 T1 仍可工作在工作方式 0、工作方式 1、工作方式 2,用在任何不需要中断控制的场合。

6.4 定时器/计数器应用

6.4.1 定时器/计数器的初始化

对于 8051 单片机的可编程定时器/计数器,在定时或计数之前要先进行初始化,初始化一般有以下几个步骤。

(1) 确定工作方式,即对 TMOD 赋值。

(2) 预置定时或计数初值,直接将初值写入 TL0、TH0 或 TL1、TH1 中。

(3) 根据需要对中断允许寄存器有关位赋值,以开放或禁止定时器/计数器溢出中断。

(4) 启动定时器/计数器,使 TCON 中的 TR1 或 TR0 置 1,控制计数器按确定的工作方式和初值开始计数或定时。

由于 8051 单片机内部计数器是加 1 计数器,并在溢出时产生中断请求,因此不能直接将计数值置入计数器。在初始化过程中,要根据不同的工作方式进行计算获得定时或计数的初值。

设计数器最大计数值为 M,选择不同的工作方式,最大计数值 M 也不同。

方式 0:$M=2^{13}=8192$

方式 1:$M=2^{16}=65536$

方式 2、3:$M=2^8=256$

置入的计数初值 X 可按如下的方法进行计算。

(1) 计数方式。

$X=M-$计数值

(2) 定时方式。

$(M-X)\times T=$定时时间

故 $X=M-$定时时间$/T$

其中 T 为做定时工作时内部计数器的计数周期,等于单片机时钟的 12 分频,即单片机的机器周期。若振荡频率为 f_{osc},则 $T=12/f_{osc}$,例如,当晶振频率为 6MHz 时,$T=2\mu s$;当晶振频率 12MHz 时,$T=1\mu s$。

例 6-1 若单片机晶振频率为 6MHz,要求使用定时器 T1 产生 200μs 定时,试计算定时的初值。

解 由于 $T=2\mu s$,产生 200μs 定时,则需要加 1 共 100 次,定时器方能产生溢出。

(1) 采用方式 0。

$X=2^{13}-(200\times 10^{-6}/(2\times 10^{-6}))=8192-100=8092=1F9CH=11111100\ 11100B$

由于在方式 0 中 TL1 高 3 位是不用的,可设为全 0,X 的低 5 位装入 TL1 的低 5 位,X 的高 8 位装入 TH1,即 TL1=1CH,TH1=0FCH。

(2) 采用方式 1。

$X=2^{16}-(200\times 10^{-6}/(2\times 10^{-6}))=65536-100=65436=0FF9CH$

即:TH1=0FFH,TL1=9CH。采用方式 1 时,时间常数(初值)的处理要相对简单。

(3) 采用方式 2。

$X=2^8-(200\times 10^{-6}/(2\times 10^{-6}))=256-100=156=9CH$

在方式 2 时,TL1 为计数初值,TH1 为计数溢出时的自动装入初值,通常可实现连续定时工作,TH1=TL1=9CH。

6.4.2 定时器应用举例

例 6-2 设 8051 单片机系统中,主频为 12MHz,要求利用定时器 T1 定时,使得 P1.1 引脚输出周期为 4ms 的方波。

解 利用 P1.1 引脚输出信号周期为 4ms 的方波,只要使 P1.1 每隔 2ms 改变一次电平,故定时值应为 2ms。由于 $f_{osc}=12MHz$,所以计数间隔 $T=1\mu s$。

(1) 定时器 T1 工作在方式 0,即 13 位计数器。

定时初值:$X=M-$计数次数$=2^{13}-2\times 10^{-3}/10^{-6}=8192-2000=6192=11000001\ 10000B$。由于 TL1 的高 3 位不用,可得到:TH1 初值为 0C1H,TL1 初值为 10H。

方式字 TMOD 可设为 00H,采用中断方式工作的源程序如下。

```
            ORG     0000H
            LJMP    MAIN
            ORG     001BH
            LJMP    TF1INT
            ORG     0030H
MAIN:       MOV     TMOD,#00H       ;T1 按方式 0,定时器状态工作
            MOV     TH1,#0C1H       ;给 T1 赋初值
            MOV     TL1,#10H
            SETB    ET1             ;T1 溢出中断允许
            SETB    TR1             ;启动 T1 工作
            SETB    EA              ;CPU 开中断
HERE:       SJMP    HERE            ;模拟主程序
TF1INT:     CLR     TR1             ;T1 中断入口
            MOV     TH1,#0C1H       ;重装 T1 初值
            MOV     TL1,#10H
            SETB    TR1
            CPL     P1.1            ;由 P1.1 输出方波
            RETI                    ;中断返回
```

(2) 定时器 T1 工作在方式 1,即 16 位计数器。

定时初值:$X = M - 计数次数 = 2^{16} - 2 \times 10^{-3}/10^{-6} = 65536 - 2000$。

可得到:TH1 初值为 0F8H,TL1 初值为 30H。

方式字 TMOD 可设为 10H,采用查询方式的源程序如下。

```
MAIN:  MOV     TMOD,#10H       ;T1 按方式 1,定时器状态工作
LOOP:  MOV     TH1,#0F8H       ;T1 赋初值
       MOV     TL1,#30H
       SETB    TR1             ;启动 T1 工作
       NOP
WAIT:  JNB     TF1,WAIT        ;等待 T1 溢出
       CLR     TF1             ;清零溢出标志位
       CPL     P1.1            ;由 P1.1 输出方波
       CLR     TR1
       SJMP    LOOP
```

(3) 定时器 T1 工作在方式 2,即 8 位计数器。

由于 T1 工作在方式 2 时最大的计数次数为 256 次,而定时 2ms 需要计数 2000 次,因此,直接一次定时不能达到,可以采用每次定时 0.2ms,定时 10 次来实现。

定时初值:$X = M - 计数次数 = 2^8 - 2 \times 10^{-4}/10^{-6} = 56 = 38H$。

可得到:TH1 和 TL1 初值均为 38H。

方式字 TMOD 可设为 20H,采用查询方式的源程序如下:

```
MAIN: MOV    TMOD,#20H       ;T1 按方式 2,定时器状态工作
      MOV    R3,#10          ;设置 0.2ms 定时 10 次
      MOV    TH1,#38H        ;T1 赋初值
      MOV    TL1,#38H
      SETB   TR1             ;启动 T1 工作
      NOP
LOOP: JNB    TF1,LOOP        ;等待 T1 溢出
      CLR    TF1             ;清零溢出标志位
      DJNZ   R3,LOOP         ;2ms 定时到
      MOV    R3,#10
      CPL    P1.1            ;由 P1.1 输出方波
      SJMP   LOOP
```

例 6-3 应用 8051 单片机的定时器 T0 监测生产流水线的工件数量,每生产 1 个工件产生一个计数脉冲至 P3.4(T0),每生产 100 个工件,由 P1.0 发出一个 5ms 的低电平脉冲,控制包装设备将其包装成一箱,8051 单片机的工作时钟为 12MHz。

解 用 T0 作计数器,记录工件数量。用 T1 作定时器。当 T0 计数满 100 时在 P1.0 脚输出一个 5ms 低电平脉冲,控制包装设备打包。

选择 T0 为计数器,工作方式 2;选择 T1 为定时器,工作方式 1。

(1) 方式字 TMOD 为 00010110B=16H。

(2) T0 计数初值 $X_0 = 2^8 - 100 = 9CH$,因此 T0 初值为:TH0=TL0=9CH。

(3) T1 定时初值 $X_1 = 2^{16} - 5 \times 10^{-3}/10^{-6} = 65536 - 5000 = 60536 = 0EC78H$,因此 T1 初值为:TH1=0ECH,TL0=78H。

源程序如下。

```
        ORG    0000H
        LJMP   MAIN
        ORG    000BH
        LJMP   T0INT
        ORG    001BH
        LJMP   T1INT
MAIN:   SETB   P1.0            ;P1.0 输出为高
        MOV    TMOD,#16H       ;置 T0、T1 的工作方式
        MOV    TH0,#9CH
        MOV    TL0,#9CH        ;计数初值送计数器
        SETB   EA              ;CPU 开中断
        SETB   ET0             ;T0 开中断
        SETB   ET1             ;T1 开中断
        SETB   TR0             ;启动 T0
HERE:   SJMP   HERE            ;模拟主程序
T0INT:  MOV    TH1,#0ECH       ;置 T1 定时 5ms 初值
```

```
                MOV     TL1,#78H
                CLR     P1.0            ;P1.0 输出低电平
                SETB    TR1
                RETI                    ;中断返回
        T1INT:  SETB    P1.0            ;定时 5ms 时间到,P1.0 恢复为高电平
                CLR     TR1             ;T1 停止工作
                RETI                    ;中断返回
```

例 6-4 用 GATE 控制位,测量 $\overline{INT1}$(P3.3)引脚上正脉冲的宽度。假设晶振频率为 12MHz,被测正脉冲宽度小于 65ms。

解 门控位 GATE=1 时,定时器 T1 的启动计数受到 $\overline{INT1}$(P3.3)外部引脚输入电平的控制。如图 6-6 所示,测量 $\overline{INT1}$(P3.3)引脚的正脉冲的宽度时,只要利用 T1 从脉冲的上升沿开始计数,下降沿停止计数,获得计数值乘以计数间隔即可得到脉冲宽度时间值。由 f_{osc}=12MHz,可得到计数间隔 T=1μs,因此,计数值即为脉冲宽度时间值,单位为 μs。

选择 T1 为定时器模式,工作方式 1,GATE=1,则 TMOD=1001 0000B=90H。

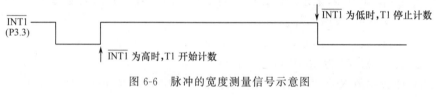

图 6-6 脉冲的宽度测量信号示意图

源程序如下:
```
                MOV     TMOD,#90H       ;置 T1 方式控制字,GATE=1
                MOV     TL1,#0
                MOV     TH1,#0          ;T1 从 0 开始计数
        WAIT1:  JB      P3.3,WAIT1      ;等 INT1(P3.3)变低
                SETB    TR1             ;T1 允许计数
        WAIT2:  JNB     P3.3,WAIT2      ;等 INT1(P3.3)变高
        WAIT3:  JB      P3.3,WAIT3      ;等 INT1(P3.3)再变低
                CLR     TR1
                ……
```

执行完 CLR TR1 指令后 T1 停止计数,此时再读取 TH1、TL1 的内容即为正脉冲宽度的对应结果。

6.5 思考练习题

1. 8051 单片机内部有几个定时器/计数器?有哪几种工作方式?
2. 与 8051 单片机的定时器/计数器有关的特殊功能寄存器有哪些?
3. 定时器/计数器用做定时器时,其定时时间与哪些因素有关?用做计数器时,对输入的频率信号有何条件限制?

4. 已知 8051 单片机的晶振频率为 12MHz,要求定时 0.1ms 和 10ms,试分别计算定时器 T1 工作在方式 0、方式 1 和方式 2 时的定时器初值各为多少?

5. 定时器/计数器控制字中的门控信号位(GATE)有何作用?

6. 已知 8051 单片机的晶振频率为 6MHz,定时器 T0 工作在方式 0、方式 1 和方式 2 时,单次定时的最大定时时间各为多少?

7. 已知 8051 单片机的晶振频率为 6MHz,利用定时器 T1 产生一个 100ms 的定时,试选择 T1 的工作方式和定时初值。

8. 编写一段程序,实现对 T1(P3.5)输入脉冲进行计数,当计数值等于 100 时,在 P1.1 引脚产生一个 10ms 的低电平脉冲输出。

9. 已知 8051 单片机的晶振频率为 12MHz,利用定时器 T1 产生 1ms 的定时。

(1) 选择 T1 的工作方式和定时初值。

(2) 利用上述的 1ms 定时,编程实现在 P1.0 引脚产生一个周期为 2ms 的方波输出。

10. 简述如何利用 8051 单片机的定时器实现实时时钟功能?

第 7 章　串行通信与 8051 单片机串行口

8051 单片机是一个 8 位的单片机,在处理 8 位数据时,若以并行传送方式一次传送一个字节的数据,则至少需要 8 条数据线。当 8051 单片机与打印机等设备连接时,除 8 条数据线外,还需要状态、应答等控制线。对于一般的微型计算机系统,由于外部存储设备、显示器、打印机等,与主机系统的距离有限,所以,通常使用多条电缆线以提高数据传送速度。但是,当计算机之间、计算机与其终端之间的距离较远时,电缆线过多将会带来很大的负担。

串行通信只用一位数据线传送数据的位信号,即使加上几条通信联络控制线,其传输线也用不了很多电缆线。因此,串行通信适合远距离数据传送,如主机与其远程终端之间、多台计算机之间采用串行通信就非常经济。当然,串行通信要求有数据格式转换、时间控制等逻辑电路,这些电路目前已被集成为专用的可编程串行通信控制器,使用灵活、方便。

7.1　串行通信概述

7.1.1　数据通信

在实际工作中,计算机的 CPU 与外部设备之间常常要进行信息交换,一台计算机与其他计算机之间也往往要交换信息,所有这些信息交换均可称为通信。

通信方式有两种,即并行通信和串行通信。通常根据信息传送的距离决定采用哪种通信方式。主机与外部设备通信时,如果距离较近,则可采用并行通信方式;如果距离较远,则应采用串行通信方式。

并行通信是指数据的各位同时进行传送的通信方式。其优点是传送速度快,缺点是数据传输线多。如图 7-1(a)所示 8051 单片机与外设间 8 位数据并行通信的连接方法。并行通信在数据位数多且传送距离又远时就不太合适了。

串行通信指数据是一位一位按顺序传送的通信方式。它的突出优点是只需一对传输线,这样可大大降低传送成本,特别适用于远距离通信;其缺点是传送速度较低。图 7-1(b)所示为串行通信方式的连接方法。

7.1.2　串行通信的传送方式

串行通信的传送方式通常有 3 种:第一种为单工方式,只允许数据向一个方向传送;第二种是半双工方式,允许数据向两个方向中的任一方向传送,但每次只能有一个站点发送;第三种是全双工方式,允许数据同时双向传送,全双工配置是一对单向配置,它要求两端的通信设备都具有完整和独立的发送和接收能力。图 7-2 所示为串行通信中的 3 种数据传送方式。

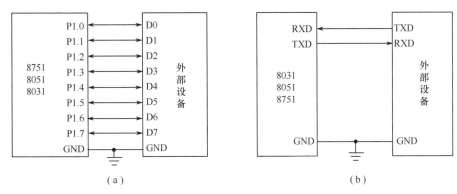

图 7-1 两种通信方式连接示意图

(a) 并行通信;(b) 串行通信。

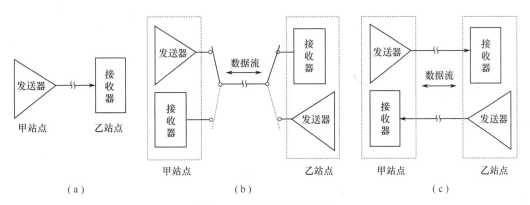

图 7-2 串行通信传输方式

(a) 单工方式;(b) 半双工方式;(c) 双工方式。

7.1.3 异步通信和同步通信

串行通信有两种基本通信方式,即异步通信和同步通信。

1. 异步通信

在异步通信中,数据是一帧一帧传送的,包括一个字符代码或一个字节数据和其他辅助信息。每一帧的数据格式如图 7-3 所示。

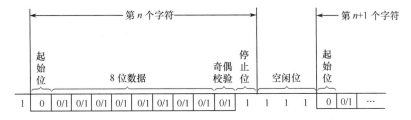

图 7-3 异步通信的帧数据格式

在帧格式中,一个字符由四部分组成:起始位、数据位、奇偶校验位和停止位。首先是一个起始位(0),然后是 5 位～8 位数据(规定低位在前,高位在后),接下来是奇偶校验位(可略),最后是停止位(1)。

起始位信号只占用一位,用来通知接收设备一个待接收的字符开始到达。线路上在不传送字符时应保持为1,接收端不断检测线路的状态,若连续为1以后又测到一个0,就知道发来一个新字符,应马上准备接收。字符的起始位还被用做接收端的同步触发时钟,以保证后续的接收能正确进行。

起始位后面紧接着是数据位,它可以是5位~8位。

奇偶校验位占一位,但在字符中也可以规定不用奇偶校验位,则这一位就可省去。有时也可以利用这一位来表示这一帧中的字符所代表信息的性质是地址或数据等。

停止位用来表征字符的结束,用逻辑1表示。停止位可以是1位、1.5位或2位。接收端收到停止位后,知道上一个字符已传送完毕,同时,也为接收下一个字符做好准备。如果再接收到0,就是新的字符的起始位。若停止位以后不是紧接着传送下一个字符,则使线路电平保持为逻辑1。对于一个字符紧接一个字符传送的情况,上一个字符的停止位和下一个字符的起始位是紧邻的;对于两个字符间有空闲位的情况,空闲位为1,线路处于等待状态。有空闲位也是异步通信的特征之一。

2. 同步通信

在同步通信中,数据开始传送前用同步字符来指示(通常约定1~2个字符),并由时钟来实现发送端和接收端同步,即检测到规定的同步字符后,下面就连续按顺序传送数据,直到通信告一段落。同步传送时,字符与字符之间没有间隙,也不用起始位和停止位,仅在数据块开始时用同步字符 SYNC 来指示。

同步字符的插入可以是单同步字符或双同步字符,接着是连续的数据块。同步字符可以由用户约定,也可以采用 ASCII 码中规定的 SYNC 代码,即 16H。按同步方式通信时,先发送同步字符,接收方检测到同步字符后,即准备接收数据。

3. 波特率

波特率,即数据传送的位速率,表示每秒钟传送二进制代码的位数,它的单位是 b/s。

若数据传送波特率是 1200b/s,而每帧包含 10 个代码位(1 个起始位、1 个停止位、8 个数据位)。这时,要传送 600B 的数据至少需要的时间(DT)为

$$DT=600\times(1+8+1)/1200=5s$$

异步通信的传送速率一般在 110~19200b/s,也可以更高,常用于计算机到终端机和打印机之间的通信和无线电通信的数据发送等。

7.1.4 异步串行通信协议

进行串行通信的两台设备必须同步工作才能有效地检测通信线路上的信号变化,从而采样传送数据脉冲。设备同步对通信双方有两个共同要求:一是通信双方必须采用统一的编码方法;二是通信双方必须能产生相同的传送速率。

通信协议是对数据传送方式的规定,包括数据格式定义和数据位定义等。通信双方必须遵守统一的通信协议。

1. 起始位

通信线上没有数据被传送时处于逻辑1状态。当发送设备要发送一个字符或数据时,首先发出一个逻辑0信号,这个逻辑低电平就是起始位。起始位通过通信线传向接收设备,接收设备检测到这个逻辑低电平后,就开始准备接收数据位信号。起始位所起的作

用就是设备同步,通信双方必须在传送数据位之前协调同步。

2. 数据位

当接收设备收到起始位后,紧接着就会收到数据位。在 PC 中经常采用 7 位或 8 位数据传送,8051 单片机串行口采用 8 位或 9 位数据传送。这些数据位被接收到移位寄存器中,构成传送数据字符。在字符数据传送过程中,数据位从最低有效位开始发送,依次顺序在接收设备中被转换为并行数据。

3. 奇偶校验位

数据位发送完之后,可以发送奇偶校验位。奇偶校验用于有限差错检测,通信双方需约定一致的奇偶校验方式。如果选择偶校验,那么组成数据位和奇偶位的逻辑 1 的个数必须是偶数;如果选择奇校验,那么逻辑 1 的个数必须是奇数。

4. 停止位约定

在奇偶位或数据位(当无奇偶校验时)之后发送的是停止位。停止位是一个字符数据的结束标志,可以是 1 位、1.5 位或 2 位的逻辑 1。接收设备收到停止位之后,通信线路上便又恢复逻辑 1 状态,直至下一个字符数据的起始位到来。

5. 波特率设置

通信线上传送的所有位信号都保持一致的信号持续时间,每一位的信号持续时间都由数据传送速率确定,而传送速率是以每秒传送二进制的位数来衡量的,这个速率称为波特率。如果数据以 600 个二进制位每秒在通信线上传送,那么传送速度为 600b/s。

7.2　8051 单片机串行口及其应用

8051 单片机除具有 4 个 8 位并行口外,还具有一个全双工串行通信接口,能实现同时双向串行数据的传送。它既可以作为通用异步接收和发送器(UART)用,也可以作为同步移位寄存器用。使用串行接口可以实现 8051 单片机系统之间的单机或多机通信,也可以与系统机进行单机或多机通信。

7.2.1　8051 单片机串行口

8051 单片机具有一个可编程的全双工串行通信接口,它可用做 UART,也可用做同步移位寄存器。其帧格式可以有 8 位、10 位或 11 位,并能对波特率进行设置,使用方便灵活。

1. 8051 单片机串行口的结构

8051 单片机通过串行数据接收端引脚 RXD(P3.0)和串行数据发送端引脚 TXD(P3.1)与外界进行通信。其内部结构示意图如图 7-4 所示。图中有两个物理上独立的接收、发送缓冲器 SBUF,它们占用同一地址 99H,可实现同时发送和接收数据。发送缓冲器只能写入,不能读出;接收缓冲器只能读出,不能写入。串行发送与接收的速率与移位时钟同步。8051 单片机用定时器 T1 作为串行通信的波特率发生器,T1 溢出率经 2 分频(或不分频)后再经 16 分频后,作为串行发送或接收的移位脉冲。移位脉冲的速率即为波特率。

如图 7-4 所示,接收器是双缓冲结构,在前一个字节从接收缓冲器 SBUF 被读出之前,第二个字节即开始被接收(串行输入至移位寄存器),但是,在第二个字节接收完毕而前一个字节 CPU 未读取时,会丢失前一个字节。

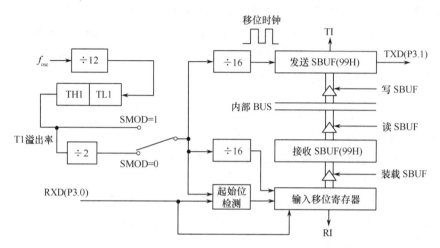

图 7-4 8051 单片机串行口内部结构示意图

串行口的发送和接收都是以特殊功能寄存器 SBUF 的名义进行读或写的。当向 SBUF 发写命令时,即向发送缓冲器 SBUF 装载并开始启动 TXD 引脚向外发送一帧数据,发送完成后,使发送中断标志位 TI=1。

在满足串行口接收中断标志位 RI=0 的条件下,置允许接收位 REN=1,就能从 RXD 引脚接收一帧数据进入移位寄存器,并装载到接收 SBUF 中,同时使 RI=1。当发读 SBUF 命令时,便从接收缓冲器 SBUF 中取出信息,通过 8051 单片机内部总线送 CPU。

2. 串行口控制寄存器

8051 单片机串行口是可编程接口,对它初始化编程主要涉及串行口控制寄存器(SCON)和电源控制寄存器(PCON)这两个特殊功能寄存器。

1) SCON(98H)

8051 单片机串行通信的方式选择、接收和发送控制以及串行口的状态标志等均由特殊功能寄存器 SCON 控制和指示,其控制字格式如下。复位时 SCON 的值为 00H。

SCON (98H)	位地址	9FH	9EH	9DH	9CH	9BH	9AH	99H	98H
	位功能	SM0	SM1	SM2	REN	TB8	RB8	TI	RI

(1) SM0 和 SM1:串行口工作方式选择位。两个选择位对应 4 种通信方式,见表 7-1。

表 7-1 串行口的工作方式

SM0	SM1	工作方式	说 明	波 特 率
0	0	方式 0	同步移位寄存器	$f_{osc}/12$
0	1	方式 1	10 位异步收发	由定时器 T1 溢出率控制
1	0	方式 2	11 位异步收发	$f_{osc}/32$ 或 $f_{osc}/64$
1	1	方式 3	11 位异步收发	由定时器 T1 溢出率控制

注:f_{osc} 为振荡频率。

(2) REN：允许接收控制位。由软件置1或清零，只有当REN＝1时才允许接收RXD上的串行数据，它相当于串行接收的开关；若REN＝0，则禁止接收。

在串行通信接收控制过程中，如果满足RI＝0和REN＝1的条件，就允许接收，接收到的数据就装入串行接收缓冲器SBUF中。

(3) TB8：发送数据的第9位(D8)放入TB8中。在方式2或方式3中，根据发送数据的需要由软件对TB8置位或清零。在许多通信协议中可用做奇偶校验位，也可在多机通信中作为发送地址帧或数据帧的标志位。对于后者，TB8＝1，说明该帧数据为地址信息；TB8＝0，说明该帧数据为数据字节。在方式0或方式1中，该位未用。

(4) RB8：接收数据的第9位。在方式2或方式3中，接收到的第9位数据放在RB8位。它或是约定的奇/偶校验位，或是约定的地址/数据标识位。在方式2和方式3多机通信中，若SM2＝1，如果RB8＝1，说明收到的数据为地址帧。在方式1中，若SM2＝0，则说明RB8中存放的是已接收到的停止位。在方式0中，该位未用。

(5) SM2：多机通信控制位。主要用于方式2和方式3。

若SM2＝1，则允许多机通信。多机通信协议规定，第9位数据(D8)为1，说明本帧为地址帧；若第9位为0，则本帧为数据帧。当一片8051单片机作为主机与多片作为从机的8051单片机系统通信时，所有从机的SM2位都置1，主机首先发送的一帧内容为地址信息，即为某从机的地址号，其中第9位为1，因此所有的从机均能接收到数据，并将其中第9位装入RB8中。各个从机根据收到的第9位数据(RB8中)的值来决定从机可否再接收主机的信息。若RB8为0，说明是数据帧，则使接收中断标志位RI＝0，信息丢失；若RB8为1，说明是地址帧，数据装入SBUF并置RI＝1，中断所有从机。被寻址的目标从机(本机的地址号等于接收到的地址值的从机)清除SM2，以接收主机发来的数据。其他从机仍然保持SM2＝1，不接收数据信息。

若SM2＝0，即不属于多机通信情况，接收一帧数据后，不管第9位数据是0还是1，都要将接收到的数据装入SBUF中，并置RI＝1。

在方式2和方式3时，利用SM2这个功能，可实现多个8051单片机应用系统的串行通信。在方式1时，若SM2＝1，则只有接收到有效停止位时，RI才置1。在方式0时，SM2＝0。

(6) TI：发送中断标志。在一帧数据发送完成时被置位。在方式0串行发送第8位结束或其他方式串行发送到停止位的开始时由硬件置位，可用软件查询。它同时也可申请中断，TI置位意味着向CPU提供"发送缓冲器SBUF已空"的信息，CPU可以准备发送下一帧数据。串行口发送中断被响应后，TI不会自动清零，必须由软件清零。

(7) RI：接收中断标志。在接收到一帧有效数据后由硬件置位。在方式0中，串行接收到第8位数据完成时，由硬件置位；在其他方式中，当接收到停止位中间时由硬件置位。RI＝1，申请中断，表示一帧数据接收结束，并已装入接收缓冲器SBUF中，要求CPU取走数据。CPU响应中断，取走数据，同时RI必须由软件清零，为接收下一帧数据做准备。

串行发送中断标志TI和接收中断标志RI是同一个中断源，CPU事先不知道是发送中断TI还是接收中断RI产生的中断请求，所以，在全双工通信时，必须由软件来查询判别。

2) PCON(87H)

电源控制寄存器 PCON 中的最高位 SMOD 位与串行口工作有关。

SMOD：波特率倍增位。在串行口方式 1、方式 2 和方式 3 时，波特率和 2^{SMOD} 成正比，即当 SMOD＝1 时的波特率比 SMOD＝0 时提高 1 倍。在串行口方式 0 时，波特率不受 SMOD 影响。

3. 8051 单片机串行口工作方式

8051 单片机串行口可设置 4 种工作方式，并有 8 位、10 位或 11 位等帧格式。

1) 串行口方式 0

方式 0 为同步移位寄存器输入/输出方式。常用于扩展 I/O 口。串行数据通过 RXD 输入或输出，而 TXD 用于输出移位时钟，作为外接部件的同步信号。无论发送还是接收，同步时钟均由 8051 单片机的 TXD(P3.1)引脚发出。因此，这种方式不适用于两个 8051 单片机之间的直接数据通信，但可以通过外接移位寄存器来实现单片机的接口扩展。例如，利用 74LS164 扩展并行输出口，利用 74LS165 扩展并行输入口等。在这种方式下，收/发的数据为 8 位，低位在前，无起始位、奇偶校验位及停止位，波特率固定为振荡频率的 1/12。

发送过程中，当执行一条将数据写入发送缓冲器 SBUF 的指令时，串行口把 SBUF 中 8 位数据以 $f_{osc}/12$ 的波特率从 RXD 端输出，发送完毕，置中断标志 TI＝1。写 SBUF 指令在 S6P1 处产生一个正脉冲，在下一个机器周期的 S6P2 处数据的最低位输出到 RXD(P3.0)引脚上；再在下一个机器周期的 S3、S4、S5 输出移位时钟为低电平，而在 S6 及下一个机器周期的 S1、S2 为高电平，就这样将 8 位数据由低位至高位一位一位顺序通过 RXD 线输出，并在 TXD 引脚上输出 $f_{osc}/12$ 的移位时钟。在"写 SBUF"有效后的第 10 个机器周期的 S1P1，将发送中断标志 TI 置位。

用软件置 REN＝1，当 RI＝0 时，即开始串行同步接收。当使 SCON 中的 REN＝1 时，产生一个正的控制脉冲，使得在下一个机器周期的 S3P1～S5P2，从 TXD(P3.1)引脚上输出低电平的移位时钟，在此机器周期的 S5P2 对 RXD(P3.0)脚采样，并在本机器周期的 S6P2 通过串行口内的输入移位寄存器将采样值移位接收；在同一个机器周期的 S6P1 到下一个机器周期的 S2P2，输出移位时钟为高电平。如此将数据字节从低位至高位一位一位地接收下来并装入 SBUF 中。在写入 SCON，清零 RI 位后的第 10 个机器周期的 S1P1，RI 被置位。这一帧数据接收完毕，可准备进行下一帧的接收。

2) 串行口方式 1

方式 1 为 10 位通用异步接口工作方式。TXD 与 RXD 分别用于发送与接收数据。收发一帧数据的格式为 1 位起始位、8 位数据位(低位在前)和 1 位停止位，共 10 位。在接收时，停止位进入 SCON 的 RB8，此方式的传送波特率可调。

方式 1 发送时，数据从引脚 TXD(P3.1)端输出。当执行数据写入发送缓冲器 SBUF 的命令时，就启动了发送器开始发送。发送时的定时信号，也就是发送移位时钟(TX 时钟)，是由定时器 T1 送来的溢出信号经过 16 分频或 32 分频(取决于 SMOD 的值)而得到的，TX 时钟就是发送波特率。方式 1 的波特率是可变的，它由定时器 T1 的溢出率决定。发送开始的同时，SEND 变为有效，将起始位向 TXD 输出；此后每经过一个 TX 时钟周期产生一个移位脉冲，并由 TXD 输出一个数据位；8 位数据位全部发送完后，置位 TI 并申请中断,同时置 TXD 为 1 作为停止位,再经一个时钟周期,SEND 失效,完成一帧数据的发送。

方式 1 接收时,数据从引脚 RXD(P3.0)端输入。当 SCON 寄存器中允许接收位 REN 置 1 时,并在 RXD 上检测到 1 到 0 的跳变时,启动接收。接收时,定时信号有两种:一个是接收移位时钟(RX 时钟),它的频率和传送波特率相同,也是由定时器 T1 的溢出信号经过 16 或 32 分频而得到的;另一个为位检测器采样脉冲,它的频率是 RX 时钟的 16 倍,亦即在一位数据期间有 16 位检测器采样脉冲,为完成检测,以波特率的 16 倍速率对 RXD 进行采样。为了接收准确无误,在正式接收数据之前,还必须判定这个 1 到 0 的跳变是否是由干扰引起的。计数器的 16 个状态把一位的时间分成 16 等份,在第 7、8、9 个计数状态由位检测器连续对 RXD 采样 3 次,取 3 次采样中至少 2 次相同的值。这样能较好地消除干扰的影响。

如果在第一位时间接收的值不是 0,则复位接收电路,并重新寻找另一个 1 到 0 的跳变。这样可以排除错误的起始位。当确认是真正的起始位后,就开始接收一帧数据。当一帧数据接收完毕后,必须同时满足以下两个条件,这次接收才真正有效。

(1) 原 RI=0。
(2) SM2=0 或收到的停止位为 1。

如果不满足上述条件中的任何一个,将不可恢复地丢失接收的帧。如果满足这两个条件,停止位进入 RB8,接收到的 8 位数据装入 SBUF,并将 RI 置位。

4. 串行口方式 2 和方式 3

串行口工作在方式 2 和方式 3 均为每帧 11 位的异步通信格式,由 TXD 发送,RXD 接收。帧格式中包含 1 位起始位(0)、8 位数据位(低位在前)、1 位可编程的第 9 数据位和 1 位停止位(1)。发送时,第 9 数据位(TB8)可以设置为 1 或 0,也可将奇偶位装入 TB8,从而进行奇偶校验;接收时第 9 数据位进入 SCON 的 RB8。

方式 2 和方式 3 的不同在于其波特率,方式 2 中波特率可程控为振荡频率的 1/32 或 1/64,而在方式 3 中可任意变化,由定时器 T1 的溢出率决定。

发送时,用户应先根据通信协议由软件设置 TB8,如作奇偶校验位或地址/数据标志位等,然后将要发送的数据写入 SBUF,即可启动发送过程。串行口能自动把 TB8 取出,并装入到第 9 位数据位的位置,再逐一发送出去,发送完毕,使 TI=1。

接收时,使 SCON 中的 REN=1,允许接收。当检测到 RXD(P3.0)端有 1 到 0 的跳变(起始位)时,开始接收 9 位数据,送入移位寄存器。当满足 RI=0 且 SM2=0 或接收到的第 9 位数据为 1 时,前 8 位数据送入 SBUF,附加的第 9 位数据送入 SCON 中的 RB8,置 RI 为 1;否则,这次接收无效,也不置位 RI。

7.2.2 波特率设计

在串行通信中,收发双方对发送或接收的数据速率有一定的约定,通过软件对 8051 单片机串行口编程可约定 4 种工作方式。其中,方式 0 和方式 2 的波特率是固定的;而方式 1 和方式 3 的波特率是可变的,由定时器 T1 的溢出率来决定。

对于串行口的 4 种工作方式,由于输入的移位时钟来源不同,因此,各种方式的波特率计算公式也不尽相同。

1. 方式 0 的波特率

方式 0 时,发送或接收一位数据的移位时钟脉冲由 TXD 引脚给出,每个机器周期产生一个移位时钟,发送或接收一位数据。因此,波特率固定为振荡频率的 1/12,不受 PCON 寄存器中 SMOD 位的影响。

$$方式\ 0\ 波特率 = f_{osc}/12$$

2. 方式 2 的波特率

方式 2 波特率的产生与方式 0 不同。方式 2 波特率取决于 PCON 中 SMOD 位的值。当 SMOD=0 时,波特率为 f_{osc} 的 1/64;若 SMOD=1,则波特率为 f_{osc} 的 1/32。

$$方式\ 2\ 波特率 = f_{osc} \times 2^{SMOD}/64$$

3. 方式 1 和方式 3 的波特率

方式 1 和方式 3 的移位时钟脉冲由定时器 T1 的溢出率决定,8051 单片机串行口方式 1 和方式 3 的波特率由定时器 T1 的溢出率与 SMOD 值同时决定。

$$方式\ 1、方式\ 3\ 波特率 = (T1\ 溢出率) \times 2^{SMOD}/32$$

式中,T1 溢出率取决于 T1 的计数速率(计数速率=$f_{osc}/12$)和 T1 预置的初值。

定时器 T1 用做波特率发生器时,通常选用定时器模式 2(8 位自动装入方式),可设置定时器 T1 为定时方式(使 $C/\overline{T}=0$),让 T1 对内部振荡脉冲计数,即计数速率为 $f_{osc}/12$。应用时,应禁止 T1 中断,以免 T1 产生不必要的溢出中断。先设定 TH1 和 TL1 定时计数初值为 X,那么每过"2^8-X"个机器周期,定时器 T1 就会产生一次溢出。因此,T1 溢出率为

$$T1\ 溢出率 = (f_{osc}/12)/(2^8-X)$$

于是,可得出定时器 T1 模式 2 的初始值为

$$X = 256 - 2^{SMOD} \times f_{osc}/(384 \times 波特率)$$

例 7-1 8051 单片机时钟振荡频率为 11.0592MHz,选用定时器 T1 工作模式 2 作为波特率发生器,波特率为 4800b/s,假设 SMOD=0,串口工作方式 1。求定时器 T1 的初值。

解 1 波特率=(T1 溢出率)$\times 2^{SMOD}/32$。

T1 溢出速率=波特率$\times 32/2^{SMOD} = 4800 \times 32/2^0 = 153600$Hz

T1 溢出间隔:DT=1/T1 溢出速率=1/153600

利用 T1 工作方式 2,实现定时 DT 时间,设定时器初值为 X,则

$$X = 256 - DT \times f_{osc}/12 = 256 - (1/153600) \times 11.0592 \times 10^6/12 =$$
$$256 - 6 = 250 = 0FAH$$

所以,定时器 T1 的初值为

$$(TH1) = (TL1) = 0FAH$$

解 2 由于选用定时器 T1 工作模式 2 作为波特率发生器,串口工作为方式 1,设定时器初值为 X,则

$$X = 256 - 2^{SMOD} \times f_{osc}/(384 \times 波特率) =$$
$$256 - 2^0 \times 11.0592 \times 10^6/(384 \times 4800) = 250 = 0FAH$$

所以,定时器 T1 的初值为

$$(TH1)=(TL1)=0FAH$$

系统晶体振荡频率选为 11.0592MHz 就是为了使初值为整数,从而产生精确的波特率。

如果串行通信选用很低的波特率,可将定时器 T1 置于模式 0 或模式 1,即 13 位或 16 位定时方式,但在这种情况下,T1 溢出时,需用中断服务程序重装初值。

7.2.3 8051 单片机串行口的应用

8051 单片机串行口的工作主要受串行口控制寄存器(SCON)和电源控制寄存器(PCON)中的 SMOD 位的控制。MCS-51 单片机串行口有 4 种工作方式实现数据的串行传送。

(1) 方式 0:移位寄存器输入/输出方式。串行数据通过 RXD 线输入或输出,而 TXD 线专用于输出时钟脉冲给外部移位寄存器。方式 0 可用来同步输出或接收 8 位数据(低位在先),波特率固定为 $f_{osc}/12$。

(2) 方式 1:10 位异步接收/发送方式。一帧数据包括 1 位起始位(0)、8 位数据位和 1 位停止位(1)。串行接口电路在发送时能自动插入起始位和停止位;在接收时,停止位进入特殊功能寄存器 SCON 的 RB8 位。方式 1 的传送波特率是可变的,可通过改变内部定时器 T1 的定时值来改变波特率。

(3) 方式 2:11 位异步接收/发送方式。除了 1 位起始位、8 位数据位、1 位停止位之外,还插入第 9 位数据位,波特率固定为 $f_{osc}/32$ 或 $f_{osc}/64$。

(4) 方式 3:同方式 2,只是波特率可变。

1. 串行口方式 0 的应用

8051 单片机串行口工作方式 0 为同步工作方式,也称为移位寄存器工作方式,利用外接串入并出或并入串出器件,可实现 I/O 的扩展。

串行口方式 0 应用时,应先对 SCON 进行初始化。将 SM0 和 SM1 位均设为 0,同时 SM2 也应设为 0,清零标志位 TI 和 RI,若仅用做输出则 REN 应清零,若用于输入则置 REN 为 1。

数据的发送和接收可以采用查询方式,也可以采用中断方式来处理。在串行口发送时,只要将需要发送的数据写入发送数据缓冲器 SBUF 中即可。一个字节发送完成后自动置位 TI,CPU 可程序查询 TI 的状态,当 TI 为 1 时结束查询,进入下一个字节内容的发送;也可以利用 TI 引起的中断,在中断服务程序中发送下一个数据。在串行口接收时,一个字节数据接收完成后,由硬件置位 RI,CPU 可查询 RI 的状态,当 RI 为 1 时结束查询,从中读入接收到的一个字节的数据;也可以利用 RI 引起的中断,在中断服务程序中将 SBUF 中接收到的一个字节的数据取出。

由于 TI 和 RI 均能引起串行口中断,因此在该中断服务程序中应该用软件判断到底是发送完成中断还是接收完成中断;另外,标志位 TI 和 RI 在中断响应后不会自动清零,因此必须由软件清零。

例 7-2 用 8051 单片机串行口外接一片 74HC164 串入并出移位寄存器扩展 8 位并行口,8 位并行口的每位都接一个发光二极管,要求发光二极管从左到右轮流循环显示。

设发光二极管为共阴极接法,如图7-5所示。

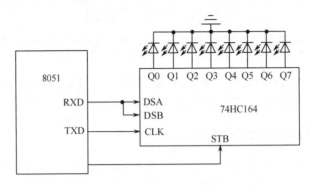

图7-5 串行口方式0扩展I/O口

解 采用查询方式,显示的延迟时间通过调用延迟程序DELAY来实现。程序清单如下。

```
MAIN: MOV   SCON,#00H      ;串行口初始化,工作方式0
      MOV   A,#80H         ;置初值(最左一位发光二极管亮)
LOOP: MOV   SBUF,A         ;开始串行输出
WAIT: JNB   TI,WAIT        ;TI=0,等待
      CLR   TI             ;清发送中断标志
      LCALL DELAY          ;调用延时子程序,使显示持续一段时间
      RR    A              ;准备右边一位显示
      SJMP  LOOP
```

上述程序中,省略了延时子程序DELAY,应用中,可根据实际需要进行编写。用方式0外加移位寄存器来扩展8位输出口时,应尽量在移位寄存器后面带输出锁存器,以免串行移位过程反映到并行输出口上。

另外,应用串口工作方式0,通过加上并入串出移位寄存器可扩展一个8位并行输入口。移位寄存器必须带有预置/移位的控制端,由单片机的一个输出端子加以控制,以实现先由8位输入口置数到移位寄存器的输入端,然后再串行移位至8051单片机的RXD,经内部移位接收电路送到串行数据接收缓冲器(SBUF)中,最后再由CPU对其读取。

2. 串行口方式1的发送和接收

例7-3 8031串行口按双工方式收发字符,要求传送的波特率为1200b/s。设f_{osc}为6MHz,试编写有关的通信程序。

解 双工通信要求收、发能同时进行。实际上,收、发操作主要是由串行接口电路实现,CPU只是把数据从接收缓冲器读出或把数据写入发送缓冲器。数据传送采用中断方式进行,响应中断以后,通过检测是RI置位还是TI置位来决定CPU是进行发送操作还是接收操作。发送和接收都通过调用子程序来完成,设发送数据区的首地址为20H,接收数据区的首地址为40H,且发送和接收的字符小于32个。

(1) 计算定时器的初值。

根据已知条件,选择定时器T1采用工作模式2,假定SMOD=0,根据波特率计算关系式,可得

T1 初值 $X = 256 - 2^{SMOD} \times (f_{osc}/384)/$波特率
$$= 256 - 2^0 \times (6 \times 10^6/384)/1200 = 242.98$$

由于定时初值为一个整数,得到
$$TH1 = TL1 = 243 = 0F3H$$

(2) 程序清单。

```
            ORG     0000H
            LJMP    MAIN            ;转主程序
            ORG     0023H           ;串行口中断服务程序入口
SINT:       JNB     RI,SEND         ;TI=1,为发送中断
            LCALL   SIN             ;RI=1,为接收中断
            RETI
SEND:       LCALL   SOUT            ;调用发送子程序
NEXT:       RETI                    ;中断返回
;主程序
MAIN:       MOV     TMOD,#20H       ;定时器1设为模式2
            MOV     TL1,#0F3H       ;定时器初值
            MOV     TH1,#0F3H       ;8位重装值
            SETB    TR1             ;启动定时器1
            MOV     PCON,#00H       ;SMOD=0
            MOV     SCON,#50H       ;将串行口设置为方式1,REN=1
            MOV     R0,#20H         ;发送数据区首址
            MOV     R1,#40H         ;接收数据区首址
            SETB    ES              ;允许串行口中断
            SETB    EA              ;总中断允许
            LCALL   SOUT            ;先输出一个字符
LOOP:       SJMP    LOOP            ;等待中断服务程序
;发送子程序
SOUT:       CLR     TI
            MOV     A,@R0           ;取发送数据到A
            INC     R0              ;修改发送数据指针
            MOV     SBUF,A          ;发送ASCII码
            RET                     ;返回
;接收子程序
SIN:        CLR     RI
            MOV     A,SBUF          ;读出接收缓冲区内容
            MOV     @R1,A           ;送接收缓冲区
            INC     R1              ;修改接收数据指针
            RET                     ;返回
```

在主程序中已初始化 REN=1,则允许接收。以上程序基本上具备了全双工通信的

能力,但还不很完善,且发送和接收数据区的范围也很有限,不一定能满足实际需要。但有了一个基本的框架之后,读者可以作进一步的完善。

3. 串行口方式 2、方式 3 的应用

串行口方式 2 与方式 3 基本一样(只是波特率设置不同),接收/发送 11 位信息:开始为 1 位起始位(0),中间 8 位数据位,数据位之后为 1 位程控位(由用户置 SCON 的 TB8 决定),最后是 1 位停止位(1)。方式 2 和方式 3 只比方式 1 多了一位程控位,可利用程控位 TB8 或 RB8 作奇偶校验位,提高通信的可靠性。

例 7-4 编制一个发送程序,将片内 RAM 中 50H~5FH 的数据串行发送。串行口设定为工作方式 3,TB8 作奇偶校验位。要求波特率为 4800b/s,晶振频率为 11.0592MHz。

解 由于串行口设定为工作方式 3,其波特率计算方法和方式 1 相同,参考例 7-1,可得:定时器 T1 采用工作模式 2,设定 SMOD=0,定时器 T1 的初值 TH1=TL1=0FAH。

由于需要传送奇偶校验位,因此,在数据写入发送 SBUF 之前,应先将数据的奇偶标志 P 写入 TB8,此时,第 9 位数据便可作奇偶校验用。采用查询工作方式编写程序如下:

```
MAIN:   MOV    TMOD,#20H     ;定时器 T1 设为模式 2
        MOV    TL1,#0FAH     ;定时器 T1 置初值
        MOV    TH1,#0FAH     ;8 位重装值
        SETB   TR1           ;启动定时器 1
        MOV    PCON,#00H     ;SMOD=0
        MOV    SCON,#0C0H    ;将串行口设置为方式 3,REN=0
        MOV    R0,#50H       ;首址 50H 送 R0
        MOV    R7,#10H       ;数值长度送 R7
LOOP:   MOV    A,@R0         ;取数据
        MOV    C,PSW.0       ;P→C
        MOV    TB8,C         ;奇偶标志送 TB8
        MOV    SBUF,A        ;发送数据
WAIT:   JBC    TI,CONT
        LJMP   WAIT          ;等待中断标志 TI=1
CONT:   INC    R0
        DJNZ   R7,LOOP       ;未发送完,继续发送下一数据
HERE:   SJMP   HERE
```

利用多机通信控制位 SM2,可方便地实现多机通信功能。典型的主从式结构的多机通信系统结构如图 7-6 所示。主机和从机可实现双向通信,而从机之间只有通过主机才

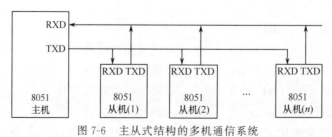

图 7-6 主从式结构的多机通信系统

能通信。串行口方式 2 与方式 3 在发送时，数据帧的第 9 位，可通过 TB8 进行设置。对于接收机，当 SM2=1 时，只有接收到的 RB8=1，才能置位 RI，接收数据才有效；而当 SM2=0 时，无论接收到的 RB8 是 0 还是 1，都将置位 RI，接收到的数据有效。利用这个特点，可实现多机通信。

7.3 RS-232C 接口及串行通信硬件设计

随着单片机在工业自动控制、智能化仪器仪表等领域中应用范围的扩大，经常会出现一些需要进行较复杂的数据处理的情况。由于单片机的运算功能相对较弱，往往需要借助系统计算机（如个人计算机等）对数据进行较复杂的处理。因此，单片机与个人计算机进行远程通信更具有实际意义。利用 MCS-51 单片机的串行口与个人计算机的串行口 COM1 或 COM2 等进行串行通信，实现个人计算机对远程的前端单片机进行控制，也可将单片机采集的数据传送到个人计算机中，由个人计算机对数据进行整理及统计等处理。

在实现计算机与计算机、计算机与外设间的串行通信时，通常采用标准通信接口。这样就能很方便地把各种计算机、外部设备、测量仪器等有机地连接起来。RS-232C 接口是由美国电子工业协会（EIA）正式公布的，在异步串行通信中应用最广的标准总线。它包括按位串行传输的电气和机械方面的规定，适用于短距离或带调制解调器的通信场合。为了提高数据传输率和通信距离，EIA 又公布了采用双线差分传输的 RS-422 和 RS-485 等串行总线接口标准。

7.3.1 RS-232C 接口总线

EIA RS-232C 是一个常用的串行接口，用于实现计算机与计算机之间、计算机与外设之间的数据通信。

RS-232C 接口的部分有如下规定：

1. 范围

RS-232C 接口适用于 DTE（数据终端设备）和 DCE（数据通信设备）间的串行二进制通信，最高的数据传送速率为 19.2 kb/s。如果不增加其他设备的话，RS-232C 接口的电缆长度最大为 15m。

RS-232C 接口不适于接口两边设备间要求绝缘的情况。

2. RS-232C 接口的信号特性

为了保证二进制数据能够正确传送及设备控制的准确完成，有必要使所用的信号电平保持一致。为满足此要求，RS-232C 接口规定了数据和控制信号的电压范围。采用负逻辑，规定+3～+15V 之间的任意电压表示逻辑 0 电平，−3～−15V 之间的任意电压表示逻辑 1 电平。

3. RS-232C 接口信号

RS-232C 接口定义了 20 根信号线，其中 15 根信号线用于主信道通信，其他的信号线用于辅信道或未定义，辅信道主要用于线路两端的调制解调器的连接，很少使用。

通常使用 25 芯的接插件（DB25 插头和插座）实现 RS-232C 接口的连接，很多场合也使用 9 芯的接插件（DB9 插头和插座）进行连接。主要常用的接口信号有：发送数据

(TXD)、接收数据(RXD)、请求发送(RTC)、允许发送(CTS)、数据设备准备就绪(DSR)和数据终端准备就绪(DTR)及接收线路信号检测(DCD)等。

7.3.2 信号电气特性与电平转换

1. 电气特性

为了增加信号在线路上的传输距离和提高抗干扰能力,RS-232C 接口提高了信号的传输电平。该接口采用双极性信号、公共地线和负逻辑。

使用 RS-232C 接口,数据通信的波特率允许范围为 0 b/s~20kb/s。在使用 19200b/s 进行通信时,最大传输距离达到 15m 以上,降低波特率可以增加传输距离。

2. 电平转换

RS-232C 接口规定的逻辑电平与一般微处理器、单片机的逻辑电平是不一致的。因此,在实际应用时,必须把微处理器的信号电平(TTL 电平)转换为 RS-232C 接口电平,或者将 RS-232C 接口电平转换为 TTL 电平。这两种转换可以通过专用电平转换芯片实现。

通常可用 MC1488、SN75188 等芯片实现 TTL 电平转换为 RS-232C 接口电平;用 MC1489、SN75189 等芯片实现 RS-232C 接口电平转换为 TTL 电平。

由于 MC1488、SN75188 等芯片需要正负多个工作电源,在一般数字系统中需要专门增加 2 组电源,因而带来设计上的不便。为解决这一问题,目前,经常采用仅需要单电源工作的同时带有多路 TTL 电平转换为 RS-232C 接口电平和 RS-232C 接口电平转换为 TTL 电平的专用转换芯片,如 MAX232、ICL232 等。实际设计中可直接选用这类芯片,外加几个电容即可实现电平转换功能。

7.3.3 RS-232C 接口的应用

1. 使用 RS-232C 接口应注意的问题

(1) RS-232C 接口可用于 DTE 和 DCE 之间的连接,也可用于两个 DTE 之间的连接。因此,在两个数据处理设备通过 RS-232C 接口互连时,应该注意信号线对设备的输入/输出方向以及它们之间的对应关系。RS-232C 接口的几个常用信号中,对 DTE 或 DCE 的方向,通信双方 RS-232C 接口的信号线的对应关系等,并没有规定的模式,可以根据每条信号线的意义,按实际需要具体连接,同时要注意使控制程序与具体的连接方式相一致。

(2) RS-232C 接口虽然定义了 20 根信号线,但在实际应用中,使用其中多少信号并无约束。也就是说,对于 RS-232C 接口的使用是非常灵活的。

2. RS-232C 接口的连接方式

(1) 两个 DTE 之间使用 RS-232C 串行接口的典型连接如图 7-7 所示。由图 7-7 可见,设备的 RTS(请求发送)端与自己的 CTS(清除发送)端相连,使得当设备向对方请求发送时,随即通知自己的清除发送端,表示对方已经响应。这里的请求发送线还连接到对方的载波检测线,这是因为 RTS 信号的出现类似于通信通道中的载波检出。DSR(数据设备就绪)是一个接收端,它与对方的 DTR(数据终端就绪)相连就能得知对方是否已经准备好。DSR 端收到对方"准备好"的信号,类似于通信中收到对方发出的"振铃指示"的情况,因此可将"振铃指示"与 DSR 并联在一起。

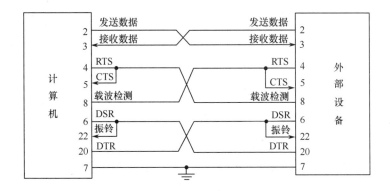

图 7-7 两个 DTE 之间通过 RS-232C 的典型连接

(2) 如果双方都是始终在就绪状态下准备接收的 DTE,连线可减至 3 根,这就变成 RS-232C 的简化方式,如图 7-8 所示。

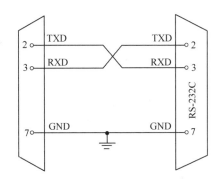

图 7-8 两个 DTE 之间的简化 RS-232C 连接

7.3.4 单片机与个人计算机通信的接口电路

1. 采用 MC1488 和 MC1489 电平转换芯片实现 8051 单片机与个人计算机通信

利用个人计算机配置的异步通信适配器,可以很方便地完成个人计算机与 MCS-51 单片机的数据通信。

个人计算机与 8051 单片机最简单的连接是三线型简化连接方法,这是进行全双工通信所必须的最少数目的线路。

由于 8051 单片机输入/输出电平为 TTL 电平,而个人计算机配置的是 RS-232C 标准串行接口,二者的电气规范不一致。因此,要完成个人计算机与单片机的数据通信,必须进行电平转换。个人计算机与 8051 单片机的电平转换接口电路如图 7-9 所示。其中,MC1488 将 TTL 电平转换为 RS-232C 电平,供电电压为±12V;MC1489 则是把 RS-232C 标准电平转换为 TTL 电平,供电电压为+5V。个人计算机输出的电平信号经过 MC1489 电平转换器转换成 TTL 电平信号,送到 8051 单片机的 RXD 端;8051 单片机串行发送引脚 TXD 端输出的 TTL 电平信号经过 MC1488 电平转换器转换成个人计算机可接收的 RS-232C 电平信号,接到个人计算机的 RXD 端。

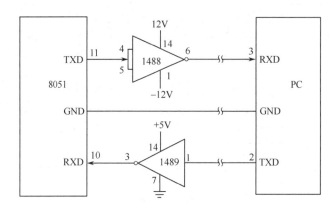

图 7-9　PC 与单片机串行通信接口线路图

2. 采用 MAX232 芯片实现 MCS-51 单片机与个人计算机的 RS-232C 标准接口通信电路

1) MAX232 芯片简介

MAX232 芯片是 MAXIM 公司生产的、包含两路接收器和驱动器的 IC 芯片,适用于各种 RS-232C 的通信接口。MAX232 芯片内部有一个电源电压变换器,可以把输入的 +5V 电源电压变换成为 RS-232C 输出电平所需的 ±10V 电压。所以,采用此芯片接口的串行通信系统只需单一的 +5V 电源即可。对于没有 ±12V 电源的场合,其适应性更强,加之其价格适中,硬件接口简单,所以被广泛采用。MAX232 芯片的引脚结构如图 7-10 所示。

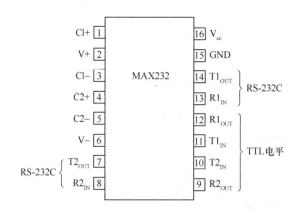

图 7-10　MAX232 芯片引脚图

2) 采用 MAX232 芯片的电平转换接口电路

应用时,可以在 MAX232 芯片的两路发送和接收中的任选一路,注意其发送、接收的引脚的对应关系。如 $T1_{IN}$ 接单片机的发送端 TXD,则个人计算机的 RS-232C 的接收端 RXD 一定要对应接 $T1_{OUT}$ 引脚。同时,$R1_{OUT}$ 接单片机的 RXD 引脚、个人计算机的 RS-232C 的发送端 TXD 对应接到 $R1_{IN}$ 引脚。其接口电路如图 7-11 所示。

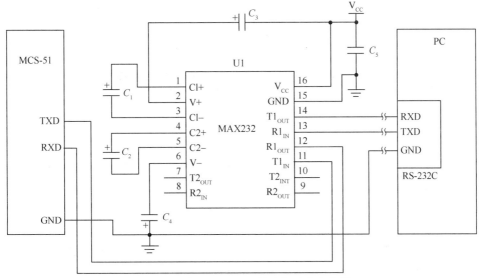

图 7-11 采用 MAX232 的串行通信电路图

7.4 思考练习题

1. 简述串行通信单工、双工和半双工方式的结构和特点。
2. 8051 单片机串行口由哪些功能部件组成？
3. 8051 单片机串行口由哪几种工作方式？每种工作方式的数据帧格式如何？
4. 简要说明 8051 单片机特殊功能寄存器 SCON 中各位的作用。
5. 8051 单片机串行口的波特率为 1200b/s。问：
(1) 串行口以方式 1 工作,发送 1200B 内容需要多少时间？
(2) 若工作方式为 3,发送 1200B 需要多少时间？
6. 如何计算 8051 单片机串行口在 4 种不同工作方式下的波特率？
7. 设 8051 单片机的振荡频率为 11.0592MHz,选择串行口工作方式 1,波特率为 2400b/s,选用定时器 T1 做波特率发生器,请选择 T1 的工作方式和定时初值。
8. 对于振荡频率为 11.0592MHz 的 8051 单片机系统,选择串行口工作方式 1 时,最大可达到的波特率为多少？
9. 某异步串行通信系统,数据帧格式由 1 个起始位、7 个数据位、1 个奇偶校验位和 1 个停止位组成,每分钟最多能传送 7200 个字符,则串行通信的波特率为多少？
10. 设 8051 单片机的振荡频率为 12MHz,选择串行口工作方式 1,波特率为 600b/s。
(1) 设置定时器 T1 的工作方式和定时初值。
(2) 编写一段串行口的初始化程序,实现上述设置。
11. 8051 单片机能否直接与 PC 进行串行通信？若不能,应采取什么措施？
12. RS-232C 接口的电平规范如何？
13. RS-422、RS-485 接口为何能大幅提高数据的传输距离？

第 8 章　单片机系统扩展技术

对于单片机来说,由于芯片内已经集成了计算机的基本功能部件,在一些简单应用场合,无需扩展便可构成应用系统。对于 8051 单片机,一块芯片就是一个完整的最小微型计算机系统,但片内 ROM、RAM 的容量,并行 I/O 口数目,定时器及中断源等内部资源都还是有限的。如果实际应用需要,MCS-51 系列单片机可以很方便地进行 ROM、RAM、I/O 接口等部件的扩展。

虽然 8051 单片机芯片内部有 4 个 8 位 I/O 口,但如果系统需要外部扩展存储器芯片,则可供外部 I/O 设备使用的只有 P1 口和 P3 口的部分口线。对于需要扩展键盘、显示器、开关、A/D 和 D/A 等多种部件的应用系统来说,其 I/O 口线是远远不够的,这时就需要扩展 I/O 口线。同时,由于外部设备与单片机在运行速度上存在着很大差异,要把快速的单片机与慢速的外部设备有机地联系起来,就需要在单片机与外部设备之间设置一个缓冲接口部件,使二者能很好地匹配工作。

MCS-51 单片机的内核是一个 8 位的 CPU,其外部扩展数据总线为 8 位,同时提供 16 位的地址总线宽度,还有读、写和程序存储器选通等控制信号线。8051 单片机的系统扩展及接口框图如图 8-1 所示。

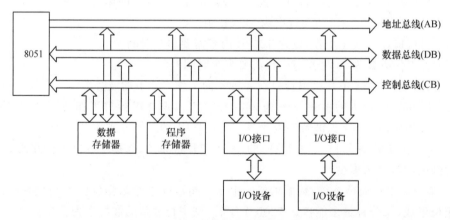

图 8-1　8051 单片机系统扩展及接口框图

一般的并行接口电路通常具备数据锁存和缓冲的功能,以便暂存数据和信息;具有片选与控制引脚,作为 CPU 选中本芯片的片选端和传送控制命令的被控端。

在实际设计中,很多接口电路都被做成标准通用接口芯片。用户可根据系统的需要,选用适当的接口芯片与单片机连接起来,通过编程来设置其工作方式等,以组成用户所需要的、完整的单片机应用系统。

MCS-51 系列单片机有很强的外部扩展功能,大部分常规芯片均可用于单片机的外围扩展电路中。扩展的内容主要有三总线产生、程序存储器扩展、数据存储器和 I/O 口的扩展等。

8.1 扩展三总线的产生

很多的 CPU 外部都设有单独的地址总线、数据总线和控制总线,而 MCS-51 单片机由于受引脚数目的限制,数据线和地址低 8 位线是复用的,而且与 I/O 口线兼用。为了便于同单片机片外的芯片正确地连接,需要在单片机外部增加地址锁存器,将地址低 8 位线与数据线分离,从而构成与一般 CPU 相类似的片外三总线结构。

8.1.1 总线

总线也称母线,是连接计算机各装置的一组公共线束,一般由地址总线、数据总线和控制总线组成。

MCS-51 系列单片机的片外引脚可构成如图 8-2 所示的三总线结构,所有的外围芯片都将通过这 3 种总线进行扩展。

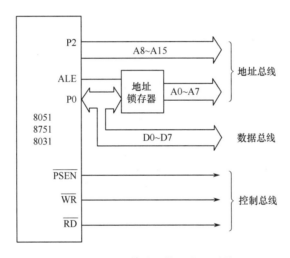

图 8-2 8051 单片机扩展的三总线

1. 地址总线(address bus,AB)

地址总线用于传送单片机送出的地址信号,以便进行存储单元和 I/O 端口的地址选择。地址总线是单向的,只能由单片机向外发送地址信息。地址总线的数目决定了可直接访问的存储单元的数目。对于 n 位地址线,可以产生 2^n 个连续地址编码,即可访问 2^n 个存储单元或寻址范围为 2^n 个地址单元。MCS-51 单片机地址总线为 16 位,因此存储器扩展最多可达 2^{16} 个地址单元,即可寻址 64KB 的地址空间。

2. 数据总线(data bus,DB)

数据总线用于单片机与存储器或 I/O 端口之间传送数据。数据总线的位数一般与单片机处理数据的字长一致。MCS-51 单片机的字长为 8 位,其数据总线的位数也是 8 位。数据总线是双向的,可以进行双向的数据传送。

3. 控制总线(control bus,CB)

控制总线是单片机发出的用于控制片外 RAM、ROM 和 I/O 口部件,并对其进行读、写等操作的一组控制线。

8.1.2 系统扩展的实现

1. 以 P0 口做低 8 位地址/数据总线

P0 口线可做普通 I/O 口使用,也可在外部扩展时做地址/数据复用总线,P0 口通过分时使用达到既做地址线又用做数据线使用的目的。在实际应用时需要加一个 8 位锁存器,先把低 8 位地址送锁存器暂存,然后再由地址锁存器给系统提供低 8 位地址,而把 P0 口线用做数据线使用。单片机 P0 口的电路设计已考虑了这种应用需要,P0 口结构中的多路转接电路以及地址/数据控制就是为此目的而设计的。

采用 74LS373 用做锁存器的低 8 位地址扩展电路如图 8-3 所示。由 8051 单片机 P0 口送出的低 8 位有效地址信号是在地址锁存允许(ALE)信号变高的同时出现的,并在 ALE 由高变低时,将出现在 P0 口的地址信号锁存到外部地址锁存器 74LS373 中,一直保持到下一次 ALE 变高,地址才发生变化。在数据有效期间,输出地址 A0~A7 保持不变。

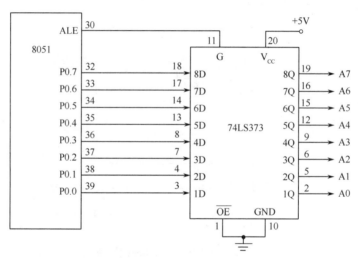

图 8-3 8051 单片机低 8 位地址扩展电路图

2. 以 P2 口用做高 8 位地址线

如果使用 P2 口的全部 8 位口线,再加上 P0 口提供的低 8 位地址,便可形成完整的 16 位地址总线,使单片机系统的寻址范围达到 64KB。实际应用系统中,高位地址线并不固定为 8 位,可根据系统扩展的地址范围要求,选择 P2 口中几根口线进行使用。

3. 控制信号线

在扩展系统中,除了地址线和数据线之外还需要一些控制信号线,以构成扩展系统的控制总线。这些信号有的是单片机引脚的第一功能信号,有的则是第二功能信号。8051 单片机扩展时,主要涉及下列控制信号。

(1) 使用 ALE 作为地址锁存的选通信号,以实现低 8 位地址的锁存。

(2) 以 $\overline{PSEN}$ 信号作为扩展程序存储器的读选通信号。

(3) 以$\overline{EA}$信号作为内、外程序存储器的选择信号。

(4) 以$\overline{RD}$和$\overline{WR}$作为扩展数据存储器和 I/O 端口的读、写信号。执行 MOVX 指令时,根据数据读写的不同情况分别自动产生$\overline{RD}$或$\overline{WR}$有效信号。

8051 单片机具有 4 个 8 位 I/O 口,共 32 条口线,但在需要进行外部扩展的应用系统中,只剩下 P1 口和 P3 口的部分口线真正能作为普通 I/O 使用。

8.2 程序存储器的扩展

MCS-51 单片机的程序存储器空间、片外数据存储器空间和片内数据存储器空间是相互独立的 3 个地址空间。程序存储器寻址空间为 64KB,地址范围为 0000H～0FFFFH。其中 8051 单片机和 8751 单片机片内包含 4KB 的 ROM 或 EPROM,8031 单片机片内不带 ROM。当片内 ROM 不够使用或采用 8031 单片机芯片时,就需扩展程序存储器。通常,用做程序存储器的器件是 EPROM 和 EEPROM。

8.2.1 外部程序存储器的扩展原理及时序

MCS-51 单片机扩展外部程序存储器所使用的信号有 P0 口、P2 口以及 ALE 和 $\overline{PSEN}$ 等。其扩展外部程序存储器的硬件电路如图 8-4 所示。

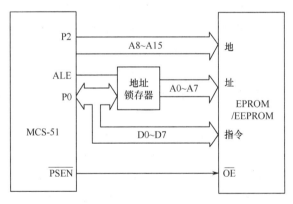

图 8-4 MCS-51 单片机程序存储器的扩展电路图

在外部存储器取指期间,P0 口和 P2 口的 16 根 I/O 线输出地址码,其中 P0 口作为分时复用地址/数据总线,它送出程序计数器中的低 8 位地址(PCL),由 ALE 信号选通进入地址锁存器,然后变成浮置状态等待从程序存储器读出指令码。而 P2 口输出程序计数器中的高 8 位地址(PCH)保持不变。最后,用$\overline{PSEN}$作为选通 EPROM/EEPROM 的信号,将指令码读入单片机。访问外部程序存储器的取指时序如图 8-5 所示。

在 MCS-51 单片机的 CPU 在访问外部程序存储器的一个机器周期内,引脚 ALE 上出现两个正脉冲,引脚$\overline{PSEN}$上出现两个负脉冲,说明在一个机器周期内 CPU 可以二次访问外部程序存储器。因此,MCS-51 单片机的指令系统中有很多双字节单周期指令,这使得程序的执行速度大大提高。

当应用系统中接有外部数据存储器,在执行 MOVX 指令时,程序存储器的操作时序有所变化,16 位地址应转而指向数据存储器。

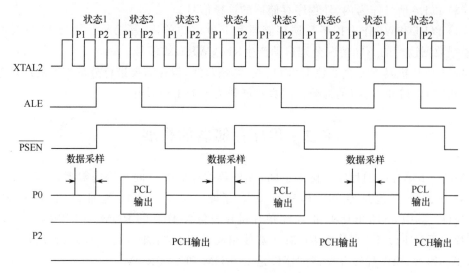

图 8-5 外部程序存储器取指时序图

外部程序存储器可选用 EPROM、EEPROM 等。

8.2.2 地址锁存器

由于 MCS-51 单片机的 P0 口是分时复用的地址/数据总线,因此在进行程序存储器扩展时,必须利用地址锁存器将地址信号从地址/数据总线中分离出来。

通常,地址锁存器可使用带三态缓冲输出的八 D 锁存器 74LS373 或 8282 等,地址锁存信号为 ALE,如图 8-6 所示。当三态门的使能信号 $\overline{OE}$ 为低电平时,三态门处于导通状态,允许锁存器输出;当 $\overline{OE}$ 为高电平时,输出三态门断开,输出为浮空状态。G 或 STB 称为锁存允许控制端。

当 74LS373 用做地址锁存器时,首先应使三态门的使能信号 $\overline{OE}$ 为低电平,这时,当 G 输入端为高电平时,锁存器输出(1Q~8Q)的状态和输入端(1D~8D)状态相同;当 G 端从高电平返回到低电平(下降沿)时,输入端(1D~8D)的数据锁入 1Q~8Q 的 8 位锁存器中,即 1Q~8Q 输出不变。74LS373 或 8282 用做地址锁存器时,它们的锁存控制端 G 或 STB 可直接与单片机的锁存控制信号端 ALE 相连,在 ALE 下降沿进行地址锁存,74LS373、8282 用做地址锁存器和 8051 单片机的信号连接,如图 8-6 所示。

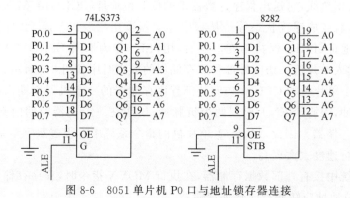

图 8-6 8051 单片机 P0 口与地址锁存器连接

8.2.3 EPROM 扩展电路

程序存储器一般采用 ROM (read only memory)芯片，国内经常使用的是 EPROM 芯片。

1. EPROM 芯片介绍

目前常用的 EPROM 芯片为紫外线擦除的可编程只读存储器(erasable programmable read only memory)，可用做 MCS-51 单片机的外部程序存储器，其典型产品是 Intel 公司的系列芯片 2716(2KB)、2732A(4KB)、2764A(8KB)、27128A(16KB)、27256(32KB) 和 27512(64KB)等。这些芯片上均有一个玻璃窗口，在紫外光下照射 10～20min，存储器中的各位信息均变为 1，通过编程器可以将程序代码固化到这些芯片中。

2764A 是 8KB 的紫外线擦除、可编程只读存储器，正常工作时为＋5V 电源供电，其 28 脚双列直插式封装的引脚图如图 8-7 所示。其中，A0～A12 为 13 根地址线，可寻址 8KB，D0～D7 为数据输出线，$\overline{CE}$ 为片选线，$\overline{OE}$ 为数据输出选通线，$\overline{PGM}$ 是编程脉冲输入端，V_{pp} 是编程电源，V_{cc} 是工作主电源。其他型号的 EPROM 的引脚和功能与 2764A 相类似，但地址线的数目和芯片的引脚数目有所不同。

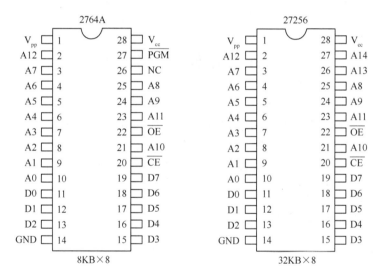

图 8-7 常用 EPROM 芯片引脚图

2. 典型的 EPROM 扩展电路

在程序存储器扩展电路设计中，由于所选用的 EPROM 芯片及地址锁存器不同，电路的连接方式也不相同，但基本方法完全一致。其中 2764A 与 8051 单片机的硬件连接如图 8-8 所示。

2764A 是一个 8KB 容量的 EPROM 芯片，共有 13 根地址线，地址锁存器采用的是 8282。由于系统中只扩展一片程序存储器，故 2764A 的片选端 $\overline{CE}$ 接地，其地址范围为 0000H～1FFFH。

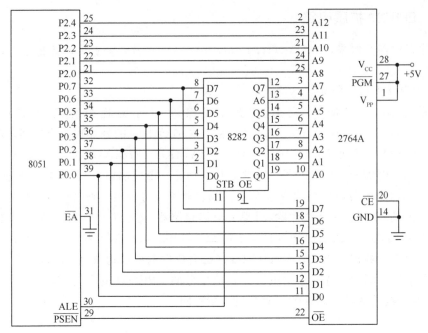

图 8-8 扩展 2764A 电路原理图

8.3 外部数据存储器的扩展

8051 单片机内部有 128B RAM 存储器，而且 CPU 对内部的 RAM 具有丰富的操作指令，使用非常灵活方便。但在用于实时数据采集和处理等场合时，仅靠内片提供的 128B 的数据存储器是远远不够的。此时，可利用 MCS-51 单片机的扩展功能对外部数据存储器进行扩展。常用的数据存储器有静态 RAM 和动态 RAM，在单片机应用系统中，小容量数据存储器扩展一般采用静态 RAM 来实现。

8.3.1 外部数据存储器的扩展方法及时序

8051 单片机扩展外部 RAM 的电路原理图如图 8-9 所示。

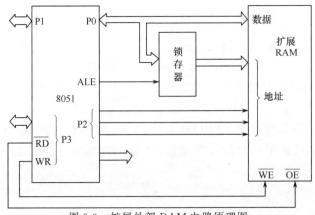

图 8-9 扩展外部 RAM 电路原理图

数据存储器扩展时,只使用$\overline{RD}$、$\overline{WR}$控制线而不用$\overline{PSEN}$。由于采用了不同的控制信号线来区分不同的寻址空间,因此,外部扩展数据存储器与程序存储器地址可完全重叠,均为 0000H~FFFFH。在 MCS-51 单片机系统中没有专门的 I/O 地址空间,实际上数据存储器与 I/O 口及外围设备是统一编址的,即所有扩展的 I/O 口以及外围设备口均占用外部扩展数据存储器空间的地址。

利用 P0 口作为扩展 RAM 的复用地址/数据线,P2 口作为高 8 位地址线。在对外部 RAM 读或写期间,CPU 分别自动产生$\overline{RD}$或$\overline{WR}$控制信号。MCS-51 单片机读写外部数据存储器的时序如图 8-10 所示。

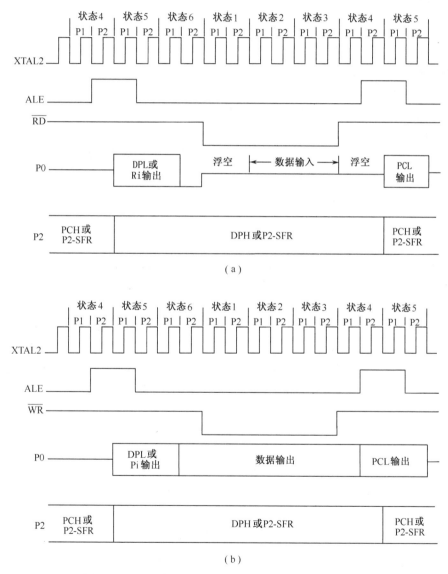

图 8-10 8051 单片机与外部数据存储器数据传送时序图
(a) 外部数据存储器读周期;(b) 外部数据存储器写周期。

图 8-10(a)所示为读外部数据存储器的时序,P2 口输出外部 RAM 单元的高 8 位地

址,P0 口分时传送低 8 位地址及数据。当地址锁存允许信号 ALE 为高电平时,P0 口输出的地址信息有效,ALE 的下降沿将此地址打入外部地址锁存器,接着 P0 口变为输入方式,读信号$\overline{RD}$有效,选通外部 RAM,相应存储单元的内容送到 P0 口上,由 CPU 读入到累加器中。图 8-10(b)所示为对外部数据存储器写操作的时序,P2 口输出外部 RAM 单元的高 8 位地址,P0 口分时传送低 8 位地址及数据。当地址锁存允许信号 ALE 为高电平时,P0 口输出的地址信息有效,ALE 的下降沿将此地址打入外部地址锁存器,接着 P0 口输出要写入外部 RAM 的数据,然后$\overline{WR}$信号有效,P0 口上出现的数据写入相应的 RAM 单元中。

8.3.2 静态 RAM 扩展

在 8051 单片机应用系统中,静态 RAM 是最常用的,由于这种存储器的设计无需考虑刷新问题,因而它与微处理器的接口很简单。最常用的静态 RAM 芯片有 6116、6264 和 62256 等。下面以芯片 6264 为例,介绍静态 RAM 的扩展。

1. 6264 静态 RAM 芯片介绍

6264 是 8KB×8 位的静态随机存储器芯片,它采用 CMOS 工艺制造,+5V 电源供电,其 28 脚双列直插式封装的引脚配置如图 8-11 所示。其中:A0～A12 为 13 根地址线;I/O0～I/O7 为双向数据线;$\overline{CE1}$和 CE2 为片选信号线;$\overline{OE}$为读允许信号线;$\overline{WE}$为写信号线。表 8-1 所列为 6264 的操作方式。

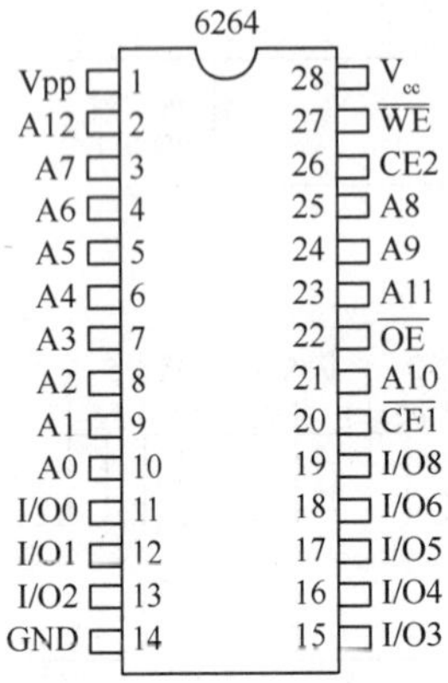

表 8-1　6264 操作方式

$\overline{WE}$	$\overline{CE1}$	CE2	$\overline{OE}$	方式	I/O0～I/O7
×	H	×	×	未选中	高阻
×	×	L	×	未选中	高阻
H	L	H	H	输出禁止	高阻
H	L	H	L	读	D_{OUT}
L	L	H	H	写	D_{IN}

图 8-11　6264 引脚图

2. 6264 静态 RAM 芯片与单片机的接口设计

6264 静态 RAM 芯片与 8051 单片机的硬件基本连接如图 8-12 所示。其中,6264 静态 RAM 芯片的片选$\overline{CE1}$接 8051 静态 RAM 芯片的 P2.7,第二片选线 CE2 接高电平,保持一直有效状态。6264 静态 RAM 芯片为 8KB 容量的 RAM,共有 13 根地址线。8051 单片机在访问 6264 静态 RAM 芯片时,可以采用以下指令:

　　　　MOVX　　@DPTR,A　　　　;A 中内容传至外部 RAM
　　　　MOVX　　A,@DPTR　　　　;外部 RAM 内容读至 A 中

对于如图 8-12 所示的电路,6264 静态 RAM 芯片的地址范围可设定 6000H～7FFFH,共 8KB。

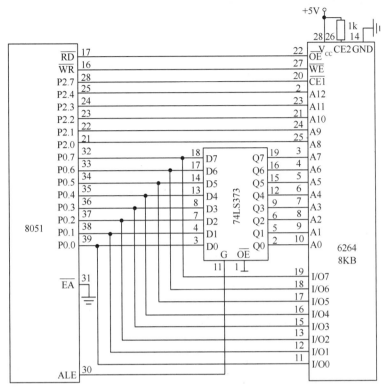

图 8-12 扩展 6264 静态 RAM 原理图

8.3.3 EEPROM 扩展

电擦除可编程只读存储器 EEPROM 是近年来推出的新产品,它兼有 ROM 的数据掉电不丢失和 RAM 的可改写功能,能在计算机系统中进行在线修改,并能在断电的情况下保持修改结果。EEPROM 自问世以来,在智能化仪器仪表、控制装置、开发系统中得到了广泛应用。

1. EEPROM 的应用特性

(1) 对硬件电路没有特殊要求,操作十分简便。由于 EEPROM 片内设有编程所需的高压脉冲产生电路,因而无需外加编程电源和编程脉冲即可完成写入工作。

(2) 对于 EEPROM 电擦除,通常不需设置单独的擦除操作,而在写入的过程中自动擦除(传统 EPROM 芯片的擦除需经紫外线照射)。

(3) 将 EEPROM 作为程序存储器使用时,EEPROM 应按程序存储器连接方法编址。如果用做数据存储器,可按外部扩展数据存储器的连接方法进行编址。

2. EEPROM 芯片 AT28C64B

1) 概述

AT28C64B 是由 ATMEL 公司生产的 8K×8 位电擦除可编程只读存储器,单 5V 电源供电,典型读出时间为 150ns。具有自动页写入和数据查询功能,其中一页为 64B,页写入时间为 3~10ms,由于芯片内部设有"页缓冲器",因而允许对其快速写入,芯片内部可提供编程所需的全部定时,编程结束可给出查询标志。AT28C64B 引脚与 SRAM6264A

完全兼容。其封装引脚配置和引脚功能可参考 6264 静态 RAM 芯片相关内容。

2）芯片工作方式

（1）维持和读出方式：AT28C64B 的维持和读出方式与普通的 EPROM 或 SRAM 完全相同。

（2）写入方式：AT28C64B 提供了字节写入和页面写入两种数据写入操作方式。

AT28C64B 片内设置了 64B 的"页缓冲器"，并将整个存储器阵列划分成 128 页，每页 64B。因此，页的区分可由地址的高 7 位（A12～A6）来确定，地址线的低 6 位（A5～A0）用以选择"页缓冲器"中的 64 个地址单元之一。把数据写入 AT28C64B 存储单元可分成两步来完成。首先在软件控制下把数据写入"页缓冲器"，此过程称之为"页加载"周期；然后，AT28C64B 在内部定时电路控制下，把"页缓冲器"的内容送到地址指定的 EEPROM 单元内，即为"页存储"周期。

（3）数据查询方式。数据查询是指用软件来检测写操作中的"页存储"周期是否完成。在"页存储"期间，如对 AT28C64B 执行读操作，那么读出的是最后写入的字节，若芯片的转储工作未完成，则读出数据的最高位是原来写入字节最高位的反码。据此，CPU 可判断芯片的编程是否结束。如果 CPU 读出的数据与写入的数据相同，表示芯片已经完成编程，CPU 可继续向芯片加载下一页数据。

3）使用 AT28C64B 的单片机系统设计

AT28C64B 用做数据存储器扩展时，其接口电路与扩展 SRAM 6264 的电路一致，可参考 6264 与单片机接口设计相关内容。

8.4 外部 I/O 口的扩展

MCS-51 单片机应用系统中，若进行了外部存储器扩展，单片机本身可提供给用户使用的输入/输出口线并不多，只有 P1 口和部分 P3 口线。因此，在很多应用系统设计中都不可避免地要进行 I/O 口的扩展。由于 MCS-51 单片机的外部数据存储器 RAM 和 I/O 口是统一编址的，因此，用户可以把外部 64KB 的数据存储器 RAM 空间的一部分作为扩展外围 I/O 的地址空间。这样，单片机就可以像访问外部 RAM 存储器那样访问外部 I/O 接口芯片，对其进行读/写操作。

在外部扩展 I/O 口时，可以利用一些常规的中小规模集成电路，如 74LS 系列的 TTL 电路或 HCMOS 电路等用做 MCS-51 单片机的扩展 I/O 口；也可直接应用一些专用的配套外围接口芯片，如 8155、8255、8279 等用做单片机的接口电路；另外，利用单片机本身的串行口的工作方式 0 也可扩展并行输入/输出口。

8.4.1 I/O 口地址译码技术

应用系统扩展中，不仅需要扩展程序存储器，还需要扩展数据存储器和 I/O 接口芯片等。所有的外围芯片都可通过总线与单片机相连。单片机数据总线分时地与外围芯片进行数据传送而不发生冲突，是设计中要解决的一个重要内容。由于 MCS-51 单片机访问程序存储器与数据存储器时使用不同控制信号，因此程序存储器与数据存储器之间不会因为地址重叠而产生数据冲突问题。但外围 I/O 芯片与数据存储器是统一编址的,它不仅占用数据存储地址单元,而且使用数据存储器的读写控制信号和读写指令,这就使得在单片机的硬件设计中,数据存储器与外围 I/O 芯片的地址译码较为复杂。

对于 MCS-51 单片机,地址总线宽度为 16 位,其中 P2 口提供高 8 位地址(A15～A8),P0 口经外部锁存后提供低 8 位地址(A7～A0)。为了唯一地选中外部某一存储单元(或 I/O 端口),必须进行片选和字选。片选,即选择出存储器芯片(或 I/O 接口芯片);字选,即选择出该芯片中的某一存储单元(或 I/O 接口芯片中的某个寄存器)。常用的选址方法有线选法和全地址译码法两种。

1. 线选法

线选法是把单独的地址线(通常是 P2 口的某一根线)接到外围芯片的片选端上,若芯片的片选允许信号为低电平有效,则当该地址线为低电平时,就选中该芯片。应用系统中,若只扩展少量的 RAM 和 I/O 接口芯片,可采用线选法。

线选法特点是:硬件电路结构简单,但由于所用片选线都是高位地址线,它们的权值较大,地址空间没有充分利用,且芯片之间的地址不连续。在使用时应当注意,所有线选芯片不能同时选中,以免造成系统总线操作的混乱。

2. 全地址译码法

对于 RAM 和 I/O 接口芯片数目较多的应用系统,当芯片所需的片选信号多于可利用的地址线时,常采取全地址译码法。它将低位地址线作为芯片的片内地址(通常取外部电路中最大的地址线位数),用译码器对高位地址线进行译码,译出的信号作为片选线。常采用 74LS138、74LS139 或可编程逻辑阵列等器件作地址译码器,利用译码器的输出信号作为外部扩展器件的片选控制信号。

全地址译码法的特点是:地址空间可充分利用,且芯片之间的地址可连续,但需要增加硬件译码电路。

8.4.2 简单 I/O 口扩展

对于 8051 单片机或 8751 单片机来说,当无需外部扩展时,P0 口、P1 口、P2 口和 P3 口均可作为通用 I/O 口使用。对于 8031 单片机来说,其 P0 和 P2 口仅能用来作为外部程序存储器、数据存储器和扩展 I/O 接口的数据和地址线,而不能直接用来作为输入/输出口;其中 P1 口和 P3 口部分引脚可直接用做 I/O 口。

1. I/O 口的直接输入/输出

由于 8051 单片机的 P0 口～P3 口输入数据时可以缓冲,输出时能够锁存,并且有一定的带负载能力,所以,在有些场合 I/O 口可以直接连接外部设备,如开关、键盘、发光二极管(LED)和打印机等。直接利用 8051 单片机与开关和发光二极管的接口电路如图 8-13 所示。

利用 8051 单片机 P1 口的 P1.0～P1.3 作为数据输入口,连接到 4 个开关 S1～S4;P1.4～P1.7 作为输出口,连接到发光二极管 LED1～LED4。编写一段程序,使开关 S1～S4 所表示的 0 或 1 的开关量,由 P1.0～P1.3 输入,再利用 P1.4～P1.7 输出开关量到发光二极管上显示出来。在执行程序时,不断改变开关 S1～S4 的状态,可观察到发光二极管 LED1～LED4 的状态随 S1～S4 的状态而发生变化。

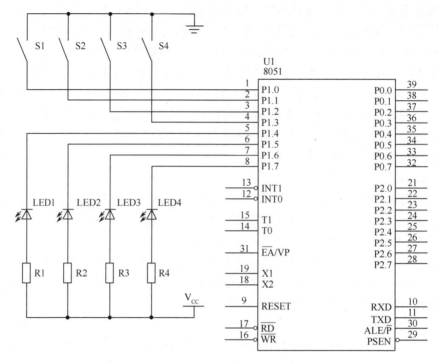

图 8-13 8051 单片机与开关和 LED 接口

开关状态输入显示实验参考程序如下：

```
LEDP: MOV    P1,#0FFH      ;P1 口为输入
LOOP: MOV    A,P1          ;P1 口 K1～K4 开关状态读入
      SWAP   A             ;高低半字节交换
      ORL    A,#0FH        ;提取读入的开关状态
      MOV    P1,A          ;开关状态输出,控制 LED1～LED4 显示
      SJMP   LOOP          ;循环
```

2. 简单 I/O 接口的扩展方法

在很多应用系统中,采用 74 系列 TTL 电路或 4000 系列 CMOS 电路芯片,可实现将并行数据输入或输出。如图 8-14 所示,采用 74LS244 作为扩展输入,74LS244 是一个三态输出八缓冲器及总线驱动器,它带负载能力强。利用 74LS273 锁存器作为扩展输出,它们直接挂在 P0 口线上。

8051 单片机把外扩 I/O 口和片外 RAM 统一编址,每个扩展的接口相当于一个扩展的外部 RAM 单元,访问外部接口就像访问外部 RAM 一样,用的都是 MOVX 指令,并产生 $\overline{RD}$(或 $\overline{WR}$)信号。用 $\overline{RD}$(或 $\overline{WR}$)作为输入/输出控制信号。P0 口为双向数据线,既能从 74LS244 输入数据,又能将数据传送给 74LS273 输出。输出控制信号由 P2.7 和 $\overline{WR}$ 信号合成。当二者同时为"0"电平时,"或非门"输出"1",将 P0 口数据锁存输出到 74LS273,其输出控制发光二极管 LED,当某线输出"0"电平时,该线上的 LED 发光。

输入控制信号由 P2.7 和 $\overline{RD}$ 信号合成。当二者同时为"0"电平时,"或门"输出"0",选通 74LS244,将外部按键信号输入到总线。无键按下时,输入为全 1;若按下某键,则所在

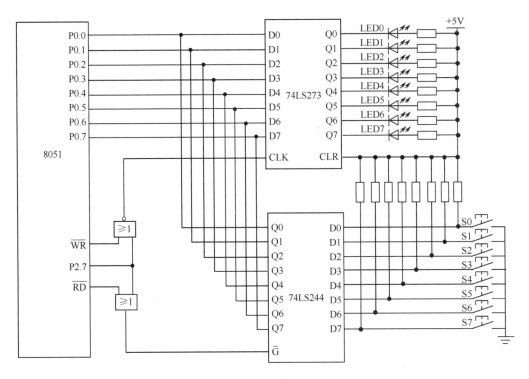

图 8-14　74 系列芯片 I/O 扩展

线输入为 0。输入和输出都是在 P2.7 为 0 时有效，74LS244 和 74LS273 的地址同为 7FFFH(实际只要保证 P2.7＝0)，但由于分别由 $\overline{RD}$ 和 $\overline{WR}$ 信号控制，因此，不会发生冲突。

系统中若有其他扩展 RAM 或其他输入/输出接口，则必须将地址空间区分开。这时，可用线选法；而当扩展较多的 I/O 接口时，应采用译码器法。

下列一段程序实现按下任意键，对应的 LED 发光的功能。

```
TEST:  MOV    DPTR,#7FFFH    ;数据指针指向扩展 I/O 口地址
       MOVX   A,@DPTR        ;从 244 读入数据,检测按键
       MOVX   @DPTR,A        ;向 273 输出数据,驱动 LED
       SJMP   TEST           ;循环
```

从这个程序可以看出，对于接口的输入/输出就像从外部 RAM 读/写数据一样方便。如果应用系统需要，还可扩展多片 74LS244、74LS273 之类的芯片。但要注意作为输入口时，一定要求选择具有三态功能的芯片，否则总线的正常工作将受到影响。

8.4.3　8155 可编程并行扩展接口芯片

1. 8155 芯片介绍

Intel 公司 8155 芯片内包含有 256B RAM、2 个 8 位和 1 个 6 位的可编程并行 I/O 口及 1 个 14 位定时器/计数器。8155 可直接与 MCS-51 单片机连接，不需要增加任何硬件逻辑。由于 8155 芯片中既有 RAM，又具有 I/O 口，因而是 MCS-51 单片机系统中最

常用的外围接口芯片之一。

1）引脚说明

8155 共有 40 个引脚，采用双列直插式封装。如图 8-15（a）所示。各引脚功能如下：

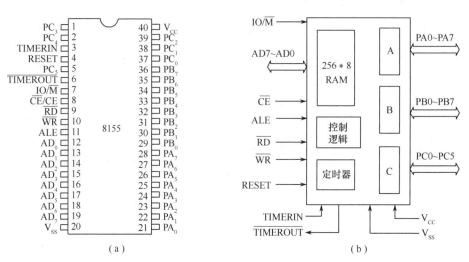

图 8-15　8155 芯片的引脚和内部结构图
(a) 引脚图；(b) 内部结构图。

AD7～AD0：地址数据总线。单片机和 8155 之间的地址、数据、命令、状态信息都是通过它传送。

$\overline{CE}$：片选信号线，低电平有效。

$\overline{RD}$：存储器读信号线，低电平有效。

$\overline{WR}$：存储器写信号线，低电平有效。

ALE：地址锁存允许信号线，高电平有效，其后沿将地址及片选信号锁存到器件中。

IO/$\overline{M}$：I/O 接口与存储器选择信号线，高电平表示选择 I/O 接口，低电平选择存储器。

PA7～PA0：A 口输入/输出线。

PB7～PB0：B 口输入/输出线。

PC5～PC0：C 口输入/输出或控制信号线。

TIMERIN：定时器/计数器输入端。

$\overline{TIMEROUT}$：定时器/计数器输出端。

RESET：复位信号线。

如图 8-15（b）所示，8155 内部包括 2 个 8 位并行输入/输出端口、1 个 6 位并行输入/输出端口、256B 的静态随机存取存储器 RAM、1 个地址锁存器、1 个 14 位的定时器/计数器以及控制逻辑电路。

当 IO/$\overline{M}$=0（低电平）时，表示 AD7～AD0 输入的是存储器地址，寻址范围为 00H～FFH。

当 IO/$\overline{M}$=1（高电平）时，表示 AD7～AD0 输入的是 I/O 接口地址，其编码见表 8-2。

表 8-2 8155 I/O 接口地址编码

AD7～AD0								寄存器
A7	A6	A5	A4	A3	A2	A1	A0	
×	×	×	×	×	0	0	0	命令/状态寄存器(命令状态口)
×	×	×	×	×	0	0	1	A 口(PA7～PA0)
×	×	×	×	×	0	1	0	B 口(PB7～PB0)
×	×	×	×	×	0	1	1	C 口(PC5～PC0)
×	×	×	×	×	1	0	0	定时器低 8 位
×	×	×	×	×	1	0	1	定时器高 6 位和 2 位方式位

注：A7～A3 可经译码器进行译码，产生片选信号$\overline{CE}$，内部寄存器和口地址由 A2～A0 给出。

2) 工作方式

在 8155 的控制逻辑部件中，设置有一个控制命令寄存器和一个状态标志寄存器。8155 的工作方式由 CPU 写入控制命令寄存器中的控制字来确定。控制命令寄存器只能写入不能读出，8 位控制命令寄存器的低 4 位用来设置 PA 口、PB 口和 PC 口的工作方式。第 4、5 位用来确定 PA 口、PB 口以选通输入/输出方式工作时是否允许中断请求。第 6、7 位用来设置定时器/计数器的操作。工作方式控制字的格式如下：

D7	D6	D5	D4	D3	D2	D1	D0
TM2	TM1	IEB	IEA	PC2	PC1	PB	PA

(1) TM2、TM1：定时器/计数器命令。"00"表示不影响定时器/计数器操作；"01"定时器/计数器停止工作；"10"在定时器/计数器溢出后停止工作；"11"置方式和长度后立即启动，若正在工作，在溢出后置新的方式和长度后重新启动。

(2) IEB：PB 口中断允许控制。"0"表示禁止 PB 口中断，"1"表示允许 PB 口中断。

(3) IEA：PA 口中断允许控制。"0"表示禁止 PA 口中断，"1"表示允许 PA 口中断。

(4) PC2、PC1：PC 口工作方式选择。"00"表示方式 1，PA、PB 口为基本输入/输出，PC 口为输入；"01"表示方式 2，PA、PB 口为基本输入/输出，PC 口为输出；"10"表示方式 3，PA 口为选通输入/输出，PB 口为基本输入/输出，PC0 为 AINTR，PC1 为 ABF，PC2 为 ASTB，PC3～PC5 为输出；"11"表示方式 4，PA、PB 口均为选通输入/输出，PC0 为 AINTR，PC1 为 ABF，PC2 为 ASTB，PC3 为 BINTR，PC4 为 BBF，PC5 为 BSTB。

(5) PB：PB 口工作方式。"0"表示 PB 口输入，"1"表示 PB 口输出。

(6) PA：PA 口工作方式。"0"表示 PA 口输入，"1"表示 PA 口输出。

8155 的 PA 口、PB 口可工作于基本 I/O 方式或选通方式，PC 口可作为输入/输出口线，也可作为 PA 口、PB 口选通方式工作时的状态控制信号线。

另外，在 8155 中还设置有一个状态标志寄存器，用来存放 PA 口和 PB 口的状态标志。状态标志寄存器的地址与命令寄存器的地址相同，CPU 可以直接查询，只能读出，不能写入。状态标志寄存器的格式如下：

D7	D6	D5	D4	D3	D2	D1	D0
X	TIMER	INTE-B	BF-B	INTR-B	INTE-A	BF-A	INTR-A

(1) INTR-A、INTR-B 分别为 PA 口、PB 口的中断请求标志位。

(2) INTE-A、INTE-B 分别为 PA 口、PB 口的中断允许标志位。

(3) BF-A、BF-B 分别为 PA 口、PB 口的缓冲器满标志位。

(4) TIMER 为定时中断标志位。

3) 定时器/计数器

在 8155 中还设置有一个 14 位的定时器/计数器,可用来定时或对外部事件计数,CPU 可通过程序选择计数长度和计数方式。计数长度和计数方式由计数寄存器的计数控制字来确定,计数寄存器的格式如下:

TH(05H)	D7	D6	D5	D4	D3	D2	D1	D0
	M2	M1	T13	T12	T11	T10	T9	T8

TL(04H)	D7	D6	D5	D4	D3	D2	D1	D0
	T7	T6	T5	T4	T3	T2	T1	T0

(1) T13~T0:计数长度。可表示的长度范围为 2H~3FFFH。

(2) M2、M1:用来设置 8155 定时器的输出方式。"00"表示单方波输出方式,"01"表示连续方波输出方式,"10"表示单脉冲输出方式,"11"表示连续脉冲输出方式。

2. 8051 单片机和 8155 芯片的接口

MCS-51 单片机可以和 8155 芯片直接连接而不需要任何外加逻辑器件。8051 单片机和 8155 芯片的接口方法如图 8-16 所示。

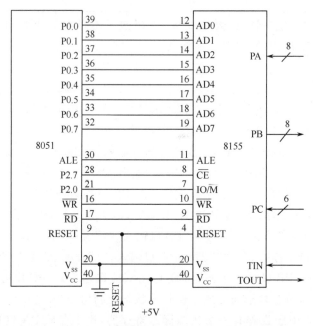

图 8-16 8155 芯片和 8051 单片机的接口电路

8051 单片机 P0 口输出的低 8 位地址不需另加锁存器而直接与 8155 芯片的 AD0~AD7 相连,既作低 8 位地址总线又作数据总线,地址锁存直接用 8051 的 ALE 信号控制。8155 芯片的 $\overline{CE}$ 端与 8051 单片机的 P2.7 相连,IO/$\overline{M}$ 端与 P2.0 相连。当 P2.7 为低电平时:若 P2.0=1,访问 8155 芯片的 I/O 口;若 P2.0=0,则访问 8155 芯片的 RAM 单元。

由此可得到图 8-16 中 8155 芯片的地址编码如下：

(1) RAM 字节地址：7E00H～7EFFH。

(2) 命令/状态口：7F00H。

(3) PA 口：7F01H。

(4) PB 口：7F02H。

(5) PC 口：7F03H。

(6) 定时器低 8 位：7F04H。

(7) 定时器高 8 位：7F05H。

3. 8155 芯片编程举例

根据图 8-16 所示的接口电路，对 8155 芯片进行简单的操作。

(1) 初始化程序设计。若 PB 口定义为基本输出方式，PA、PC 口定义为基本输入方式，对 TIN 输入脉冲进行 32 分频，则 8155 芯片的 I/O 初始化程序如下：

```
START: MOV    DPTR,#7F04H      ;指向定时器低8位
       MOV    A,#20H           ;计数常数32
       MOVX   @DPTR,A          ;计数常数低8位装入
       INC    DPTR             ;指向定时器高8位
       MOV    A,#40H           ;设定时器连续方波输出
       MOVX   @DPTR,A          ;定时器高6位及方式字装入
       MOV    DPTR,#7F00H      ;指向命令/状态口
       MOV    A,#0C2H          ;命令控制字设定：PA口基本输出方式
       MOVX   @DPTR,A          ;PB、PC口基本输入方式，开启定时器
       ⋮
```

(2) 读 8155 RAM 的 60H 单元内容到 A，取反后送到 8155 RAM 的 70H 单元。程序如下：

```
       MOV    DPTR,#7E60H      ;指向8155的60H单元
       MOVX   A,@DPTR          ;7E60H单元内容送给A
       CPL    A                ;A的内容取反
       MOV    DPTR,#7E70H      ;指向8155的RAM的70H单元
       MOVX   @DPTR,A          ;A的内容送到8155RAM的70H单元
       ⋮
```

在实际应用 8155 以及其他的可编程接口芯片时，应仔细查阅器件的手册，根据接口信号的功能特点和时序关系，进行合理的设计和应用。

8.5 思考练习题

1. 什么是总线？8051 单片机系统扩展三总线如何产生？
2. 什么是 RAM、ROM、EPROM 和 EEPROM？各有何特点？
3. 8051 单片机系统扩展 RAM 和 ROM 时，分别使用哪些控制信号？

4. 在一个8051单片机系统中,扩展1片6264芯片和1片2764芯片,画出逻辑连线图并指出各自的地址范围。

5. 8051单片机系统最多可扩展的程序存储器和数据存储器各为多少?

6. 若要扩展32KB的数据存储器,需要多少个6264芯片?

7. 外部扩展时,片选信号常用哪些方法产生?比较各自的特点。

8. 在一个8051单片机系统中,扩展I/O口时占用的是哪个地址空间?当I/O扩展芯片很多时能否全部直接连接到P0口上?为什么?

9. 8155单片机接口芯片主要有哪些功能部件?

10. 设计一个扩展有1片6264、1片2764、1片8155芯片和1片74LS273芯片组成的8051系统,画出逻辑连线图并指出各自的地址范围。

第 9 章　输入/输出设备接口

单片机应用系统中,通常需要进行人-机对话,包括人对应用系统的状态干预和数据输入以及应用系统采用各种形式输出运行状态和结果等。键盘和显示器等就是实现人-机对话的最常见的设备。

9.1　键盘及其接口技术

键盘在单片机应用系统中是一个关键的部件,它实质上是一组按键的集合,是应用系统中最常用的输入设备。键盘的基本功能是:通过操作人员按键,将按键开关信息转换成系统可以接收的二进制编码信息,然后输入给计算机。

键盘按其工作原理可分为:编码键盘和非编码键盘。

编码键盘是指对每一个按键给定一个唯一的代码,由内部电路对按键进行识别,并产生相应的代码输出。

非编码键盘又称扫描键盘,当某一键被按下后,键盘不产生编码输出,只送出一个简单的闭合信息,对应于该按键的代码需由软件来提供。

编码键盘使用非常方便,但需要专用的编码电路;在单片机应用系统中,按键数目较少时,常用扫描键盘以减少硬件电路开销,但需要 CPU 通过软件对键盘进行查询判断。

键盘按其含义可分为:单义键盘和多义键盘。

单义键盘是指每个按键只有唯一的含义,适于功能简单、按键较少的场合。

多义键盘是在按键功能较多时,为了减少按键而采用一键多义的形式,多义键盘的按键键义不是唯一的,对某个按键键义的解释不仅与该按键本身有关,而且与配合按键使用的其他按键有关。

9.1.1　按键的抖动及消除

1. 键盘输入的特点

按键所用开关通常为机械弹性开关,利用了机械触点的闭合和断开来描述不同的工作状态。由于机械触点的弹性作用,一个按键开关在闭合时不会马上稳定地接通,在断开时也不会一下子断开。因而在闭合及断开的瞬间均伴随有一连串的抖动,如图 9-1 所示。抖动时间的长短由按键的机械特性决定,一般为 5~10ms。按键的稳定闭合期长短则是由操作人员的按键动作决定的,一般为几百毫秒到几秒的时间。

键的闭合与否,反映在电压上就是呈现出高电平或低电平。如果高电平表示断开,那么低电平则表示闭合,所以通过电平的高低状态的检测,便可确认按键按下与否。键盘的抖动会引起一次按键被误读多次,为了确保 CPU 对一次按键动作只确认一次按键,必须消除抖动的影响。

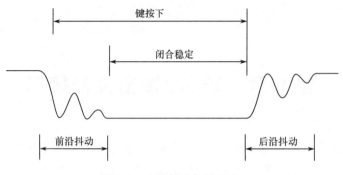

图 9-1 按键抖动信号波形

2. 消除按键抖动的措施

消除按键的抖动,通常有硬件和软件两种消除方法。

1) 硬件消除抖动

在按键数目较少时,通常可采用硬件电路来消除键抖动,常用的双稳态消抖电路原理如图 9-2 所示。图中用两个与非门构成一个 RS 触发器。当按键未按下时,输出为 1,当键按下时,输出为 0。此时,即使按键因弹性抖动而产生瞬时不闭合(抖动跳开 b),只要按键不返回原始状态 a,双稳态电路的状态不改变,输出保持为 0,不会产生抖动的波形。也就是说,即使 b 点的电压波形是抖动的,经双稳态电路之后,其输出仍为正规的矩形波,这一点很容易通过分析 RS 触发器的工作过程得到验证。

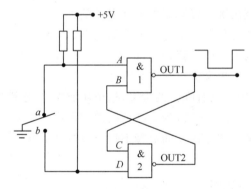

图 9-2 双稳态消除抖动电路

2) 软件消除抖动

当按键数目较多时,硬件消除抖动将带来硬件电路的大幅增加,因此,常采用软件延时的方法进行消除抖动,以节省硬件电路的开销。在第一次检测到有键按下时,执行一段 10ms 左右的延时子程序,再确认该键电平是否仍保持闭合状态电平,如果保持闭合状态电平则确认为真正有键按下,从而消除了抖动的影响。同样,在必要时,还需对键的释放过程进行延时消除抖动的处理。

9.1.2 独立式按键接口设计

独立式按键就是各按键相互独立,每个按键各接一根输入线,一根输入线上的按键工作状态不会影响其他输入线上的工作状态。因此,通过检测输入线的电平状态可以很容易判断哪个按键被按下了。独立式按键接口也称为一线一键法。

独立式按键电路配置灵活,软件结构简单。但每个按键需占用一根输入口线,在按键数量较多时,输入口浪费大,电路结构显得很复杂,故此种键盘适用于按键较少的场合。如图 9-3 所示 P1 口用做键输入的独立式按键工作电路图。按键直接与 8051 单片机的 P1 口线相接,通过读 I/O 口,判断各 I/O 口线的电平状态,即可识别出按下的按键。

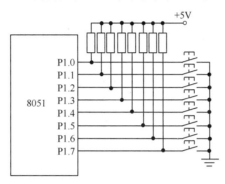

图 9-3 独立式按键接口电路

同样,也可以用扩展 I/O 口构成独立式按键接口电路,通过读取片外扩展 I/O 口的状态来识别按键的工作状态。在独立式按键电路中,各按键开关均采用了上拉电阻,这是为了保证在按键断开时,各 I/O 口线有确定的高电平,当然,如果输入口线内部已有上拉电阻,则外电路的上拉电阻可省去。

以图 9-3 所示独立按键盘为例,采用软件消抖的方法,以查询工作方式检测各按键的状态。当有键按下时,予以识别按键并转向键功能处理程序。

```
KEYIN: MOV     A,P1              ;读键盘状态
       CJNE    A,#0FFH,KEYP      ;判是否有键按下
       SJMP    KEYIN
KEYP:  MOV     47H,A             ;保存键盘状态值
       LCALL   DL10ms            ;延时 10ms 消除抖动
       MOV     A ,P1             ;再读键盘状态
       CJNE    A,47H,KEYIN       ;两次结果不一样,说明是抖动,重新查询
       JNB     ACC.0,KEY0        ;K0 键按下,转键 K0 处理子程序
       JNB     ACC.1,KEY1        ;K1 键按下,转键 K1 处理子程序
       JNB     ACC.2,KEY2        ;K2 键按下,转键 K2 处理子程序
       JNB     ACC.3,KEY3        ;K3 键按下,转键 K3 处理子程序
       JNB     ACC.4,KEY4        ;K4 键按下,转键 K4 处理子程序
       JNB     ACC.5,KEY5        ;K5 键按下,转键 K5 处理子程序
       JNB     ACC.6,KEY6        ;K6 键按下,转键 K6 处理子程序
       JNB     ACC.7,KEY7        ;K7 键按下,转键 K7 处理子程序
       LJMP    KEYIN
          ⋮
```

上述程序中,省略了延时 10ms 子程序 DL10ms 以及 KEY0 到 KEY7 相对应的键功能处理程序,读者可自行编写。由此可见,独立式按键的识别和编程非常简单,故在按键数目较少的场合常被采用。

9.1.3 矩阵式键盘接口设计

矩阵式键盘适用于按键数量较多的场合,它由行线和列线组成,按键位于行、列的交叉点上,矩阵式键盘也称行列式键盘。如图 9-4 所示,4×4 的行、列结构可以构成一个含有 16 个按键的键盘,同理,一个 M 行 N 列的矩阵结构只需 M 条行线和 N 条列线即可构成 $M \times N$ 个按键的键盘。显然,在按键数目较多的场合,矩阵键盘与独立式按键键盘相比,可以节省很多的 I/O 口线。

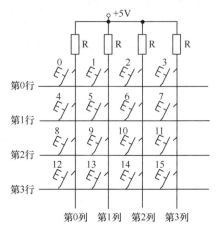

图 9-4 矩阵式键盘结构

1. 矩阵式键盘工作原理

矩阵式键盘结构中,每一个按键均设置在行线和列线的交叉点上,行线和列线分别连接到按键开关的两端。列线通过上拉电阻接到 +5V 上,平时无按键动作时,列线处于高电平状态。当有按键按下时,列线电平状态将受到与此列线相连的行线电平的影响;如果此时行线电平为低,则列线电平为低;如果行线电平为高,则列线电平亦为高。这是识别矩阵键盘按键是否被按下的关键点。矩阵键盘中行线和列线为多键共用,各按键均影响该键所在行和列线的电平,各按键彼此将相互发生影响,所以必须将行、列线信号配合起来并做适当的处理,才能确定闭合键的具体位置。

2. 行扫描法

下面以图 9-4 中的 4×4 结构键盘的 9 号键被按下为例,来说明按键的识别方法。设计中,行线为输出口,列线为输入口并接上拉电阻到 +5V。

对于矩阵式键盘,当某键被按下时,与此键相连的列线电平将由与此键相连的行线电平决定,而列线的电平在无键按下时处于高电平状态。如果让所有行线处于高电平,那么键按下与否不会引起列线的电平状态变化,始终是高电平。所以,让所有行线处于高电平是没法识别出按键的。为了有效地对按键进行判断,在初始化时,让所有行线处于低电平,此时,被按下键所在列将被拉成低电平,根据此列电平的变化,便能判定此列一定有键被按下,也就是获得了被按键的列位置信息(按键在第 1 列)。此时我们还不能确定是 9 号键被按下,因为 9 号键不被按下,而 1 号、5 号或 13 号键之一被按下,均会产生同样的效果。让所有行线处于低电平只能得出某列有键被按下的结论。为了进一步的判定到底是哪一行的键被按下,可在某一时刻只让一条行线处于低电平,而其余所有行线处于高电平。例如:当第 0 行为低电平,其余各行为高电平时,因为是 9 号键被按下,所以第 1 列仍处于高电平状态;当第 1 行为低电平,而其余各行为高电平时,同样我们会发现第 1 列仍处于高电平状态;当第 2 行为低电平,其余各行为高电平时,因为是 9 号键被按下,所以第

1列的电平将由高电平转换到第2行所处的低电平。由此,可以确定在第2行有键按下,即第2行与第1列交叉点处的按键(9号键)被按下。

矩阵键盘按键的行扫描识别方法主要分两步进行:第一步,识别键盘有无键被按下;第二步,如果有键被按下,应做延时消除抖动处理后,再识别出具体的按键。

识别键盘有无键被按下的方法是:让所有行线均输出为0电平,检查各列线输入电平是否为全"1"。如果全为"1",则说明无键被按下;如果不全为"1",则说明有键被按下。在实际编程时应考虑按键抖动的影响,通常是采用软件延时的方法进行消抖处理。

识别具体按键的方法也称为行扫描法:逐行置零电平,其余各行置为高电平,检查各列线电平的状态,此时,如果读得某列电平变为零电平,则可确定此列与当前输出为零的行的交叉点上的按键被按下。即获得了被按下的键所处的行号和列号,根据行、列位置信息便可得到当前按键的位置或键号。

3. 线反向法

行扫描法需要逐行扫描查询,当被按下的键处于最后一行时,则要经过多次扫描才能最后获得此按键所处的行值。而线反向法则显得很简练,无论被按键是处于第几列,均只须经过两步便能获得此按键所在的行列值。

采用线反向法的基本原理是在两个操作步骤中分别将行和列的输入/输出关系对调,以分别方便地获得被按键所在的列号和行号信息。线反向法有以下两个具体操作步骤:

(1)将列线编程为输入线,行线编程为输出线,并使输出线输出为全零电平,则列线中电平变为低所在列就是被按下的键所在的列,即获得了列号。

(2)同第1步相反,将列线编程为输出线,行线编程为输入线,并使输出线输出为全零电平,则行线中电平变为低所在行就是被按下的键所在行,即获得了行号。

由上述两步的结果,可确定按键所在行和列,从而识别出所按的键。在实际编程中也应考虑采用软件延时进行消除抖动处理。与行扫描法相比,线反向法的软件处理简单实用,但要求其对应的行和列线的I/O口均为可程控的双向口。

9.1.4 键盘的编码

对于键盘中的每一个按键,分别给予一个特定的代码,称为键盘编码。对于独立式按键键盘,由于按键的数目较少,可根据实际需要灵活编码。而对于矩阵式键盘,按键的位置由行号和列号唯一确定,所以分别对行号和列号进行二进制编码,然后将两值合成一个代码。例如,用B的高4位表示行号,低4位表示列号是非常直观的方法,如23H表示第2行第3列的按键,而8AH则表示第8行第10列的按键等。这种编码对于不同行数和列数的键,离散性大。例如,一个4×4的键盘,13H键与20H键之间间隔13,因此不利于散转指令。所以常常采用依次排列键号的方式对按键进行编码。以4×4键盘为例,可将键号编码为00H,01H,02H,…,0EH,0FH,共16个。无论以何种方式编码,均应以处理问题方便为原则,而最基本的是键所处的物理位置即行号和列号,它是各种编码之间相互转换的基础,编码相互转换可通过查表或其他运算的方法实现。

9.1.5 键盘的工作方式

单片机应用系统中,键盘扫描只是CPU的工作内容之一。CPU在忙于各项工作任务时,如何兼顾键盘的输入,取决于键盘的工作方式。键盘工作方式的选取应根据实际应用系统中 CPU 工作的忙、闲情况而定。其原则是既要保证能及时响应按键操作,又要不过多占用 CPU 的工作时间。通常,键盘工作方式有 3 种,即程序查询、定时扫描和键盘中断扫描。

1. 程序查询工作方式

CPU 对键盘的扫描采取程序控制方式,一旦进入键扫描状态,则反复地扫描键盘,等待用户从键盘上输入命令或数据。而在执行键入命令或处理键入数据过程中,CPU 将不再响应键入要求,直到 CPU 返回重新扫描键盘为止。

在程序查询工作方式中,键盘扫描子程序完成如下几个功能:

(1) 判断键盘有无键按下。一般是通过读键盘输入口的电平状态:若为全 1,则说明没有键按下;若不全为 1,则说明有键按下。

(2) 消除按键抖动的影响。其方法为,在判断有键按下后,用软件延时的方法延时 10ms 左右,再判断键盘状态,如果仍为有键按下状态,则认为有一个确定的键按下,否则当做按键抖动处理。

(3) 求按键位置。根据前面介绍的行扫描法或线反向法,获得按键位置,得出键值编码。

(4) 完成按键功能。

(5) 按键闭合一次仅进行一次按键的处理。其方法为:等待按键释放之后再进行按键功能的处理操作;或者先进行按键功能的处理操作,然后等待按键释放,之后才退出当前键处理程序。

2. 定时扫描工作方式

定时扫描工作方式是利用单片机内部定时器产生定时中断(例如 10ms),CPU 响应中断后对键盘进行扫描,并在有键按下时识别出该键并同时执行相应按键功能程序。定时扫描工作方式的键盘硬件电路与编程扫描工作方式相同。该方法可以充分利用单片机片内的定时器,以减轻 CPU 对键盘的程序查询任务,同时使编程更简洁和有效。

3. 键盘中断工作方式

键盘工作于程序查询状态时,CPU 要不间断地对键盘进行扫描工作,以监视键盘的输入情况,直到有键按下为止。其间 CPU 不能干其他工作,如果 CPU 工作量较大,这种方式将不能适应。定时扫描进了一大步,除了定时监视一下键盘输入情况外,其余时间可进行其他任务的处理,因此 CPU 效率提高了。为了进一步提高 CPU 工作效率,可采用键盘中断扫描工作方式,即只有在键盘有键按下时,才执行键盘扫描并执行该按键功能程序,如果无键按下,CPU 将不理睬键盘。可以说,前两种工作方式,CPU 对键盘的监视是主动进行的,而后一种工作方式,CPU 对键盘的监视是被动进行的。利用键盘中断工作方式的键盘操作也称为实时操作键盘。

键盘中断工作方式的键盘系统中,必须能够实现在有按键操作时能产生中断请求信号,因此需要在硬件上做必要的处理。如图 9-5 所示,是一个利用 P1 口组成的 4×4 矩阵式键盘,采用键盘中断工作方式的键盘接口电路。键盘的列线与 P1 口的低 4 位 P1.0～P1.3 相接,行线与 P1 口的高 4 位 P1.4～P1.7 相接。P1.0～P1.3 经与门连至 $\overline{INT1}$ 中断输入引脚,P1.4～P1.7 用做扫描输出线,平时全置位 0,当有键按下时,$\overline{INT1}$ 为低电平,向

CPU 发出中断请求,若 CPU 开放外部INT1中断,则响应中断请求。中断服务程序中,要进行消除抖动处理,并进行按键的识别和键功能程序的执行等工作。

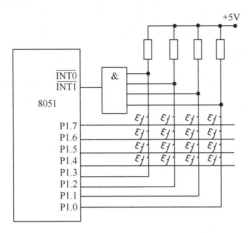

图 9-5 键盘中断工作方式键盘接口

综上所述,键盘的主要工作可分为以下 3 个基本步骤。

(1) 监视键盘的输入,即判断是否有键按下,并做消除抖动处理。

(2) 确定具体按键,即判断哪个键按下。

(3) 按键功能程序执行,即完成按键功能处理。

9.2 显示器接口设计

在单片机应用系统中,常用的显示器有:发光二极管显示器,英文简称 LED(light emitting diode)显示器;液晶显示器,英文简称 LCD(liquid crystal display);荧光显示器,英文简称 VFD(vacuum fluorescent display);阴极射线管显示器,英文简称 CRT(cathode ray tube);等等。前 3 种显示器都具有笔段显示和点阵显示两种结构形式,且 3 种显示器中,以荧光管显示器亮度最高,发光二极管次之,而液晶显示器为被动显示器,必须有外光源。

9.2.1 LED 显示器

1. 段式 LED 显示器结构与原理

LED 显示器具有工作电压低、驱动电流较小、发光性能好、响应速度快、使用寿命长和可靠性高等特点,因此在单片机应用系统中得到广泛的应用。LED 显示器按其结构形式的不同,可分为 7 段(8 段)LED 数码管显示器和点阵型 LED 显示器等。下面着重介绍 8 段 LED 数码管显示器的原理结构和应用。这种显示器有共阳极和共阴极两种接法,如图 9-6 所示。共阴极 LED 显示器是将发光二极管的阴极连接在一起,通常此公共阴极接地,当某个发光二极管的阳极为高电平时,发光二极管点亮,相应的段被显示。同样,共阳极 LED 显示器是将发光二极管的阳极连接在一起,通常此公共阳极接正电压。当某个发光二极管的阴极接低电平时,发光二极管被点亮,相应的段被显示。

通过控制 a、b、c、d、e、f、g、h 等 8 个 LED 显示器笔段的亮暗,可以实现显示数字 0~9 和部分英文大写或小写字母等。如果需要显示带小数点数字,只要将笔段 h 点亮即可。

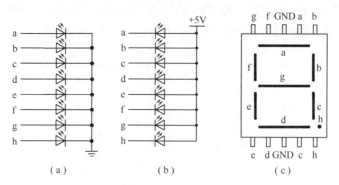

图 9-6 8 段 LED 数码管显示器的结构及外形图
(a) 共阴极；(b) 共阳极；(c) 外形图

若以 D7→D0 分别对应笔段 h→a 的连接方式来设计,其显示字型的对应字型码(段码)如表 9-1 所列。需要说明的是,字型码是相对的,它由各字段在字节中所对应的位决定。例如 8 段 LED 字型码是按格式 D7→D0 对应笔段 h→a 而形成的,对于字符"0",其字型码为 3FH(共阴)。反之,如果将格式改为 D7→D0 对应笔段 a→h,则字符"0"的字型码变为 0FCH(共阴)。总之,字型及字型码可由设计者自行设定,不一定与表中完全一致,但在一般的设计中,可直接采用表 9-1 格式。

表 9-1 7 段 LED 字型码

显示字符	共阴极字型码	共阳极字型码	显示字符	共阴极字型码	共阳极字型码
0	3FH	C0H	A	77H	88H
1	06H	F9H	b	7CH	83H
2	5BH	A4H	C	39H	C6H
3	4FH	B0H	d	5EH	A1H
4	66H	99H	E	79H	86H
5	6DH	92H	F	71H	8EH
6	7DH	82H	P	73H	8CH
7	07H	F8H	U	3EH	C1H
8	7FH	80H	全暗	00H	FFH
9	6FH	90H	全亮	FFH	00H

2. LED 显示器的静态显示与动态显示

1) LED 静态显示方式

LED 显示器工作于静态显示方式时,各个数码管的共阴极(或共阳极)连接在一起并接地(或+5V);每个数码管的段选线(a～h)分别与一个 8 位的锁存输出相连。单个共阴极的 LED 数码管显示器的静态显示原理结构如图 9-7 所示,由于每段 LED 的导通电流一般为几毫安至几十毫安,根据实际情况,有时需要在 8 位段码输出锁存器后面加上一个驱动器,来提高电流驱动能力,保证 8 段 LED 显示器能正常发光。另外,在 8 段 LED 数码管之前加入的限流电阻应根据显示电流的要求进行合理选择。

参照图 9-7,假设其输出锁存器的选通地址为 7FFFH,驱动器为同相驱动,要实现将 40H 单元中存放的 0～9 数字在 LED 数码管输出显示,编写一个子程序段如下:

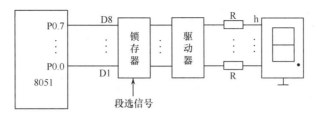

图 9-7 静态 LED 数码管显示器显示原理电路

```
DISP1:MOV     A,40H              ;显示数字送 A
      MOV     DPTR,♯TAB1         ;送段码表头地址
      MOVC    A,@A+DPTR          ;取出显示数字的段码
      MOV     DPTR,♯7FFFH        ;送显示输出锁存器口地址
      MOVX    @DPTR,A            ;段码送显示口显示
      RET                        ;子程序结束返回
TAB1: DB      3FH,06H,5BH,4FH,66H;数字 0~9 的段码表
      DB      6DH,7DH,07H,7FH,6FH
```

设计中,如果需要连接多个显示器时,仅需多扩展几路上述相同的电路即可。由于各个显示器相互独立,而且各个显示器的显示字符一经确定,相应锁存器的输出将维持不变,直到显示另一个字符为止,因此称为静态显示。对于静态显示,由于每一个显示器的段码分别由一个 8 位输出口控制,故在同一时间里,每一位显示的字符可以各不相同。这种显示方式编程容易、管理简单、显示稳定、亮度高,但是占用 I/O 口线资源较多。如果显示器位数增多,则静态显示方式将增加更多的硬件电路,在很多场合不再适用。因此,在显示位数较多的情况下,一般都采用动态显示方式。

2) LED 动态显示方式

在多个 LED 数码管显示时,为了简化硬件电路,通常将所有位的段选线相应地并联在一起,由一个 8 位 I/O 口控制,形成段选线的多路复用。而各位的共阳极(或共阴极)分别由相应的 I/O 口线控制,实现各位的分时选通。如图 9-8 所示 4 个 8 段 LED 共阴数码管动态显示电路原理图,其中段选线占用一个 8 位 I/O 口,而位选线占用一个 8 位 I/O 口中的 4 位,段码驱动器和位码驱动器均为同相驱动。这种方法由于不需要对每个 LED 数码管单独配置锁存和驱动电路,因而可简化硬件电路,当 LED 数码管个数较多时,更加明显。

由于各个 LED 显示器的段选线并联,段选码的输出对各位来说都是相同的。因此,同一时刻,如果各个显示器的位选线都处于选通状态的话,4 个 LED 将显示相同的字符。若要各位 LED 能够显示出与本位相对应的显示字符,就必须采用扫描显示方式。即在某一时刻,只让某一位的位选线处于选通状态,而其他各位的位选线处于关闭状态,同时,段选线上输出相应位要显示字符的字型码,这样,同一时刻 4 位 LED 中只有选通的 1 位显示出字符,而其他 3 位则是熄灭的。同样,在下一时刻,只让下一位的位选线处于选通状态,而其他各位的位选线处于关闭状态,同时,在段选线上输出相应位所要显示字符的字型码。因此,同一时刻只有选通位显示出相应的字符,而其他各位则是熄灭的。如此循环下去,就可以使各位显示出所要显示的字符。虽然这些字符是在不同时刻分别出现的,而

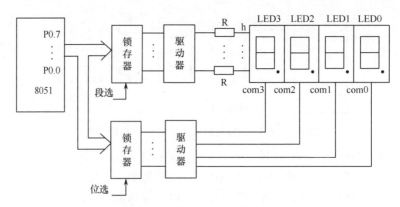

图 9-8 4 个 8 段 LED 动态显示电路图

且同一时刻,只有 1 位显示,其他各位熄灭,但由于人眼有视觉暂留现象,只要每位显示间隔足够短,就可造成多位同时亮的假象,达到显示的目的。一般当循环显示的频率大于 50 Hz 时,人眼将感觉显示是稳定的。

LED 数码管显示器的动态扫描工作可简单归纳为:采用分时显示的方法,利用人的视觉暂留效应,达到稳定显示的效果。

动态扫描显示具有节省硬件的优点,但由于它需要不停地扫描刷新,需要占用 CPU 较多的时间,而且编程相对复杂,因此,在一些要求实时处理的场合将难以适应要求。

参照图 9-8,假设其位码输出锁存器的选通地址为 7FFFH,段码输出锁存器的选通地址为 0BFFFH,如果在 43H~40H 单元中存放了对应于 LED3~LED0 的显示段码,编写下段子程序段可实现将 43H~40H 单元的段码在对应的 LED3~LED0 数码管显示器上显示。

```
DISP4:  MOV    R0,#40H         ;置显示段码的存放首地址
        MOV    R7,#0FEH        ;置显示位码的初始值,0 为有效
DISP1:  MOV    A,R7            ;位码送 A
        MOV    DPTR,#7FFFH     ;取位码口地址
        MOVX   @DPTR,A         ;位码口输出位码
        MOV    A,@R0           ;段码送 A
        MOV    DPTR,#0BFFFH    ;取段码口地址
        MOVX   @DPTR,A         ;段码口输出段码
        LCALL  DL1ms           ;调用延时 1ms 子程序
        INC    R0              ;指向下一个显示单元
        MOV    A,R7
        RL     A
        MOV    R7,A            ;指向下一个位码
        CJNE   A,#0EFH,DISP1   ;一次循环未完成,则显示下一位
        SJMP   DISP4           ;完成,则重新启动循环
DL1ms:  MOV    R6,#250         ;延时 1ms 子程序
DL4T:   NOP                    ;假设 $f_{osc}$=12MHz
```

```
            NOP
            DJNZ    R6,DL4T
            RET
```

上述动态显示程序中,CPU 一直用于 LED 显示,在实际应用中常采用定时中断的方式完成对显示的动态刷新显示,使得 CPU 有足够的时间处理其他任务。

9.2.2 液晶显示器

液晶显示器(LCD)具有低功耗的特点,应用十分广泛,如电子表、计算器、个人计算机、家用电器和各种仪器设备都用到了液晶显示器。

液晶是一种介于液体与固体之间的热力学的中间稳定相。其特点是在一定的温度范围内既有液体的流动性和连续性,又有晶体的各向异性。其分子呈长棒形,长宽比较大,分子不能弯曲,是一个刚性体,中心一般有一个桥链,分子两头有极性。

从电子学角度来看,在外加电场的作用下具有偶极矩的液晶棒状分子在排列状态上发生变化,使得通过液晶显示器件的光被调制,从而呈现明与暗或透过与不透过的显示效果。液晶显示器件中的每个显示像素都可以单独被电场控制,不同的显示像素按照驱动信号的控制在显示屏上合成出各种字符、数字及图形。液晶显示驱动器的功能就是建立这种电场。

液晶的显示效果是由于在显示像素上施加了电场,而这个电场则由显示像素前后两电极上的电位信号差所产生。在显示像素上建立直流电场是非常容易的事,但直流电场将导致液晶材料的化学反应和电极老化,从而迅速降低液晶材料的寿命,因此必须建立交流驱动电场,并要求在这个交流电场中的直流分量越小越好。由此要求液晶显示驱动器的驱动输出必须是交流驱动。现在液晶显示驱动器是全数字化集成电路,所以这种交流驱动是以脉冲电压形式产生的。

液晶显示像素上交流电场的强弱用交流电场的有效值表示:当有效值大于液晶的阈值电压时,像素产生电光效应,呈显示态;当有效值小于阈值电压时,像素不产生电光效应而呈不显示态;当有效值在阈值电压附近时,液晶将呈现较弱的电光效应,此态将会影响液晶显示器件的显示对比度。因此液晶显示驱动器要能够控制驱动输出的电压幅值,以实现对显示对比度的控制。

液晶显示驱动器通过对其输出到液晶显示器件电极上的电位信号进行相位、峰值、频率等参数的调制来建立交流驱动电场,以实现液晶显示器件的显示效果。液晶显示的驱动方式有许多种,常用于液晶显示器件上的驱动方法有静态驱动和动态驱动两种。

1. 静态驱动方式

在静态驱动的液晶显示器上,各液晶像素的背电极 BP 是连接在一起引出的,各像素的段电极 SEG 是分立引出的。在背电极 BP 上加入一个正电压(如 5V),在所要显示的像素的段电极(如 SEGg)上加入 0V 电压,造成在该像素电极间的电位差为 5V,使之产生电光效应,呈显示态;而在不显示像素的段电极(如 SEGa)上加入与背电极 BP 相同的电压 5V,从而使该像素电极间电位差为 0V,不产生电光效应,呈不显示态。由于液晶驱动要求是交流驱动,所以在另一段时间,应在背电极 BP 上加入 0V 电压,所要显示像素的段电极(如 SEGg)上加入了 5V 电压,不显示像素的段电极(如 SEGa)上加入 0V 电压,从而造成显示像素电极间电压差为 $-5V$,不显示像素电极间电位差为 $0V$,产生与上述相同的显示效果,而各像素上的平均电位差为 $0V$。本着交流驱动的原则,在背电极 BP 上加入了一个正脉冲序列;在显示像素的段电极(如 SEGg)上加入一个与背电极脉冲相位差为 $180°$ 的等幅正脉冲序列,便在该像素上产生 $5V$、$-5V$ 的显示驱动脉冲序列;在不显示像素的段电极(如 SEGa)上加入一个与背电极脉冲同相位的等幅正脉冲序列,使得该像素上产生 $0V$ 电压差,从而形成液晶显示的交流驱动。这就是液晶显示的静态驱动方式。静态驱动波形如图 9-9(a)所示。

在电路上要想实现静态驱动波形是比较容易的。可以把异或电路用在一个液晶像素的驱动上,即提供一个合适频率的方波用做背电极 BP 的驱动脉冲序列,直接提供给背电极 BP,并将这个脉冲序列接至异或电路的一个输入端,而另一个输入端由笔段逻辑控制信号如 A(或 G 等)控制,异或电路的输出接至一个液晶像素的段电极(如 SEGa)上,电路如图 9-9(b)所示。当需要像素 SEGa 显示时,只要使 A="1";SEGa 不显示时,A="0"即可。

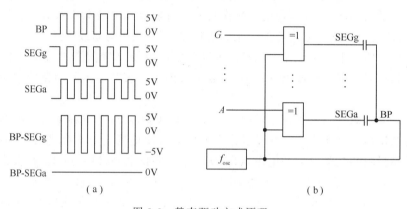

图 9-9 静态驱动方式原理
(a) 静态驱动波形;(b) 静态驱动电路。

由于使用了异或门电路,使静态液晶显示驱动电路得到了简化,若将一组异或门电路组合起来,将每个门的输入端之一连接在一起引出并与 BP 并联输入,而每个异或门的另一个输入端分别受控于 4 位 BCD 码-七段译码器的输出端,译码器的输入端引至外部,就可组成一个简单的七段液晶显示驱动器 IC。CD4055 正是一个有代表性的 BCD-七段液晶显示驱动器,其工作方式为静态驱动方式,电路主要由一个七段译码器配接由异或门组成的 LCD 静态驱动电路组合而成。CD4055 由数据输入端 D、C、B、A 输入 BCD 码,通过译码器转换成七段字型数据进入显示驱动电路。在驱动信号输入端 BPI 的脉冲驱动下输出各段的显示驱动信号波形和背电极 BP 的驱动信号,为液晶显示器件提供了交流驱动波形,从而实现了 0~9、L、H、P、R、负号和空白等 16 种显示组合。

如图 9-10 所示,利用 BCD-七段液晶显示驱动器 CD4055 与 8051 单片机连接实现 LCD 显示的简单接口电路。利用 8051 单片机的 P1.3~P1.0 输出 BCD 码,应用 8051 单片机内部的定时器 T1 产生一个定时时间 T(例如 5ms),在定时器 T1 溢出中断服务程序中对 P3.4 做取反操作,使 P3.4 引脚产生一个方波输出,连接到 CD4055 的 f_{in} 端用做交流驱动信号。只要在 P1.3~P1.0 输出 BCD 码,在 LCD 上就能显示出相对应的字符。

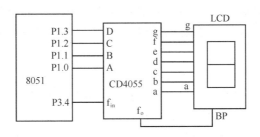

图 9-10 8051 单片机与 CD4055 构成的 LCD 显示电路

2. 动态驱动方式

当液晶显示器件上显示像素较多时,如点阵型液晶显示器件,若使用静态驱动结构将会产生很多的引脚以及庞大的硬件驱动电路。为了解决这个问题,在液晶显示器件电极的制作与排布上做了加工,实施了矩阵型结构,即把水平一组显示像素的背电极连接在一起引出,称为行电极,又称公共电极;把纵向一组显示像素的段电极连接在一起引出称为列电极又称为段电极。每个液晶显示像素都由其所在的行与列的位置唯一确定。在驱动方式上采用了动态驱动法,或称为时分割驱动法等。通常采用电压平均化法,其占空比有 1/2、1/8、1/16、1/32 等,偏比有 1/2、1/3、1/4、1/5 等。

动态驱动法具体原理比较复杂,本书不具体展开,可参阅相关参考资料。

对于需要使用点阵式 LCD 显示器的场合,一般使用者可直接选择将驱动电路与 LCD 显示部件组合在一起的内置控制器型液晶显示模块。目前,市场上可供选择的点阵式 LCD 模块种类很多,如点阵为 128×64、128×128、320×240 等多种规格。用户应根据应用系统的实际需要来选择 LCD 屏的点数和点的尺寸大小,同时要考虑接口信号与系统是否匹配,接口控制是否方便,以及质量、价格和货源等因素。

9.3 打印机接口

打印机是计算机系统最基本的输出设备,可分为击打式和非击打式打印两类。击打式打印机是利用机械作用,击打活字载体上的字符,使之与色带和纸相击打从而打印出字符;或者利用打印钢针撞击色带和纸打印出点阵组成的字符或图形。非击打式打印机的印字,不是机械的击打动作,而是利用各种物理或化学的方法印刷字符,如静电感应、热敏效应、激光扫描及喷墨等。

针式打印机是击打式打印的一种常用形式,其特点是机械结构较简单,打印速度一般,打印消耗材料成本较低,适合用于很多单片机应用系统中用做打印输出设备。

激光打印机和喷墨打印机均属于非击打式打印机,它们具有打印输出字符或图形的效果好,打印速度快,噪声低的特点,适合于办公和家庭使用。

9.3.1 打印机的电路构成

打印机的机械部分是执行机构,而机械部分动作的完成则是由电路来控制的。打印机的电路组成一般分为控制电路、驱动电路、接口电路和电源电路等。

控制电路由 CPU 及相应外围电路构成,是整个打印机的控制中心;驱动电路受控制电路控制,直接与打印头相接,驱动打印头、打印针及有关电机的动作,完成字符图形的打印和走纸等;接口电路是打印机与主机通信的通道,主机发送的命令和数据经接口电路送到打印机的控制中心。电源电路则给整个打印机提供各种规格的工作电压。

9.3.2 打印机的接口信号

主机与打印机接口的依据就是打印机的接口信号,目前常用的打印机接口分为串行接口(RS-232C 接口或 USB 接口等)和并行接口(Centronics 并行打印机接口等)。

打印机并行接口一般采用标准的 Centronics 并行接口,共有 36 根信号线,通过 36 芯 D 形插头座,经电缆与主机相连接。实际打印机通常采用与标准兼容的并行接口,即接口信号中作用不大的信号不予考虑,只利用那些最关键的信号线,微型打印机中尤其如此。表 9-2 中是打印机标准并行接口中的部分主要信号的名称和说明。

表 9-2 标准并行接口信号

引脚号	信号名称	方向	信 号 说 明
1	选通 $\overline{STB}$	输入	$\overline{STB}$ 是主机送往打印机的数据选通脉冲,低电平有效
2~9	8 位数据线 D1~D8	输入	主机送往打印机的 8 位并行数据信号
10	应答信号 $\overline{ACK}$	输出	打印机送往主机的回答信号,表示打印机已接收一个数据,又可以接收下一个数据
11	忙信号 BUSY	输出	打印机送往主机的状态信号,高电平为忙,打印机不能接收主机发送的数据
12	纸尽信号 PE	输出	高电平说明打印机无纸,低电平则说明有纸
13	联机 SLCT	输出	打印机送往主机的状态信号,高电平为联机状态
14	自动换行 $\overline{AUTOFEED}$	输入	主机送往打印机的控制信号,低电平时有效,当打印机打印之后将自动换一行

表 9-2 描述的信号中,最关键的信号有 $\overline{STB}$、D1~D8、BUSY 和 $\overline{ACK}$ 等,打印机的工作时序主要由这些信号形成,如图 9-11 所示。其他信号主要是为了更好地控制和监视打印机的工作,使打印机正常运行。可将上述信号分成 3 类,即数据信号、状态信号和控制信号。其中,D1--D8 为 8 位数据信号,$\overline{STB}$ 为选通控制信号,忙信号 BUSY 和应答信号 $\overline{ACK}$ 均为状态信号。当打印机处于接收数据期间、打印期间、脱机状态或打印机出错状态之一时,打印机忙信号 BUSY 有效。

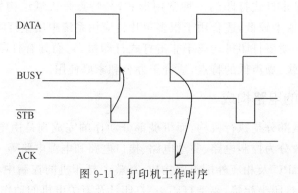

图 9-11 打印机工作时序

9.3.3 打印机的打印命令

打印机作为智能终端,能接收主机发来的命令并完成相应的功能。打印命令实际是一些控制代码,尽管打印机的基本控制代码相同,但由于至今还没有完全统一的标准,各打印机的部分控制代码所代表的打印命令有所不同,而且各打印机能完成的功能各异,所以其打印命令的丰富程度也不一样,有些微型打印机只有几条打印命令,而一些宽行打印机则多达几十条命令。当然,命令越丰富其功能就越强大,在利用打印机时,应参考所用的打印机的技术说明书,以弄清该打印机各控制代码的实际功能。

9.3.4 标准并行打印机与 8051 单片机接口设计

作为一个具有标准接口的独立型打印机而言,它本身就是一个智能化设备,能够通过接口获取打印控制命令和数据代码,并根据相关的命令和数据代码完成相应的控制动作和打印输出。主机只要按照实际需要通过打印机接口将打印命令和打印内容按要求传送给打印机即可。

尽管标准 Centronics 并行打印接口信号线较多,但在一般的简单应用中,主要用到 8 位数据信号 D1～D8、选通控制信号 $\overline{STB}$、忙信号 BUSY 和应答信号 $\overline{ACK}$ 等信号线,8051 单片机与并行打印机的简单接口如图 9-12 所示,图中:8051 单片机的 P1 口与并行打印接口的数据口线 D1～D8 相接,以传送打印数据;P3.4 与 BUSY 相连,以判定打印机的忙闲,从而决定是否从 P1 口发送数据;P3.5 与 $\overline{STB}$ 相连,以产生选通信号,将 P1 口线上的数据送入打印机中。虽然打印机接口中还有很多信号未利用,但它们都是一些辅助信号,只要打印机本身一切工作正常,上述简单接口完全能保证 8051 单片机控制打印机正确打印。设计中 CPU 采用查询工作方式对打印机进行操作,其程序流程如图 9-13 所示。若要采用中断工作方式,硬件连接时可将打印机接口信号 $\overline{ACK}$ 接到 8051 单片机的 $\overline{INT0}$(或 $\overline{INT1}$)引脚,利用 $\overline{ACK}$ 信号产生中断请求,在中断服务程序中向打印机发送打印数据或命令。

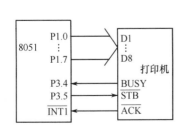

图 9-12 并行打印机与 8051 单片机的简单接口

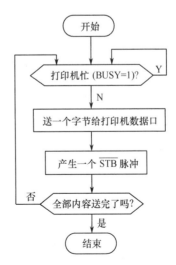

图 9-13 查询工作方式流程图

无论是打印机的命令代码还是数据代码,主机均当做数据字节对待,并传送给打印机。由打印机对接收的数据字节进行分析判定,如果是打印用数据信息则存入打印缓冲区,如果是命令则完成与此命令相应的功能。对打印机的编程就是灵活组织运用打印机有关命令的过程。将打印命令及与命令有关的数据组织在一起,然后一字节一字节地发送给打印机,打印机就可完成所期望的打印结果输出。

9.4 思考练习题

1. 为什么要消除键盘的机械抖动?如何消除?
2. 什么是编码键盘和非编码键盘?
3. 说明独立式按键接口与矩阵型键盘各自的工作原理和特点。
4. 简述键盘工作的 3 个基本步骤。
5. 什么是实时操作键盘?
6. 画出 8051 单片机与 1 个 LED 数码管显示器的静态显示电路原理框图,并说明静态显示的原理和特点。
7. 画出 8051 单片机与 3 个 LED 数码管显示器的动态扫描显示电路原理框图,并说明动态扫描显示的原理和特点。
8. 试分析比较 LED 数码管显示器的静态显示和动态扫描显示的原理、结构和特点。
9. 已知 LED 数码管显示器接口电路中,D7→D0 分别对应与笔段 h→a,试写出数字"9"分别对于共阴和共阳情况下的段码(字形码)。
10. LCD 显示器的主要特点是什么?
11. 并行打印机接口中的常用信号线有哪些?实现什么功能?
12. 画出一个 8051 单片机与并行打印机的接口电路原理框图。

第10章 模拟电路接口技术

在数据采集与控制系统中,经常要对一些连续变化的物理量,如电压、温度、压力、流量、速度和位移等参数进行测量和控制。这些物理量通常是随时间连续可变的模拟量。由于计算机本身只能直接识别和处理数字量,因此这些模拟量在进入计算机之前必须转换成数字信号。这些能够把模拟量转换成数字量的器件称为模/数转换器(A/D)。另外,对于微型计算机加工处理的数字结果,有时也需要转换成模拟量才能去控制相应的设备。把数字量转换成模拟量的器件称为数/模转换器(D/A)。A/D 转换器和 D/A 转换器是实现模拟信号采集与反馈控制的重要器件,是构成数据采集处理系统的主要组成部分。

10.1 D/A 转换器

10.1.1 D/A 转换器组成和工作原理

将数字量转换成模拟量的器件称为数/模转换器,简称 D/A 转换器或 DAC(digital to analog converter)。D/A 转换器的概念也有广义和狭义之分,广义的 D/A 转换器所指的模拟量可以是任何物理量,而通常使用的狭义 D/A 转换器所指的模拟量一般是指电压量。

D/A 转换器主要由电阻网络、模拟开关、基准电源和运算放大器等四部分组成。D/A 转换器的设计方法很多,在此仅对其一般构成和工作原理做简单介绍。

以一个 4 位权电阻型 D/A 转换器为例,如图 10-1 所示,D3~D0 构成一个 4 位二进制数 X_p,二进制数各位分别控制一个模拟开关,为"1"时对应模拟开关闭合,为"0"时对应

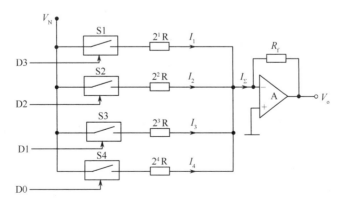

图 10-1 权电阻型 D/A 转换器原理图

模拟开关断开。

设 $I=V_N/R$，由图分析可得

$$I_1=I\times D_3/2^1, I_2=I\times D_2/2^2, I_3=I\times D_1/2^3, I_4=I\times D_0/2^4$$

$$I_\Sigma=I_1+I_2+I_3+I_4=(D_3 2^3+D_2 2^2+D_1 2^1+D_0 2^0)\times I/2^4$$

$$V_O=-R_f\times I_\Sigma=(-V_N R_f/R/2^4)\times(D_3 2^3+D_2 2^2+D_1 2^1+D_0 2^0)$$

由于 V_N、R_f 和 R 均为已知量，可得 $K=-V_N R_f/R/2^4=$ 常数；而 $D_3 2^3+D_2 2^2+D_1 2^1+D_0 2^0$ 项即为由 D3～D0 构成的 4 位 2 进制数 X_p。

由此可得 $V_O=KX_p$

根据上述分析可见，输出电压 V_O 正比于输入的数字量 X_p，实现了数/模转换的目的。上述介绍的权电阻型 D/A 转换器，由于使用的电阻种类较多等原因在实际设计中应用并不多，常常采用 T 型解码电阻网络的 D/A 转换器等。

10.1.2 描述 D/A 转换器的性能参数

1. 分辨力(resolution)

它反映了数字量在最低位上变化 1 位时输出模拟量的变化量。经常用 1LSB 来表示。

2. 偏移误差(offset error)

它是指输入数字量为 0 时，输出模拟量对 0 的偏移值。这种误差一般可在 D/A 转换器外部用电位器调节到最小。

3. 线性度(linearity)

它是指 D/A 转换器的实际转换特性与理想直线之间的最大误差或最大偏移。一般情况下，偏差值应小于 ± 0.5LSB。这里 LSB 是指最低一位数字量变化所带来的幅度变化。

4. 精度(accuracy)

它是指实际模拟输出与理想模拟输出之间的最大偏差。除了线性度不好会影响精度外，参考电压的波动等因素也会影响精度。可以理解为线性度是在一定测试条件下得到的 D/A 转换器的误差，而精度则是描述在整个工作区间 D/A 转换器的最大偏差。

5. 转换速度(conversion rate)

它是指每秒可以转换的次数。其倒数为转换时间。

6. 温度灵敏度(temperature sensitivity)

它是指输入不变的情况下，输出模拟信号随温度的变化。

10.2　8051 单片机与 8 位 D/A 转换器接口技术

目前，能与微型计算机接口的 D/A 转换器芯片有许多种，其中：有的不带数据锁存器，这类 D/A 转换器与微型计算机连接时需要扩展并行 I/O 接口，使用起来不够方便；也有的带数据锁存器，可以直接与单片机或微处理器相连接，应用较为广泛。下面以 DAC0832 为例来介绍这类 8 位 D/A 转换器的接口。

10.2.1 DAC0832 的技术指标

DAC0832 是美国国家半导体公司（NSC）的产品，是一种具有两个输入数据寄存器的 8 位 D/A 转换器，它能直接与 MCS-51 单片机相连接，不需要附加其他 I/O 接口芯片。其主要有如下技术指标：

（1）分辨力 8 位。
（2）电流稳定时间 1μs。
（3）具有两个输入数据寄存器，可双缓冲、单缓冲或直接数字输入。
（4）单一电源供电。

DAC0832 是 DAC0830 系列产品的一种，其他产品有 DAC0830、DAC0831 等，它们都是 8 位 D/A 转换器，完全可以相互代换。

10.2.2 DAC0832 的结构及原理

DAC0832 采用 CMOS 工艺，具有 20 个引脚双列直插式单片 8 位 D/A 转换器，其结构如图 10-2 所示。

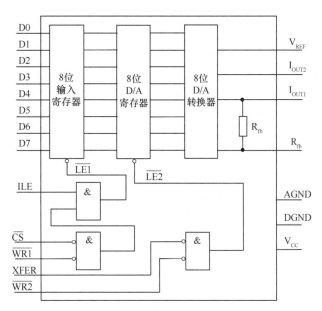

图 10-2 DAC0832 结构框图

DAC0832 由一个 8 位输入寄存器、一个 8 位 D/A 寄存器和一个 8 位 D/A 转换器组成。在 D/A 转换器中采用的是 T 型 R-2R 电阻网络。DAC0832 器件由于有两个可以分别控制的数据寄存器，使用时有较大的灵活性。可以根据需要接成多种工作方式。

在图 10-2 中，$\overline{LEn}$（n=0 或 1）为寄存器控制信号。当 $\overline{LEn}$=1 时，寄存器的输出随输入变化；$\overline{LEn}$=0 时，数据锁存在寄存器中，而不随输入而变化。由此可见，当 ILE=1，$\overline{CS}$=0，$\overline{WR1}$=0 时，$\overline{LE1}$=1，允许数据输入；否则，$\overline{LE1}$=0，不允许数据输入。能否将数据送 D/A 进行转换，除了取决于 $\overline{LE1}$ 外，还依赖于 $\overline{LE2}$。当 $\overline{WR2}$ 和 $\overline{XFER}$ 均为低电平时，$\overline{LE2}$=1，此时允许数据送入 D/A 转换，否则 $\overline{LE2}$=0，将数据锁存于 D/A 寄存器中。

在使用时可以采用双缓冲方式（两级输入锁存），也可以用单缓冲方式（只用一级输入锁存，另一级始终直通），或者接成完全直通的形式。因此，这种转换器用起来非常灵活、方便。

10.2.3　DAC0832 引脚功能

DAC0832 的引脚排列，如图 10-3 所示。各引脚的功能如下。

$\overline{CS}$：片选信号引脚（低电平有效）。

ILE：输入锁存允许信号（高电平有效）。

$\overline{WR1}$：第一级锁存写选通（低电平有效）。当 $\overline{WR1}$ 为低电平时，用来将输入数据传送到输入锁存器；当 $\overline{WR1}$ 为高电平时，输入锁存器中的数字被锁存；当 ILE 为高电平，又必须是 $\overline{CS}$ 和 $\overline{WR1}$ 同时为低电平时，才能将锁存器中的数据进行更新。以上 3 个控制信号构成第一级输入锁存。

$\overline{WR2}$：第二级锁存写选通（低电平有效）。该信号与 $\overline{XFER}$ 配合，可使锁存器中的数据传送到 D/A 寄存器中进行转换。

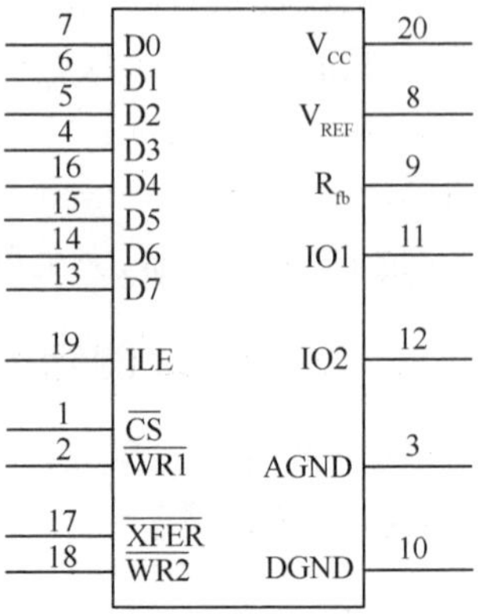

图 10-3　DAC0832 引脚图

$\overline{XFER}$：传送控制信号（低电平有效）。$\overline{XFER}$ 将与 $\overline{WR2}$ 配合使用，构成第二级锁存。

D0～D7：数字输入量。D0 是最低位（LSB），D7 是最高位（MSB）。

I_{OUT1}（IO1）：D/A 电流输出 1。当 D/A 寄存器为全 1 时，表示 I_{OUT1} 为最大值，当 D/A 寄存器为全 0 时，表示 I_{OUT1} 为 0。

I_{OUT2}（IO2）：D/A 电流输出 2。I_{OUT2} 为常数减去 I_{OUT1}，或者 $I_{OUT1}+I_{OUT2}=$ 常数。在单极性输出时，I_{OUT2} 通常接地。

R_{fb}：内部集成反馈电阻，为外部运算放大器提供一个反馈电压。R_{fb} 可由内部提供，也可由外部提供。

V_{REF}：参考电压输入，要求外部接一个精密的基准电源。

V_{CC}：数字电路供电电压，一般为 +5V～+15V。

AGND：模拟地。

DGND：数字地。

10.2.4　8 位 D/A 转换器接口方法

以 DAC0832 为例来说明单片机系统设计的几种常用方法。

1. 单缓冲型接口方法

这种接口方法应用于一路 D/A 转换器或多路 D/A 转换器不需要同步的场合。可以把 D/A 转换器中的两个寄存器中任一个接成常通状态，或两个寄存器接相同的控制信号。

2. 双缓冲型接口方法

这种接口方法主要应用在多路 D/A 转换器同步系统中。该接口电路中，可将 ILE

接高电平，$\overline{WR1}$和$\overline{WR2}$接至单片机的$\overline{WR}$，由两个地址线分别接$\overline{CS}$和$\overline{XFER}$，通过两次输出操作完成数据的传送及转换。第一次$\overline{CS}$有效时，将数据线上的数据锁存到输入寄存器中，第二次当$\overline{XFER}$有效时，将输入寄存器中内容锁存到 D/A 寄存器，并由 D/A 转换成输出电压。

3. 直通型的接口方法

这种接口方法是将$\overline{WR1}$、$\overline{WR2}$、$\overline{CS}$和$\overline{XFER}$接地，而 ILE 端必须保持高电平，DAC0832 的数据线 D0～D7 可接微型计算机系统独立的并行输出端口，如 MCS-51 单片机的 P1 口或扩展芯片 8155 的 PA、PB 口等，一般不能直接连在微型计算机系统的数据总线上。

10.2.5　D/A 转换器的输出方式

D/A 转换器输出分为单极性和双极性两种输出形式。其转换器的输出方式只与模拟量输出端的连接方式有关，而与其位数无关。在此以 8 位 D/A 转换器为例做简单介绍。

1. 单极性输出

如图 10-4 所示的一个 DAC0832 与 8051 单片机的接口电路，其中，DAC0832 的输出端连接成单极性输出电路，输入端连接成单缓冲型接口电路。它主要应用于只有一路模拟输出，或几路模拟量不需要同步输出的场合。这种接口方式，将二级寄存器的控制信号并接，输入数据在控制信号作用下，直接打入 D/A 寄存器中，并由 D/A 转换器转换成输出电压。

电路连接时，ILE 接 +5V，$\overline{WR1}$和$\overline{WR2}$同时连接到 8051 单片机的$\overline{WR}$端口，$\overline{CS}$和$\overline{XFER}$相连，接到地址线 P2.7，DAC0832 芯片可用做 8051 单片机的一个外部 I/O 端口，端口地址为 7FFFH，通过 CPU 对它进行一次写操作，将一个数据直接写入 D/A 寄存器，DAC0832 便输出一个新的模拟量。执行下面一段程序，可以实现将 8051 单片机的 40H 单元中的数据通过 DAC0832 转换成模拟量后输出。

```
DACP1:MOV    DPTR,#7FFFH
      MOV    A,40H
      MOVX   @DPTR,A
```

CPU 执行 MOVX　@DPTR,A 指令时，便产生写操作，更新了 D/A 寄存器内容，输出了一个新的模拟量。在单极性输出方式下，当 V_{REF} 接 −5.12V 时，输出电压范围是 0V～+5.10V。其中数字量 D_{in} 与输出模拟量 V_{out} 的转换关系为

$$V_{out} = -D_{in}V_{REF}/2^8 = D_{in} \times 20mV$$

2. 双极性输出

在一般情况下，把 D/A 转换器输出端接成单极性输出方式，但在很多控制系统中，控制量不仅与其大小有关，而且与控制量的极性有关。这时，要求 D/A 转换器输出为双极性，此时，只需在图 10-4 的基础上增加一个运算放大器构成加法电路即可获得双极性输出。

3. 软件设计

以图 10-4 所示的硬件电路为例，通过编写不同的程序便可在输出端产生各种不同波形的模拟电压输出。

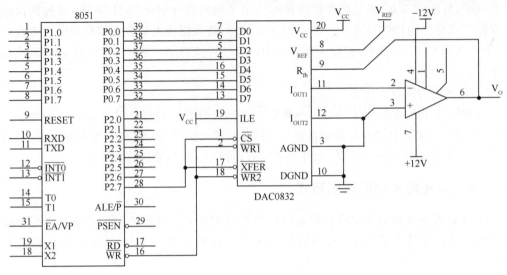

图 10-4　DAC0832 单极性输出接口

1）正向锯齿波输出程序

  DACP：　MOV　　DPTR,♯7FFFH　　;指向 D/A 输入寄存器
     　MOV　　A,♯00H　　　　　;置输出初值
  DACP1：MOVX　　@DPTR,A　　　　;数字量送 D/A 转换
     　INC　　　A　　　　　　　　;输出值递增
     　LJMP　　DACP1

其输出电压波形如图 10-5（a）所示。

2）正向三角波输出程序

  DACS：　MOV　　DPTR,♯7FFFH
     　MOV　　A,♯00H
  DAS1：　MOVX　　@DPTR,A
     　INC　　　A
     　CJNE　　A,♯0FFH,DAS1
  DAS2：　MOVX　　@DPTR,A
     　DEC　　　A
     　CJNE　　A,♯00H,DAS2
     　LJMP　　DAS1

其输出波形为正向三角波如图 10-5(b)所示。

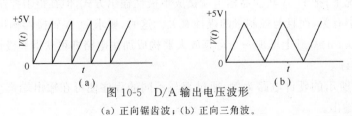

图 10-5　D/A 输出电压波形

(a) 正向锯齿波；(b) 正向三角波。

3）正弦波电压输出

若要产生正弦波电压输出,应采用双极性电压输出的硬件电路连接。通常采用的软件设计方法是将一个周期等间隔地分为 N 个点,将其幅值按 8 位 D/A 分辨力进行处理后获得 N 个点的数值列成表格,然后依次将这些数字量送入 D/A 转换器。只要不断地循环送数,在输出端就能获得正弦波输出。

在上述电压输出波形控制程序中,若要调整输出信号的周期,可在每次 DAC 输出指令后面增加一段延时控制,通过改变延时间隔,进而改变输出信号的周期。

10.3 8051 单片机与 8 位以上 D/A 转换器接口技术

在很多应用系统中,8 位 D/A 转换器的分辨力往往满足不了要求,有时为了提高精度,需要用 10 位、12 位、16 位等更高精度 D/A 转换器。由于 8051 单片机的数据总线为 8 位,因此,其接口电路不能像 8 位 D/A 转换器那样直接和方便。

10.3.1 一级锁存法

以 12 位 D/A 转换器为例,可以将超过 8 位的高 4 位数据 D11~D8 与低 8 位数据 D7~D0 分成 2 段,通过分时传送的方法来实现。如图 10-6 所示,首先,由单片机通过总线输出低 8 位数据到锁存器 1,然后由单片机再把高位数据到锁存器 2,经过 2 次传送,将 12 位数据送到 D/A 转换器的 D11~D0。

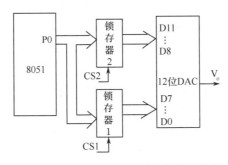

图 10-6 12 位 D/A 转换器一级锁存输出

10.3.2 二级锁存法

对于上述介绍的仅用一级锁存的方法,由于送数分两步进行,因此,在第 1 步传送和第 2 步送数的过渡时间有可能出现一个不希望有的中间数值作用在 D/A 转换器的数据输入端,导致 D/A 转换器产生一个短暂的不应有的电压输出,这种现象通常称为"毛刺现象"。

采用二级锁存(或缓冲)的方法可以消除"毛刺现象"。其基本方法是在原一级锁存的基础上再增加一级锁存器,如图 10-7 所示。

首先,由单片机通过总线输出低 8 位数据到锁存器 1,然后由单片机再把高位数据到锁存器 2,第 3 步,通过对选通信号连在一起的锁存器 3 和锁存器 4 同时选通,实现 12 位数据同时送达 D/A 转换器的 D11~D0 的目的,消除了"毛刺现象"。

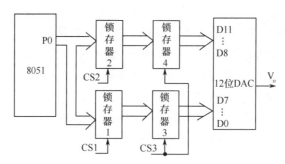

图 10-7 12 位 D/A 转换器二级锁存输出

10.4 A/D 转换器

模拟量一般是指与时间成连续函数关系的物理量。模拟量的范围很广,不仅有电量,还有非电量。数字量是断续量,在数字化测量及数据处理系统中,都需要将输入的模拟量转换成数字量。

广义地说,将模拟量转换成一个数字量都可称为模/数转换。在实际应用中,一般是将各种模拟物理量先转换成电压量,再由电压转换成数字量。通常,这种将模拟电压量转换成数字量的器件称为 A/D 转换器或 ADC。

A/D 转换器的种类很多,按位数来分,有 8 位、10 位、12 位和 16 位等。按 A/D 转换器的工作原理来分,通常有直接比较型和间接比较型等。

直接比较型 A/D 转换器是将输入模拟信号直接与作为标准的参考电压相比较,得到可按数字编码的断续量或直接得到数字量。这种类型包括连续比较型、逐次逼近型等,由于是瞬时比较,因而速度快、抗干扰能力较差。

间接比较型 A/D 转换器是输入模拟信号不直接与参考电压比较,而是将两者转化为中间物理量进行比较,然后,将由比较而得到的时间或频率量进行数字编码。由于间接比较型是经过变换后再做比较,因而形式更多样。目前应用较多的有:双斜积分式 V-T 变换、脉冲调宽 V-T 变换、积分型 V-f 变换和三斜式等。这类转换器为平均值响应,抗干扰能力强、精度高,但速度较慢。

10.4.1 逐次逼近式 A/D 转换器

逐次逼近式 A/D 转换器属于直接比较型 A/D 转换器,采用逐位逼近逻辑控制处理方法。其原理结构如图 10-8 所示。主要由 n 位逐位逼近式寄存器、D/A 转换器、比较器、控制逻辑和输出缓冲器等五部分组成。

以一个 8 位逐次逼近式 A/D 转换器为例,首先使 8 位寄存器的初始状态为全"0",当启动信号作用后,先使最高位 D7=1,8 位寄存器内容经 D/A 转换得到一个数值为整个量程一半的模拟电压 V_S,与输入被测电压 V_X 比较,若 V_X 大于 V_S,则保留 D7=1,若 V_X 小于 V_S,则将 D7 清"0"。接着使下一位 D6=1,与上次的结果一起经 D/A 转换后与 V_X 比较,重复这样的过程,直至使 D0=1,再经 D/A 转换后得到的模拟电压 V_S 与被测电压 V_X 比较,由 V_X 大于 V_S 还是小于 V_S 决定 D_0 位保留为"1"还是清"0",这样经过 n 次逐位

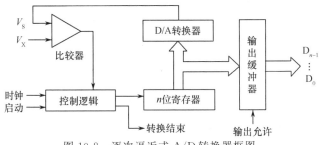

图 10-8 逐次逼近式 A/D 转换器框图

比较后,发出转换结果信号。此时,n 位寄存器的内容即为转换后的数据,只要 CPU 发送读(接 ADC 的输出允许)信号即可获得 A/D 转换结果。

逐次逼近式 A/D 转换器从速度和转换精度来看比较适中,既有较高的速度和精度,电路结构又不太复杂,因而,在很多实时控制系统中得到广泛的应用。

10.4.2 双斜积分式 A/D 转换器

双斜积分式 A/D 转换器属于间接比较型 A/D 转换器,主要由电子开关、积分器、比较器、计数器和控制逻辑等五部分组成。采用间接测量原理,将被测电压转换成时间(T)的测量,其工作原理如图 10-9 所示。

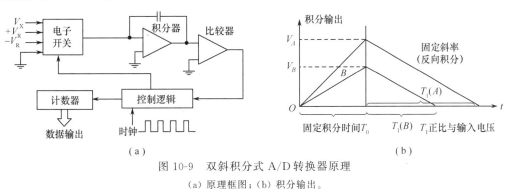

图 10-9 双斜积分式 A/D 转换器原理
(a)原理框图;(b)积分输出。

双斜积分就是进行一次 A/D 转换需要两次积分。电路先对被测的输入电压 V_X 进行固定时间($T0$)的正向积分(该阶段称为定时积分阶段),然后控制逻辑将积分器的输入端用电子开关接至与 V_X 的极性相反的参考电压 V_R(或 $-V_R$)端。由于参考电压与输入电压极性相反,且参考电压值是恒定的,所以反向积分的斜率是固定的,直至反向积分输出返回到起始值(该阶段称为定值积分阶段)。通过简单的推导可以得到,对参考电压进行反向积分的时间 $T1$ 正比于输入电压 V_X,具体推导可参阅有关参考文献。如图 10-9(b)所示,输入电压越大,反向积分时间越长。用高频标准时钟脉冲计数测量这个时间,即可得到相应于输入电压的数字量。此类转换器的特点是:抗干扰能力强、精度高,但速度慢,特别适用于测量速度要求不高但要求高精度的测量场合。

10.4.3 描述 A/D 转换器的性能参数

1. 分辨力与量化误差(resolution and quantizing error)

A/D 转换器的分辨力概念与 D/A 转换器完全相同。实际上,无论是 A/D 转换器还是 D/A 转换器,当其位数确定后,分辨力也已经确定。因此分辨力仅仅是一设计参数,不能提供有关精度和线性度的任何根据。只能反映 A/D 转换器对输入的敏感程度。量化误差则是由于 A/D 转换器分辨力有限引起的误差,其大小通常规定为±0.5LSB。该量反映了 A/D 转换器所能辨认的最小输入量,因而量化误差与分辨力是统一的,提高分辨力可减少量化误差。

2. 偏移误差(offset error)

与 D/A 转换器一样是指输入模拟量为 0 时,输出数字量不为 0 的偏移值,一般在 A/D 转换器外部加一电位器作调节用便可使偏移误差调至最小。

3. 线性误差(linearity)

线性误差又称线性度或非线性度,与 D/A 转换器一样,线性误差也是由实际的输出特性曲线偏离理想直线的最大偏移值。线性误差不论是对 A/D 转换器还是 D/A 转换器都是十分重要的性能指标。它不包括量化误差、偏移误差。它不像偏移误差那样可以进行调整。但可以用实验的方法将误差测出,再用软件的方法进行补偿。

4. 精度(accuracy)

A/D 转换器的精度可用绝对精度和相对精度来描述。绝对精度是指转换器在其整个工作区间理想值与实际值之间的最大偏差。它包括量化误差、偏移误差和线性误差等所有误差。相对误差是指绝对误差与满刻度值之比,一般用百分数(%)表示。

5. 转换速度(conversion rate)

与 D/A 转换器一样,这是一项重要的技术指标。产品手册一般会给出完成一次转换所需的时间。一般情况下,速度越高价格越贵,在应用时要根据实际需要和价格来选择器件。

10.5 8051 单片机与 8 位 A/D 转换器接口技术

8 位 A/D 转换器应用较为广泛,大都采用逐位逼近式进行转换。ADC0809 是种典型的 8 位 A/D 转换器件,该芯片包含了一个 8 位的 A/D 转换器、8 通道多路转换开关和与微型计算机兼容的控制逻辑。其主要有以下功能:

(1) 分辨力为 8 位。
(2) 总的不可调误差在±1LSB。
(3) 典型转换时间为 100μs。
(4) 具有锁存控制的 8 路多路开关。
(5) 具有三态缓冲输出控制。
(6) 单一+5V 供电,此时输入范围为 0~5V。
(7) 输出与 TTL 兼容。

10.5.1 ADC0809 的组成及工作原理

ADC0809 的组成如图 10-10 所示。

ADC0809 由两部分组成。第一部分为 8 通道多路模拟开关以及相应的通道地址锁存与译码电路,可以实现 8 路模拟信号的分时采集,由 3 个地址信号 A、B 和 C 决定哪一

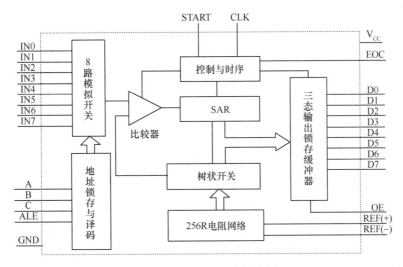

图 10-10 ADC0809 原理框图

路模拟信号被选中并送到内部 A/D 转换器中进行转换。C、B 和 A 为 000~111 分别选择 IN0~IN7。第二部分为一个逐位逼近式 A/D 转换器，它由比较器、控制逻辑、三态输出缓冲器、逐位逼近寄存器以及树状开关和 256R 梯型电阻网络组成。其中由树状开关和 256R 梯型电阻网络构成 D/A 转换器。控制逻辑用来控制逐位逼近寄存器从高位至低位逐位取"1"，然后将此数字量送 D/A 转换输出一个模拟电压 V_s，V_s 与输入模拟量 V_x 在比较器中进行比较，当 $V_s > V_x$ 时，该位 $D_i = 0$，若 $V_s < V_x$ 时，该位 $D_i = 1$。因此从 D7 至 D0 逐位逼近并比较 8 次，逐位逼近寄存器中的数字量，即为与模拟量 V_x 所对应的数字输出量。此数字量送入输出锁存器，并同时发出转换结束信号 EOC，表示一次转换结束。此时，CPU 可对 ADC0809 发出一个输出允许命令 OE 来读取数据。

10.5.2 ADC0809 引脚功能

ADC0809 的引脚，如图 10-11 所示。

(1) IN0~IN7：8 个模拟量输入端。

(2) START：A/D 转换启动信号，当 START 为高电平时，A/D 开始转换。

(3) EOC：转换结束信号。当 A/D 转换结束时，由低电平转为高电平。此信号可用做 A/D 转换是否完成的查询信号或向 CPU 请求中断的信号。

(4) OE (output enable)：输出允许信号或称为 A/D 数据读信号。当此信号为高电平时，可从 A/D 转换器中读取数据。

(5) CLK：工作时钟，最高允许值为 1.2MHz，可通过外接振荡电路获得时钟信号，当 CLK 为 640kHz 时，转换时间为 100μs。

(6) ALE：通道地址锁存允许，上升沿有效，锁存 C、B、A 通道地址，使选中通道的模

图 10-11 ADC0809 引脚图

拟输入信号送 A/D 转换器。

(7) A、B、C:通道地址输入,C 为最高、A 为最低。

(8) D0~D7:数字量输出线。

(9) $V_{REF}(+)$、$V_{REF}(-)$:正负参考电压,用来提供 D/A 转换器的基准参考电压。一般 $V_{REF}(+)$ 接 +5V 高精度参考电源,$V_{REF}(-)$ 接模拟地。

(10) V_{CC}、GND:电源电压 V_{CC} 接 +5 V,GND 为数字地。

10.5.3 ADC0809 的操作时序

在 ADC0809 的操作中,地址锁存信号 ALE 的上升沿将 3 位通道地址锁存,相应通道的模拟量经多路模拟开关送到 A/D 转换器。启动信号 START 的上升沿复位内部电路,STRAT 信号的下降沿启动 A/D 转换。启动 A/D 转换后,转换结束信号 EOC 呈低电平状态,由于逐位逼近需要一定过程,所以,在此期间模拟输入量应维持不变,比较器要一次次进行比较,直到转换结束。A/D 转换完成时,EOC 信号变为高电平,之后 CPU 可发出一输出允许信号 OE(高电平)来可读出 A/D 转换的输出结果数据。ADC0809 具有较高的转换速度和精度,受温度影响小,且带有 8 路模拟开关,常用于测控系统中。

10.5.4 8051 单片机与 ADC0809 接口设计

1. 硬件接口设计

A/D 转换器与单片机的硬件接口设计中有两种情况需要区别对待。对于 A/D 转换芯片本身不带三态输出缓冲器的,设计时可采用扩展一个输入 I/O 口或直接利用通过并行 I/O 接口与 8051 单片机连接;对于 A/D 转换芯片本身已带有三态输出缓冲器的(如 ADC0809),设计时可直接将 A/D 转换芯片的数据线与 8051 的数据总线相连接。

8051 单片机与 ADC0809 的典型连接电路如图 10-12 所示。

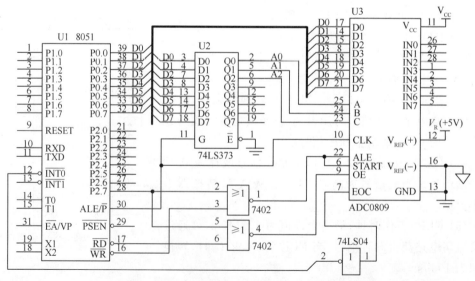

图 10-12　8051 单片机与 ADC0809 转换器接口电路

在系统中可把 ADC0809 转换器用做外部 RAM 单元来对待。ADC0809 转换器的片选信号由 P2.7 线选控制,其通道地址 IN0～IN7 分别为 7FF8H～7FFFH。当 8051 单片机产生$\overline{WR}$写信号时,则由一个或非门产生转换器的启动信号 START 和地址锁存信号 ALE(高电平有效),同时将地址总线送出的通道地址 A、B、C 锁存,模拟量通过被选中的通道送到 A/D 转换器,并在 START 下降沿时开始逐位转换。当转换结束时,转换结束信号 EOC 变高电平,经反相器后,可向 CPU 发中断请求。当 8051 单片机产生$\overline{RD}$读信号时,则由一个或非门产生 OE 输出允许信号(高电平有效),将 A/D 转换结果读入 8051 单片机。

2. ADC0809 转换器程序设计方法

在系统软件设计中,可根据应用系统的不同要求以及 CPU 工作的具体情况,采用程序查询方式、延时方式或中断控制方式来读取 A/D 转换器的数据。

1) 程序查询方式

程序查询方式即条件传送 I/O 方式。在接入模拟量之后,发出启动 A/D 转换命令,然后查询 P3.2($\overline{INT0}$)引脚电平是否为"0"来确定 A/D 转换是否完成。直到 P3.2($\overline{INT0}$)引脚电平为"0"表示 A/D 转换已经完成,读取 A/D 转换器的数据。这种方法较好地协调了 CPU 与 A/D 转换器在速度上的差别,通常用于检测回路较少、而 CPU 工作不十分繁忙的情况下。

例 10-1 利用图 10-12 所示的接口电路图,要求编程,将通道 5 输入电压转换成对应的数字量,存放在寄存器 R5 中。

解 程序清单。

```
ADC5: MOV    DPTR,#7FFDH    ;置 IN5 通道地址
      MOVX   @DPTR,A        ;IN5 接 A/D 输入,并启动 A/D
WAIT: JB     P3.2,WAIT      ;P3.2 为高,则继续查询
      MOVX   A,@DPTR        ;数据读入 A
      MOV    R5,A           ;存入 R5 中
      RET
```

2) 延时方式

采用延时方式工作时,在向 A/D 转换器发出启动命令后,即进行软件延时,延时时间取决于进行一次 A/D 转换所需的时间,此时 A/D 转换器的数据肯定转换完毕,从 A/D 转换器中读取数据即为采样值。设 8051 单片机的晶振频率为 12MHz,A/D 转换器的时钟为 640kHz,A/D 转换时间约为 $100\mu s$,为保险起见,则可在 A/D 转换器启动后,延时大于 $100\mu s$ 的时间(如选 $200\mu s$)再读数。对例 10-1 采用延时方式的程序可编写如下:

```
ADC5D:MOV    DPTR,#7FFDH    ;置 IN5 通道地址
      MOVX   @DPTR,A        ;IN5 接 A/D 输入,并启动 A/D
      MOV    R7,#100
WAIT: DJNZ   R7,WAIT        ;延时 200μs
      MOVX   A,@DPTR        ;数据读入 A
      MOV    R5,A           ;存入 R5 中
```

RET

应用时特别需要注意,为了确保转换完成,延时时间一定要大于 A/D 转换时间。

3) 中断采样方式

在采用查询方式或延时方式工作时,CPU 大部分时间都消耗在查询或延时等待上,这在多回路的采样检测系统或 CPU 工作很忙的测控系统中不宜采用,而应采用中断方式。在中断方式中,CPU 启动 A/D 转换后,可以继续执行主程序。当 A/D 转换结束时,发出转换结束信号 EOC,该信号经反相器接 8051 单片机的 P3.2($\overline{INT0}$)引脚,向 CPU 发出中断请求。CPU 响应中断后,即可读入数据并进行处理。

例 10-2 根据图 10-12 接口电路,采用中断方式对 IN2 通道的模拟输入量连续采样 10 个点,并将采样值存放在内部数据存储器 40H~49H 单元中。

解 主程序部分主要完成对中断 $\overline{INT0}$ 和各工作单元初始化以及启动首次 A/D 转换;中断服务程序主要完成读取 A/D 转换器数据并送相应的存储单元,同时完成转换次数控制和下一次转换启动的控制。

程序清单如下:

```
            ORG     0000H
            LJMP    MAIN
            ORG     0003H           ;INT0 中断处理程序入口
INT0P:      MOVX    A,@DPTR         ;读 A/D 转换数据
            MOV     @R0,A           ;A/D 数据送存 RAM
            INC     R0              ;地址加"1"
            DJNZ    R7,INTR1        ;是否完成 10 次转换
            RETI                    ;返回
INTR1:      MOVX    @DPTR,A         ;10 次未到,重新启动 A/D 转换
            RETI
;主程序
MAIN:       MOV     R0,#40H         ;数据存放区 RAM 首地址
            MOV     R7,#10          ;A/D 转换次数初值
            SETB    IT0             ;设 INT0 为边沿触发
            SETB    EX0             ;INT0 开中断
            SETB    EA              ;CPU 开中断
            MOV     DPTR,#7FFAH     ;A/D 通道 IN2 首址
            MOVX    @DPTR,A         ;首次启动 A/D 转换
            NOP
HERE:       SJMP    HERE
```

10.6 单片机与 8 位以上 A/D 转换器接口

当测量和控制系统要求精度较高时,8 位 A/D 转换器往往难以满足要求,需要采用

更多位数的 A/D 转换器。

A/D 转换器常用的数据输出格式有二进制和 BCD 码输出。

对于以二进制码输出的 A/D 转换器,当位数大于 8 位时,如果 A/D 转换器芯片本身不带三态输出缓冲器的,设计时可采用扩展 I/O 口或直接利用通用并行 I/O 接口与 8051 单片机连接;对于 A/D 转换芯片本身已带有三态输出缓冲器的,设计时可直接将 A/D 转换芯片的数据线与 8051 单片机的数据总线相连接。由于 A/D 转换器的输出数据的位数大于 8 位,因此,数据需要分次读取。二进制数据格式输出的 A/D 转换器芯片应用广泛,品种繁多,常用的器件如 10 位的 ADC1210、12 位的 AD574 等。

对于以 BCD 码输出的 A/D 转换器,每位 BCD 码需要用 4 个二进制位来描述。如果所有的多位 BCD 码同时引线输出,那么,它与单片机的接口方法类似于二进制输出格式的 A/D 转换器连接方法,只要将所有的 BCD 码输出信号通过 I/O 口与 8051 单片机连接。对于多位 BCD 码采用分时轮流在同一组口线输出的方式,需要将 BCD 码输出数据信号与 BCD 码的位选信号同时通过 I/O 口接到单片机,在读数时,应分时多次读取不同十进制位的 BCD 码,以组成一组完整的十进制结果。常用的以 BCD 码数据格式输出的 A/D 转换器芯片如三位半的 MC14433、四位半的 ICL7135 等。

10.7 微型计算机控制的数据采集处理系统

在过程控制及仪器仪表中,经常应用数据采集系统来实现实时数据采集处理、自动检测和实时控制等。

数据采集处理系统是一个将模拟电压信号转换成数字信号,经过计算机加工处理,再将处理后的数字信号转换成模拟信号的闭环系统。

将模拟电压信号经过处理并转换成计算机能够识别的数字量后送计算机,称为数据采集;计算机将采集来的数字量根据需要进行不同的判识、运算,得出所需结果,称为数据处理;数据处理结果显示在显示器上或打印输出等,以便对某些物理量进行监视,并将输出结果的数字量转换成模拟信号去控制某些物理量,称为监控。这种由数据采集、计算机数据处理和监控等部分组成的系统即为数据采集处理系统。

10.7.1 采样

在检测装置中,所测量的信号大多数是连续量,即在一定时间间隔 T 内,它是一个连续的时间函数 $X(t)$。

事实上,一个连续信号的频谱成分是有一定范围的,在测量过程中并不需要连续采集这个信号的无穷多个瞬时值,只要以一定的时间间隔 Δt 采集其有限个瞬时值,就足以无失真地获得这个连续信号,而这个 Δt 的选择是按采样定理来决定的。

采样定理:一个有限频谱($0 \sim f_c$)的连续函数 $X(t)$,可以用一系列时间间隔为 Δt 的离散脉冲 $X(k\Delta t)$ 表示,其中 Δt 是采样脉冲的周期,它的倒数 $f_s = 1/\Delta t$ 是采样脉冲的重复率,即采样频率。则不失真采样的条件为:$f_s \geqslant 2f_c$。

由此可见,在采样时采样频率 f_s 必须大于等于原信号最高频率的 2 倍。但是在考虑到动态精度的要求时,f_s 还应大大地提高。

在数据采集中，特别是在 A/D 转换设计中，要求在 A/D 转换时间 T_{CONV} 内，外部输入的电压变化不超过 ± 0.5LSB。即要求输入的模拟电压的最大变化率：

$$\left.\frac{dv}{dt}\right|_{max} \leqslant 1\text{LSB}/T_{CONV}$$

对于快速变化的信号，可能导致上述关系不能得到满足，因而 A/D 转换就会出现误差，为此，我们必须采用采样/保持器(S/H)。

采样/保持就是在某一时间内，通过模拟开关，对一个变化的模拟电压进行采样，并将采样值存储下来，直到下一次重新采样或存储此信号完毕。

S/H 具有采样和保持两个工作状态，实现了对连续信号的离散化。应用系统设计中可直接选用集成的 S/H 芯片，如 LF398 等。

10.7.2 模拟输入通道的结构形式

在数据采集处理系统中，要实现对模拟输入信号的检测，通常需要采用 A/D 转换器。如果系统中仅有一个模拟输入通道的转换，处理比较简单，主要是应根据输入的模拟电压的最大变化率是否满足小于 $1\text{LSB}/T_{CONV}$ 的条件，决定是否采用 S/H。对于多通道的测量系统根据物理过程不同或需要可采用如下 3 种结构形式。

1. 多路共享 S/H 和 A/D 转换器方式

这种结构形式如图 10-13 所示，它是应用最普遍的一种结构，各被测参数通过多通道模拟开关共用同一个 S/H 电路和同一个 A/D 转换器。因此硬件电路简单，若要增加被测输入参数，则可扩展多通道模拟开关以增加通道数。每个通道的采样时间取决于多通道模拟开关的开关时间、采样/保持电路的建立时间和 A/D 转换器的转换时间。为了节约时间可以由上一通道采样结束信号接通下一通道并控制 S/H 电路保持该采样值，从而为下一次采样做好准备。采样可以按通道顺序进行，也可以根据需要随机进行。但对于需同步采样的测量系统而言，会因分时采样带来明显的误差。

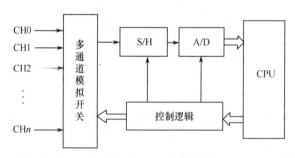

图 10-13 共享 S/H 和 A/D 连接

2. 多路独立 S/H 共享 A/D 转换器方式

在一些同步采样系统中，为了克服分时采样带来的误差，保证各通道参数在同一时刻被采样，经常采用如图 10-14 所示电路结构。

在这一方式中，每个通道都设置一个采样/保持电路，而且各通道的采样/保持电路受同一信号控制，以便同时接通采样/保持电路，采集各通道的模拟输入并保持。在采样/保持电路允许的时间内由 A/D 转换器对各通道信号分时转换，以获得各通道模拟输入在同

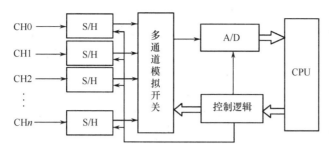

图 10-14　多路 S/H 共享 A/D 连接

一时刻的采样值。该方式也称为同步采样。这种结构方式以多路 S/H 电路和共享 A/D 转换器的方式获得同步数据采集。

3. 多路 A/D 转换器并行工作方式

在一些要求很高的同步采样系统中,采用多路 S/H 共享 A/D 转换器的方式往往不能满足要求。因为 S/H 电路将被测信号保持在一个电容上,理想的电容对地的电阻为无穷大,而实际上总会存在一定的漏电流,由采样/保持电路保持的多路信号不是同时转换,信号将有所损失,也就不能达到足够高的精度。另外,多路 S/H 共享 A/D 转换器的方式中,使用同一个 A/D 转换器分时进行 A/D 转换,使测量的时间变长。因此,需要多路 A/D 转换并行工作的同步采样方式,如图 10-15 所示。

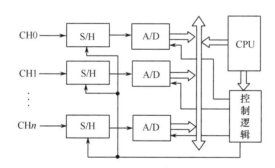

图 10-15　多路 A/D 并行工作方式

在这种方式中,每个通道都有独立的 S/H 电路和各自的 A/D 转换器,采用并行转换以达到同步采样的目的。如果要增加被测参数,则要增加 S/H 电路和 A/D 转换器的数量。这种结构方式优点是:每个通道的采样/保持和 A/D 转换可以同时进行,因此采样值更加接近实际变化的模拟值;同时,由于多路 A/D 转换器同时进行 A/D 转换,因此测量快。这种结构方式经常用于多路信号同步测量的控制系统中。其缺点是:增加了 A/D 转换器数量及其电路的复杂性,提高了系统的成本。

在应用时,应根据具体设计目的和要求,在满足精度和速度要求的情况下,尽量选择一种简单、可靠且低成本的设计方案。

10.8　思考练习题

1. 什么是 D/A 转换器? 它主要由哪几部分组成?
2. D/A 转换器为什么需要锁存器? 带锁存器和不带锁存器的 D/A 转换器与 8051

单片机的接口电路有何不同？

3. 画出一个由 8051 单片机和 DAC0832 的简单接口电路原理图。

4. 参考图 10-4，写出一段程序，产生一个占空比为 1:2 的矩形波输出，要求高电平为 4V，低电平为 1V。假设 $V_{REF} = -5.12V$。

5. 8051 单片机与 8 位以上 D/A 转换器接口时，应注意什么问题？如何解决？

6. 什么是 A/D 转换器？按工作原理可分为哪几类？各自的特点是什么？

7. 简述逐次逼近型 A/D 转换器的原理。

8. 简述 ADC0809 的结构组成及各部分的作用。

9. 设计一个 8051 单片机与 ADC0809 的接口电路，实现对输入通道 IN2 的电压的检测，当输入电压大于 2.0V 时，P1.0 输出低电平，否则，P1.0 输出高电平。假设基准电压源为 5.12V。

（1）画出硬件电路图。

（2）编一个实现上述功能的程序。

10. 什么是数据采集处理系统？由哪几个主要部分组成？

11. 在选用 A/D 转换器或 D/A 转换器时，着重应考虑哪些因素？

12. 什么是采样/保持器？有什么作用？

第 11 章　单片机常用外围扩展总线

单片机应用系统扩展外围器件时,并行扩展总线因其速度快,传输效率高而得到了广泛应用,但也存在着外部连线多、电路板面积较大等问题。与并行总线相比,串行总线简化了系统的连线,缩小了电路板的面积,节省了系统的资源,使系统具有扩展性好、编程方便、易于实现用户系统软硬件的模块化及标准化等优点。目前单片机应用系统常用的新型接口总线有:1-Wire 单总线、I^2C 总线和 SPI 总线等。

11.1　I^2C 总线

常用的串行扩展总线中,I^2C(inter-integrated circuit)总线以其严格的规范和众多带有该接口的外围芯片而获得广泛应用。I^2C 总线有时也写为 IIC 总线,属于两线式串行总线,用于连接微控制器及其外围设备,是微电子通信控制领域广泛采用的一种总线标准。它是同步通信的一种特殊形式,具有接口线少、控制方式简单、器件封装体积小和通信速率较高等优点。I^2C 总线只有两根信号线,其中,一根是数据线 SDA,另一根是时钟线 SCL。由于其管脚少、硬件实现简单、可扩展性强等特点,被广泛使用于各类集成芯片中。

11.1.1　I^2C 总线物理层

I^2C 总线通信设备常用的连接方式如图 11-1 所示。

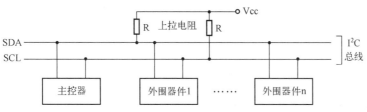

图 11-1　I^2C 总线通信设备常用的连接方式

它的物理层有如下特点:

(1) 它是一个支持多设备的总线。"总线"指多个设备共用的信号线。在一个 I^2C 总线系统中,可连接多个 I^2C 通信设备,支持多个通信主机及多个通信从机。

(2) I^2C 总线只使用两条信号线,一条双向串行数据线(SDA),一条串行时钟线(SCL)。数据线用来传输数据,时钟线用于数据收发的同步控制。

(3) 每个连接到总线的设备都有一个独立的地址,主机可以利用这个地址进行不同设备之间的访问。

(4) 总线通过上拉电阻接到电源。当 I^2C 设备空闲时,输出高阻态,而当所有设备都空闲时,由上拉电阻将总线拉成高电平。

(5) 多个主机同时使用总线时,为了防止数据冲突,会利用仲裁方式决定由哪个设备占用总线。

(6) 具有3种传输模式:标准模式传输速率为100kb/s,快速模式传输速率为400kb/s,高速模式下传输速率可达3.4Mb/s。

11.1.2 I²C协议层

I²C总线的协议定义了通信的起始和停止信号、数据有效性、响应、仲裁、时钟同步和地址广播等环节。

1. 数据有效性规定

I²C总线进行数据传送时,时钟信号为高电平期间,数据线上的数据必须保持稳定,只有在时钟线上的信号为低电平期间,数据线上的高电平或低电平状态才允许变化,如图11-2所示。每次数据传输都以字节为单位,每次传输的字节数不受限制。

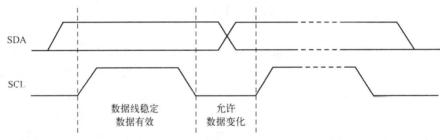

图11-2 数据有效性规定

2. 起始和停止信号

SCL线为高电平期间,SDA线由高电平向低电平的变化表示起始信号;SCL线为高电平期间,SDA线由低电平向高电平的变化表示停止信号,如图11-3所示。起始和停止信号都是由主机发出的,在起始信号产生后,总线就处于被占用的状态;在停止信号产生后,总线就处于空闲状态。

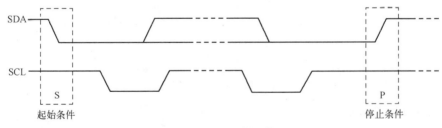

图11-3 起始和停止信号

3. 应答响应

每当发送器件传输完一个字节的数据后,后面必须紧跟一个校验位,这个校验位是接收端通过控制SDA(数据线)来实现的,以提醒发送端这边数据已经接收完成,数据传送可以继续进行。这个校验位其实就是数据或地址传输过程中的响应。响应包括"应答"(ACK)和"非应答"(NACK)两种信号。作为数据接收端时,当设备(无论主机或从机)接收到I²C总线传输的一个字节数据或地址后,若希望对方继续发送数据,则需要向对方发送"应答"(ACK)信号即特定的低电平脉冲,发送方会继续发送下一个数据;若接收端希望结束数据传输,则向对方发送"非应答"(NACK)信号即特定的高电平脉冲,发送方接收到该信号后会产生一个停止信号,结束信号传输。应答响应时序如图 11-4 所示。每一个字节必须保证是 8 位长度。数据传送时,先传送最高位(MSB),每一个被传送的字节后面都必须跟随一位应答位(一帧共有 9 位)。由于某种原因从机不对主机寻址信号应答时(如从机正在进行实时性的处理工作而无法接收总线上的数据),它必须将数据线置于高电平,而由主机产生一个停止信号以结束总线的数据传送。

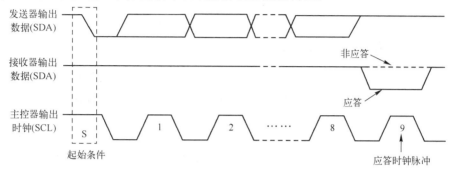

图 11-4 应答响应时序

如果从机对主机进行了应答,但在数据传送一段时间后无法继续接收更多的数据时,从机可以通过对无法接收的第一个数据字节的"非应答"通知主机,主机则应发出停止信号以结束数据的继续传送。

当主机接收数据时,它收到最后一个数据字节后,必须向从机发出一个结束传送的信号。这个信号是由对从机的"非应答"来实现的。然后,从机释放 SDA 线,以允许主机产生停止信号。这些信号中,起始信号是必需的,停止信号和应答信号则为非必需的。

4. 总线的寻址方式

I^2C 总线寻址按照从机地址位数可分为两种,一种是 7 位,另一种是 10 位。我们以 7 位寻址为例进行介绍。采用 7 位的寻址字节(寻址字节是起始信号后的第一个字节)的位定义为:D7~D1 位组成从机的 7 位地址;D0 位(R/W)是数据传送方向位,为"0"时表示主机向从机写入数据,为"1"时表示主机读取从机的数据。当主机发送了一个地址后,总线上的每个器件都将前面的 7 位代码与它自己的地址比较,如果相同,器件会判定它被主机寻址,其他地址不同的器件将忽略后面的数据信号。至于是从机接收数据还是从机发数据,是由 R/W 位来决定的。从机的地址由固定部分和可编程部分组成。在一个系统中可能希望接入多个相同的从机,从机地址中可编程部分决定了可接入总线的该类器件的最大数目。如一个从机的 7 位寻址位中,有 4 位是固定位,3 位是可编程位,这时能寻址 8 个同样的器件,即可以有 8 个同样的器件接入到该 I^2C 总线系统中。

5. 数据传输

I^2C 总线上传送的数据信号是广义的,既包括地址信号,又包括真正的数据信号。在起始信号后必须传送一个从机的地址(7 位),第 8 位是数据的传送方向位(R/W),用"1"表示主机接收数据(R),"0"表示主机发送数据(W)。每次数据传送总是由主机产生停止信号结束。但是,若主机希望继续占用总线进行新的数据传送,则可以不产生停止信号,马上再次发出起始信号对另一从机进行寻址。

在总线的一次数据传送过程中,可以有以下几种组合方式:

(1) 主机向从机发送数据,数据传送方向在整个传送过程中不变。

(2) 主机在第一个字节后,立即读取从机数据。

(3) 传送过程中,当需要改变传送方向时,起始信号和从机地址都被重复产生一次,但两次读/写控制位正好相反。

由于普通的 MCS-51 单片机没有硬件 I^2C 总线接口,即使有硬件接口通常也可以采用软件模拟 I^2C 接口。采用软件模拟 I^2C 总线最大的好处就是移植方便,同一个代码兼容所有单片机,任何一个单片机只要有普通 I/O 口就可以很快移植过去。

11.1.3 I^2C 总线协议的软件模拟

I^2C 总线极大地简化了单片机应用系统的硬件设计,为实现应用系统的模块化设计创造了有利的条件。标准的 I^2C 总线具有严格规范的电气接口和标准的状态处理软件包,要求系统中 I^2C 总线连接的所有节点都具有 I^2C 总线接口。主节点的 I^2C 总线接口及相应的特殊功能寄存器能对 I^2C 总线实现全面管理,标准状态处理模块和状态寄存器相配合,对总线出现的各种状态自动进行处理,有效地保证整个系统有条不紊地工作。大多数单片机应用系统中采用单主控结构形式。在单主控系统中,总线数据的传送状态要简单得多,只存在单片机对 I^2C 总线器件节点的读、写操作。因此,当所选择的单片机本身带有 I^2C 总线接口时,可以直接利用硬件 I^2C 总线接口;而对于本身不带 I^2C 总线接口的普通单片机,则可以利用单片机的普通 I/O 口来模拟实现 I^2C 总线接口。使用一个 I/O 引脚模拟 SDA(数据信号线)的时序,另一个 I/O 引脚模拟 SCL(时钟信号线)的时序。这使得 I^2C 总线的使用不受单片机是否带有 I^2C 总线接口的限制,极大地扩展了 I^2C 总线器件的适用范围。

1. I^2C 总线接口软件模拟

设定 8051 单片机工作在 6MHz 晶振的条件下,选用 P1.6 作为时钟线 SCL、P1.7 作为数据线 SDA,模拟单主控方式下的 I^2C 总线时序。其中,启动(START)、停止(STOP)、发送应答位(MACK)、发送非应答位(MNACK)子程序的实例如下:

(1) 引脚定义:用 P1.7 模拟 I^2C 总线的 SDA 信号线,P1.6 模拟 I^2C 总线的 SCL。

```
SDA    BIT    P1.7
SCL    BIT    P1.6
```

(2) 启动(START):产生 I^2C 总线数据传输起始信号。

```
START: SETB   SDA
       SETB   SCL
       NOP
       NOP
       NOP
       CLR    SDA
       NOP
       NOP
       CLR    SCL
```

　　　　　RET

(3) 停止(STOP):产生 I^2C 总线数据传输停止信号。

```
STOP:CLR    SDA
     SETB   SCL
     NOP
     NOP
     SETB   SDA
     NOP
     NOP
     CLR    SCL
     RET
```

(4) 发送应答位(MACK):向 I^2C 总线发送应答位信号。

```
MACK:CLR    SDA
     SETB   SCL
     NOP
     NOP
     CLR    SCL
     RET
```

(5) 发送非应答位(MNACK):向 I^2C 总线发送非应答位信号。

```
MNACK:SETB  SDA
      SETB  SCL
      NOP
      NOP
      CLR   SCL
      RET
```

当用户应用系统的时钟频率不是 6MHz 时,可适当调整 NOP 指令个数,以保证能满足时序要求;为了保证总线数据传送的可靠性,在每个信号定时子程序结束时均保证 SCL 时钟线为低电平。

2. I^2C 总线模拟传送的通用子程序

为解决主控方式工作下,各种 I^2C 接口器件的读、写操作,在 I^2C 总线模拟操作中,将典型信号时序控制子程序和满足主控方式工作下的各种读、写操作、应答信号握手操作都归纳成一些基本子程序,以满足对所有 I^2C 接口器件的读、写操作。I^2C 总线数据模拟传送的通用软件除了上述基本的启动(START)、停止(STOP)、发送应答位(MACK)、发送非应答位(MNACK)子程序外,还有应答位检查(CACK)、发送一个字节数据(WR_1B)、接收一个字节数据(RD_1B)等子程序。

(1) 应答位检查(CACK)子程序。在应答位检查(CACK)子程序中,设置了标志位。在 I^2C 总线数据传送中,主控器发送完一个字节后,被控器件在接收到该字节后必须向主控器发送一个应答位,表明该字节接收完毕。在本子程序中采用 F0 作为标志位,当检查到器件节点的正常应答后 F0=0,表明被控器件节点接收到主控器发送的字节,否则

F0=1,程序清单如下:

```
CACK:  SETB   SDA
       SETB   SCL
       NOP
       CLR    F0
       JNB    SDA,CBACK
       SETB   F0
CBACK: CLR    SCL
       NOP
       RET
```

(2) 发送一个字节数据(WR_1B)子程序。该子程序是向 I^2C 总线发送一个字节数据的操作。调用前将待发送的数据字节存放在累加器 A 中。占用资源:A、R7 和 C。

```
WR_1B: MOV    R7,#08H
WLP1:  RLC    A
       MOV    SDA,C
       SETB   SCL
       NOP
       NOP
       CLR    SCL
       DJNZ   R7,WLP1
       RET
```

(3) 接收一个字节数据(RD_1B)子程序。该子程序是用来从 I^2C 总线接收一个字节数据,将接收到的数据字节存放在累加器 A 中。占用资源:A、R7 和 C。

```
RD_1B: MOV    R7,#08H
       CLR    A
WLP1:  SETB   SDA
       SETB   SCL
       NOP
       CLR    C
       JNB    SDA,RD0
       SETB   C
RD0:   RLC    A
       CLR    SCL
       DJNZ   R7,WLP1
       RET
```

11.1.4　I^2C 总线接口的 EEPROM 应用

I^2C 总线只有两条传输线,与单片机的连接十分简单。在单片机应用系统中,为了达到体积小型化,带 I^2C 总线的存储器得到了广泛应用。具有 I^2C 总线接口的串行

EEPROM 有多个厂家的多种类型产品。其中 ATMEL 公司生产的 AT24Cxx 系列 EEPROM 芯片因其容量规格齐全、工作电压选择多样化、操作方式标准化以及可擦写次数多和可保存数据时间长等特点,使用十分普遍。

1. AT24Cxx 的封装形式与引脚功能

AT24Cxx 系列 EEPROM 存储器的封装形式、引脚功能类似,采用 PDIP 和 SOIC 两种封装形式,其引脚如图 11-5 所示。

图 11-5 AT24Cxx 系列 EEPROM 存储器引脚

Vcc:电源端。
GND:地线。
SDA:串行数据 I/O 端,用于串行数据的输入/输出。
SCL:串行时钟输入端,用于输入/输出数据的同步。在其上升沿时,串行写入数据;在下降沿时,串行读取数据。
WP:写保护端,用于硬件数据的保护。WP 接低电平时,对整个芯片进行正常的读/写操作,WP 接高电平时,对芯片进行数据写保护。
A2、A1、A0:片选或页面选择地址输入端。当选用不同型号的 EEPROM 存储器芯片时,其意义有所不同。对于 AT24C02 而言,这 3 位用于多个器件级联时芯片的寻址。

2. AT24C02 的命令字节格式

主控制器发送"启动"信号后,再发送一个 8 位的含有芯片地址的控制字对从器件进行片选。这 8 位片选地址控制字由三部分组成:第一部分是 8 位控制字的高 4 位(D7~D4),固定为"1010",是 I^2C 总线器件特征编码;第二部分是 A2、A1、A0,这 3 位为芯片的地址。第三部分是最低位 D0,D0 是读/写选择位 R/W,决定 CPU 对 EEPROM 存储器进行读/写操作,R/W=1,为读操作,R/W=0,为写操作。其格式如下:

	D7	D6	D5	D4	D3	D2	D1	D0
AT24C02	1	0	1	0	A2	A1	A0	R/W

3. MCS-51 单片机与 AT24C02 的接口设计

由于 AT24C02 采用 I^2C 总线与 MCS-51 单片机相连,仅需两条信号线就可以完成数据传送,所以可采用 MCS-51 单片机的两条 I/O 引脚来模拟 I^2C 总线接口,其硬件接口电路如图 11-6 所示。

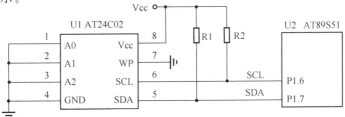

图 11-6 AT24C02 与 MCS-51 单片机的电路连接图

将 AT24C02 的 A2、A1 和 A0 引脚全部接地,则该芯片的写操作寻址字节为 A0H,读操作的寻址字节为 A1H。WP 引脚接地,则芯片处于正常的读写操作状态;SDA 和 SCL 引脚可分别连接到 MCS-51 单片机的 P1.7 和 P1.6。在设计中这两个引脚需要分别加上一个 4.7kΩ 至 10kΩ 的上拉电阻接到 Vcc 端。

AT24C02 的读写操作包括多种形式,其中读操作包括当前地址读、随机读和顺序读,而写操作包括字节写和页面写两类。读者可在基本功能子程序的基础上参考相关资料学习编写程序,实现对 AT24C02 存储器的读写操作功能。

11.2 单总线(1-Wire)

单总线(1-Wire)是美国 Dallas 公司推出的外围扩展总线。它采用单根信号线完成数据的双向传输,所有单总线的器件都挂在这根线上。仅通过 1 根连接线,便可以完成全部的控制、通信和供电,节省了 I/O 口,简化了设计,降低了系统成本。

11.2.1 单总线简介

1. 硬件配置

单总线网络通常包括带有控制软件的主控器(如单片机等)、连接上拉电阻的连接线及各种功能的单总线从器件等 3 个主要部分。单总线的连接方式如图 11-7 所示。漏极开路的端口结构和上拉电阻 R 使总线空闲时处于高电平状态,器件可直接从数据线上获得工作电能(节省了电源线)。每一位读/写时序开始时,主控器将总线拉低,结束时,释放总线为高电平。这种按位自同步的数据传输方式节省了时钟线。单总线器件内部一般包括 64 位 ROM 部件、RAM 部件和外围功能部件。其中,64 位 ROM 用于存储由生产厂家光刻的全球唯一的 64 位序列号,主控器通过对 RAM 部件的读/写操作实现对器件的控制,外围功能部件用来完成某一特定的功能。

图 11-7 单总线的连接方式

2. 通信规程

单总线采用主从式、位同步、半双工串行方式通信,通信规程如下:

(1) 总线初始化,主控器先发复位脉冲,然后从器件发应答脉冲。

(2) ROM 指令,主控器通过 ROM 指令读取各从器件的 ROM 识别码(64 位序列号),以选择单总线上的某一个从器件,未被选中的从器件忽略主控器的后续指令。

(3) RAM 指令,通过对从器件 RAM 的读/写操作,让外围器件实现某一功能。

所有单总线从器件与主控器之间的通信都遵循上述通信规程。

11.2.2 单总线温度传感器 DS18B20

DS18B20 是 Dallas 公司生产的具有单总线接口的数字温度传感器,它是将半导体温敏器件、A/D 转换器、存储器等做在一个很小的集成电路芯片上，传感器直接输出的就是温度信号的数字量。具有微型化、低功率、高性能、抗干扰能力强、易于与单片机接口等优点，在各种温度测控系统中得到广泛应用。

1. DS18B20 的特性

DS18B20 具有如下特性。

（1）采用单总线技术，与单片机通信只需要一根 I/O 线，在一根线上可挂接多个 DS18B20。

（2）每个 DS18B20 具有一个独立的、不可修改的 64 位序列号，根据序列号可以访问对应的器件。

（3）低压供电，电源范围从 3～5V，可以本地供电，也可以直接从数据线上获取电源（寄生式供电）。

（4）测温范围为 −55～125℃，在 −10～85℃ 范围内误差为 ±0.5℃。

（5）检测得到的温度值直接转化成数字量输出。

（6）可编程分辨率为 9～12 位，对应温度分辨率位 0.5、0.25、0.125 和 0.0625℃，对应最长转换时间分别位为 93.75ms、197.5ms、375ms 和 750ms。

（7）用户可自行设定报警的上、下限温度值。

（8）报警搜索命令可识别温度超出预定值的器件。

2. DS18B20 的结构

DS18B20 采用 3 脚 TO-92（或 8 脚 SOIC-8）封装，如图 11-8 所示。其中，VCC 和 GND 是电源和接地引脚，DQ 是数据输入/输出引脚（单线接口时，可作寄生供电）。DQ 端为漏极开路结构，这样可以实现多个 DS18B20 的 DQ 端"线与"的功能，需要接一个 4.7kΩ 左右的上拉电阻。

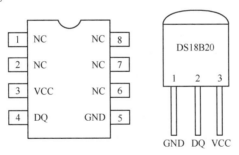

图 11-8　DS18B20 引脚与封装

DS18B20 内部主要包含温度传感器、寄生电源、64 位只读存储器 ROM、高速缓存器 RAM 和 EEPROM 存储器等功能部件。

1）温度传感器

DS18B20 使用特有的测温技术，将被测温度转换成数字信号，测量结果存放在高速缓存器 RAM 中。

2）寄生电源

DS18B20 有 3.0～5.5V 的电源供电方式和寄生电源供电方式（直接数据线获取电源）。寄生电源由芯片内部的二极管、寄生电容和电源检测电路组成。电源检测电路用于判定供电方式。若采用外部电源给器件供电，外部电源接 VCC 引脚向器件供电；寄生电源供电时,器件通过 DQ 引脚从单总线上获取电源。该寄生电源可实现检测远程温度时无须本地电源以及缺少正常电源时也能读 ROM 数据。

3) 64 位 ROM

只读 ROM 共有 8 个字节,只能读不能写,用来保存芯片的 ROM 序列号,即 ID 标识码,各器件的 ID 标识码全球唯一。ROM 中的 64 位序列号是出厂前光刻好的,它可以看作是该 DS18B20 的地址序列号。64 位光刻 ROM 的排列是:开始 8 位是产品类型标号,接着的 48 位是该 DS18B20 自身的序列号,最后 8 位是前面 56 位的循环冗余校验码(CRC)。光刻 ROM 的作用是使每一个 DS18B20 都有各不相同的标识码,这样就可以实现一根总线上挂接多个 DS18B20 的目的。

4) 高速缓存器 RAM

高速缓存器 RAM 由 9 个字节组成,用于存放各类数据。存储器的结构如图 11-9 所示,各字节的作用如下所述:

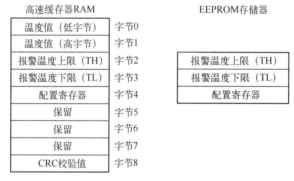

图 11-9　DS18B20 的内部存储器结构

字节 0 和字节 1:存放当前温度转换结果,其中,字节 0 为低字节,字节 1 为高字节。16 位温度数据格式如下:

D15	D14	D13	D12	D11	D10	D9	D8	D7	D6	D5	D4	D3	D2	D1	D0
S	S	S	S	S	2^6	2^5	2^4	2^3	2^2	2^1	2^0	2^{-1}	2^{-2}	2^{-3}	2^{-4}
MSb	温度值(高字节)						LSb	MSb	温度值(低字节)						LSb

其中,D15~D11 为符号位 S,表示温度值的正负,"0"表示温度值为正,"1"表示温度值为负数;D10~D4 共 7 位,温度值的整数部分;D3~D0 共 4 位,温度值的小数部分。

字节 2 和字节 3:报警温度上限 TH 和报警温度下限 TL,用于临时存放用户设定的报警温度的上下限值。DS18B20 完成温度转换后,将测得的温度值与 TH、TL 的值相比较,若大于 TH 或小于 TL,则将该器件的内部报警标志置位。该 DS18B20 器件将会响应随后由主控器发出的第一个报警搜索命令,否则就不响应报警搜索命令。

字节 4:配置寄存器,用于临时存放用户设置的配置数据。配置寄存器结构如下:

D7	D6	D5	D4	D3	D2	D1	D0
0	R1	R0	1	1	1	1	1
MSb	配置寄存器						LSb

配置寄存器中,低五位全部为"1",最高位出厂时设置为"0"。实际上只用了 R1 和 R0 两位,用来设置 DS18B20 的分辨率,可设置为 9、10、11 或 12 位,对应的温度分辨率为

0.5℃、0.25℃、0.125℃和0.0625℃。R1和R0的配置如表11-1所列。在初始状态下默认的分辨率是12位,即R1=1,R0=1。

表11-1 温度分辨率配置

R1	R0	分辨率	最大转换时间
0	0	9位	93.75ms
0	1	10位	187.5ms
1	0	11位	375ms
1	1	12位	750ms

字节5~字节8:保留字节。

字节9:CRC校验字节,其值为高速缓存器RAM的前8个字节内容的冗余循环校验码。

5) EEPROM存储器

共3个字节,分别与高速缓存器RAM的字节2(TH)、字节3(TL)和字节4(配置寄存器)相对应,用来保存用户对DS18B20的设定值。

3. DS18B20的操作命令

DS18B20的操作命令包括单总线通信的ROM命令和存储器控制命令两类。用户可通过这些命令,编写程序实现对器件的控制和存储单元的读写等。

1) ROM命令

ROM命令与各从机唯一的64位ROM代码相关,允许主机在单总线上连接多个从机设备时指定操作某个指定的从机设备,同时还允许主机能够检测到总线上有多少个从机设备及设备类型。主机在发出功能命令之前,必须送出合适的ROM命令。DS18B20有读ROM、匹配ROM、跳过ROM、搜索ROM和告警ROM等ROM命令。

读ROM命令(Read ROM,代码33H):允许主设备读出DS18B20的64位二进制ROM代码,该命令只适用于总线上存在单只DS18B20。

匹配ROM命令(Match ROM,代码55H):若总线上有多个从设备,使用该命令可选择某个指定的DS18B20,即只有与64位二进制ROM代码完全匹配的DS18B20才能响应其操作。

跳过ROM(Skip ROM,代码CCH):在启动所有DS18B20转换之前或系统只有一个DS18B20时,该命令允许主控器设备不提供64位二进制ROM代码就使用存储器操作命令。

搜索ROM(Search ROM,代码F0H):当系统初次启动时,主设备可能不知总线上有多少个设备或它们的ROM代码,使用该命令可确定系统中的从设备个数及其ROM代码。

告警ROM(Alarm ROM,代码ECH):该命令用于鉴别和定位系统中由温度报警标志的DS18B20的ROM代码。

2) 存储器控制命令

存储器控制命令包括1条温度转换启动命令和写高速缓存器RAM、读高速缓存器RAM、复制高速缓存器RAM、回读EEPROM以及读电源供电方式等5条存储器控制命令。

温度转换(Convert T,代码 44H):启动温度转换。若主设备在该命令之后又发出其他操作,而 DS18B20 又忙于温度转换,则 DS18B20 就会发出一个"0";若转换结束,则输出一个"1"。若使用寄生电源,则主设备发出该命令后,立即发出强上拉并至少保持 500ms 以上的时间。

写高速缓存器 RAM(Write Scratchpad,代码 4EH):允许主设备向 DS18B20 的高速缓存器 RAM 写入温度报警上限值、下限值和配置寄存器的数值。在 DS18B20 复位之前,这 3 个字节数据必须全部写完。

读高速缓存器 RAM(Read Scratchpad,代码 BEH):允许主设备读取高速缓存器 RAM 中的内容。从第 1 个字节开始,直到读完第 9 个字节。可在任何时刻发出复位命令终止当前的读取操作。

复制高速缓存器 RAM(Copy Scratchpad,代码 48H):将高速缓存器 RAM 中的报警上限触发寄存器 TH、报警下限触发寄存器 TL 及配置寄存器的内容复制到 EEPROM 中。若设备在该命令之后又发出读操作,而 DS18B20 又忙于将高速缓存器 RAM 中的内容复制到 EEPROM 时,DS18B20 就会发出一个"0";若复制结束,则输出一个"1"。若使用寄生电源,则主设备发出该命令之后,立即发出强上拉并至少保持 10ms 以上的时间。

回读 EEPROM(Recall EEPROM,代码 B8H):将报警上限触发寄存器 TH、报警下限触发寄存器 TL 及配置寄存器的内容从 EEPROM 中复制回到便笺存储器中。该操作是在 DS18B20 上电时自动进行,若执行该命令后又发出读操作,DS18B20 会输出温度转换忙标志:"0"为忙;"1"为完成。

读电源供电方式(Read Power Supply,代码 B4H):主设备将该命令发给 DS18B20 后发出读操作,DS18B20 会返回它的电源供电方式,"0"为寄生电源;"1"为外部电源。

所有单总线器件都遵循规定的协议,以保证数据的完整性。DS18B20 的数据交换是分时完成的,均有严格的读/写时序要求,所有命令和数据都是字节的低位在前,高位在后。系统对 DS18B20 的操作主要包括 DS18B20 初始化(发出复位脉冲)、发出 ROM 命令、发出存储器命令和数据处理等。

4. DS18B20 的通信协议

DS18B20 数字式温度传感器与普通模拟传感器的最大区别是 DS18B20 将温度信号直接转化成数字量,然后通过单总线串行通信方式输出。所有的单总线器件要求采用严格的通信协议,以保证数据的完整性。DS18B20 的主要操作时序有:初始化时序,读时序和写时序。DS18B20 是可编程器件,在使用时必须经过初始化、写字节操作和读字节操作 3 个步骤。每一次读、写操作之前都要先将 DS18B20 初始化复位,复位成功后才能对 DS18B20 进行预定的操作。除应答脉冲以外,都由主机发出同步信号,发送的命令和数据都是字节的低位在前。

1) 初始化时序(复位和应答)

单总线上的所有通信都是以初始化时序开始的。主机向单总线发送一个 480~960μs 的低电平信号,产生复位脉冲,然后释放该总线,进入接收模式。主机释放总线时,外部的上拉电阻将单总线拉高,产生一个上升沿,DS18B20 检测到该上升沿后,延时 15~60μs,然后向总线发送一个 60~240μs 的低电平应答脉冲。主机接收到 DS18B20 的应答脉冲,说明有单线器件在线。单总线初始化脉冲时序图如图 11-10 所示。

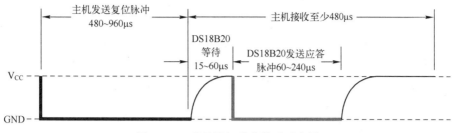

图 11-10　单总线初始化脉冲时序图

2) 写时序

写时序包括写"0"时序和写"1"时序,均起始于主机拉低总线。所有写时序至少需要 $60\mu s$,且在 2 次独立的写时序之间至少需要 $1\mu s$ 的恢复时间。产生写"1"时序的方式:在主机拉低总线后,必须在 $15\mu s$ 之内释放总线(向总线写"1"),由上拉电阻将总线拉至高电平。产生写"0"时序的方式:在主机拉低总线后,只需在整个时隙期间保持低电平即可(至少 $60\mu s$)。写"0"和写"1"的时序图如图 11-11 所示。

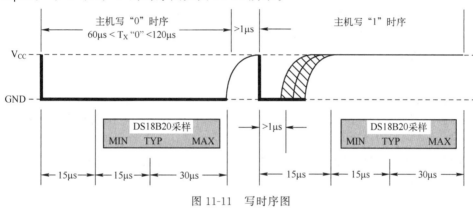

图 11-11　写时序图

3) 读时序

总线器件仅在主机发出读时序时,才向主机传输数据。所以,在主机发出读数据命令后,必须马上产生读时序,以便从机能够传输数据。所有读时序至少需要 $60\mu s$,且在两次独立的读时序之间至少需要 $1\mu s$ 的恢复时间。读时序都是由主机发起,至少拉低总线 $1\mu s$。在主机发起读时序后,单总线器件才开始在总线上发送"0"或"1"。若从机发送"1",则保持总线为高电平;若发送"0",则拉低总线。当发送"0"时,从机在该时序结束后释放总线(向总线写"1"),由上拉电阻将总线拉回至高电平状态。从机发出的数据在起始时序之后,保持有效时间 $15\mu s$,因而,主机在读时序期间必须先释放总线,并且在时序起始后的 $15\mu s$ 之内采样总线状态。读"0"和读"1"的时序如图 11-12 所示。

5. 单片机与 DS18B20 的接口

参考单总线的连接方式图 11-7,以 MCS-51 单片机为主控器时,可以选择其中一根 I/O 口线(如 P1.0)与 DS18B20 的 DQ 线相连,接一个 $4.7k\Omega$ 的上拉电阻至 VCC 端,同时将 DS18B20 的 VCC 和 GND 分别接到电源端和地线端即可。

单片机对 DS18B20 的访问和控制,一般可按以下步骤进行:

(1) 初始化。单片机通过 DQ 线,向 DS18B20 发送一个满足时序要求的复位脉冲,DQ 线上的所有 DS18B20 芯片都被复位。准备接收单片机发出的的序列号访问命令。

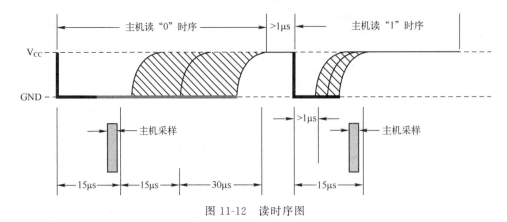

图 11-12 读时序图

（2）序列号访问。单片机通过 DQ 线,发送一个需要操作的 DS18B20 的 64 位序列号编码。这时,DQ 线上所有相连的 DS18B20 都会进行编码匹配,只有编码一致的 DS18B20 才被激活,可以接受后续的存储控制命令。

（3）存储控制。单片机对选中的 DS18B20 发送存储控制命令,如启动 A/D 转换、设定温度报警上、下限或读取温度数据等。

（4）根据第（3）步所发送存储命令的类型,向 DS18B20 写入数据或者从 DS18B20 读取数据。

读者可根据单总线通信协议中的初始化时序、读时序和写时序,编写出实现初始化复位、应答脉冲读取、写字节、读字节等基本功能子程序,也可参考有关资料中的例程进行学习。应用时通过调用这些基本功能子程序,完成对 DS18B20 的初始化、序列号访问和存储器读写控制功能,实现对 DS18B20 的控制操作并有效获取温度测量值,完成系统的测量和控制的目标。

11.3 SPI 总线

串行外设接口总线 SPI(serial peripheral interface)是一种同步串行外设接口,采用主从模式(master-slave)架构,支持一个或多个从设备。由于其简单实用、性能优异,许多厂家的设备都支持该接口,广泛应用于 MCU 和外设模块(如 EEPROM、ADC、显示驱动器等)的连接。SPI 接口是一种事实标准,大部分厂家都是参照 Motorola 的 SPI 接口定义来设计的,并在此基础上衍生出多种变种,因此不同厂家产品的 SPI 接口在使用上可能存在一定差别,在实际中需仔细阅读厂家的技术文档进行确认。

利用 SPI 可以在软件的控制下构成各种系统。如一个主控制器和几个从控制器、几个从控制器相互连接构成多主机系统(分布式系统)、一个主控制器和一个或几个从 I/O 设备所构成的各种系统等。在大多数应用场合,可以使用一个主控制器作为主机来控制数据,并向一个或几个外围从器件传送该数据。从器件只有在主机发命令时才能接收或发送数据,其数据的传输格式是高位(MSB)在前,低位(LSB)在后。单主机系统只有一台主控制器,其他均为从控制器。

并行总线系统扩展需要 8 根数据线、8～16 根地址线以及 2～3 根的控制线,而 SPI 总线只需要 4 根线就可以实现与外设的通信,因此采用 SPI 总线接口可以简化硬件电路的设计,节省很多常规电路中的接口器件和 I/O 接口线,提高系统的可靠性。尤其在单片机 I/O 端口数量有限时,使用 SPI 总线,可以解决 I/O 不足的问题。

SPI 总线可直接与各个厂家生产的多种标准外围器件接口,它只需 4 条线:串行时钟线(SCK)、主机输入/从机输出数据线(MISO)、主机输出/从机输入数据线(MOSI)和低电平有效的从机选择线(NSS)。

(1) SCK(serial clock)。时钟信号线,通信数据同步用。时钟信号由通信主机产生,作为主设备的输出,从设备的输入,它决定了 SPI 的通信速率。

(2) MOSI(master output slave input)。主机数据输出/从设备数据输入引脚,即这条信号线上传输由主机到从机的数据。

(3) MISO(master input slave output)。主机数据输入/从设备数据输出引脚,即这条信号线上传输由从机到主机的数据。

(4) NSS(slave select)。片选信号线,低电平有效,用于选中 SPI 从设备。每个从设备独立拥有这条 NSS 信号线,占据主机的一个引脚。设备的其他 3 根线是并联到 SPI 主机的,即无论多少个从设备,都共同使用这 3 条总线。当从设备上的 NSS 引脚被拉低时,表明该从设备被主机选中。它的功能是用来作为片选引脚,让主设备可以单独地与特定的从设备通信,避免数据线上的冲突。

在 SPI 总线扩展时,如果某个从器件只作为输入(或只作为输出)时,可以省去一根主机输入/从机输出线 MISO(或主机输出/从机输入线 MOSI),这样可以节省一根线,构成三线系统。同样,如果只有一个从机设备时,可以省去片选信号,再节省一根线。当有多个不同的串行 I/O 器件连接至 SPI 总线上时,应该注意两点:一是它的数据输入线必须是三态结构,片选无效时输出高阻态,这样就可以不影响其他 SPI 设备的正常工作;二是连接到总线上的从器件必须有片选信号线。SPI 主从接口连接如图 11-13 所示。

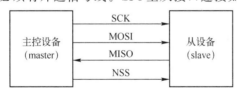

图 11-13　SPI 主从接口连接图

SPI 模块为了和外设进行数据交换,根据外设工作要求,其输出串行同步时钟信号的极性 CPOL(clock polarity)和时钟的相位 CPHA(clock phase)可以进行配置。如果 CPOL=0,串行同步时钟的空闲状态为低电平;如果 CPOL=1,串行同步时钟的空闲状态为高电平。时钟相位(CPHA)能够配置用于选择两种不同的传输协议之一进行数据传输。如果 CPHA=0,在串行同步时钟的第一个跳变沿(上升或下降)数据被采样;如果 CPHA=1,在串行同步时钟的第二个跳变沿(上升或下降)数据被采样。SPI 主模块和与其通信的外设的时钟相位和极性应该一致。值得注意的是,对于不同的 SPI 接口外围芯片,它们的时钟时序有可能不同,按 SPI 数据和时钟的相位关系来看,通常有 4 种情况,这是由片选信号有效前的 SCK 电平和数据传送时的 SCK 有效边沿来区分的。传送 8 位数据的时序种类具体如图 11-14 所示。

结合时序图,SPI 总线是边沿信号触发数据传送,数据传送的格式是高位在前,低位在后。片选信号为低电平有效,在片选有效时进行数据传送,无效时停止数据传送。

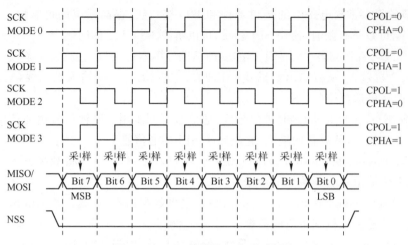

图 11-14　SPI 总线接口典型时序图

采用 SPI 总线接口的外围器件种类繁多、应用广泛。例如：包含一个实时时钟/日历和 31 字节静态 RAM 的 DS1302 实时时钟芯片、AT93Cxx 系列 EEPROM 存储器芯片和 SD4004 语音录放多功能芯片等，均采用 SPI 串行接口与微处理器相连。

对于没有 SPI 接口模块的单片机，通常可使用软件的方法来模拟 SPI 的总线操作，包括串行时钟和数据的输入/输出。读者可查阅所选器件的技术手册，依据其给定的时序要求编写相关的单片机控制程序，实现对具有 SPI 接口器件的操作和控制。

11.4　思考练习题

1. 什么是 I^2C 总线，有何优点？
2. I^2C 总线是如何选中从器件的？
3. I^2C 总线的起始信号和停止信号是如何定义的？
4. I^2C 总线的数据传输方向如何控制？
5. 什么是单总线？
6. 单总线的特点是什么？
7. 简述数字温度传感器 DS18B20 的内部存储器结构。
8. SPI 总线的特点是什么？

第 12 章　单片机的 C 语言编程

C 语言是一种源于 UNIX 操作系统的结构化高级程序语言。它不仅具有高级语言的特点，而且具备汇编语言的功能。与汇编语言相比，有其优点和不足。

12.1　C 语言编程与汇编语言编程的特点比较

12.1.1　C 语言编程的优点

(1) 不需要了解微处理器的具体指令系统，仅仅要求对处理器的存储器有初步了解。
(2) 使用 C 语言编程，不必考虑较多的诸如寄存器分配、存储器寻址方式等细节问题。
(3) C 语言具有较强的可读性。
(4) C 语言的编程和调试时间大大小于汇编语言，从而可以提高系统的开发时间。
(5) C 语言具有强大的移植性。几乎所有的单片机都支持 C 语言编程。

12.1.2　C 语言编程的缺点

(1) C 语言程序生成的目标代码占用空间大。
(2) 不能够准确计算程序的运行时间。
(3) 对一些特殊功能的操作不易实现。

C 语言编程适用于开发周期较短、系统软件复杂和庞大的情况。同时对于不断改进、更新的系统以及团队共同开发的系统，更适合 C 语言编程。

汇编语言是采用了容易识别和记忆的英文缩写标识符直接对硬件操作。其需要编程者将每一步具体的操作用命令的形式写出来。汇编程序通常由三部分组成：指令、伪指令和宏指令。汇编程序的每一句指令只能对应实际操作过程中的一个动作(例如移动、自增、I/O 口置位等)。

12.1.3　汇编语言编程的优点

(1) 汇编语言能完成一般高级语言不易实现的一些功能。
(2) 能够直接访问与硬件相关的存储器或 I/O 端口。
(3) 能够不受编译器的限制，对生成的二进制代码进行完全的控制。
(4) 能够对关键代码进行更准确的控制。
(5) 能够根据特定的应用对代码做最佳的优化，提高运行速度。
(6) 能够最大限度地发挥硬件的功能。

12.1.4 汇编语言编程的缺点

（1）开发效率低、时间长。
（2）编写的代码难懂，不易维护。
（3）只能针对特定的处理器和体系结构编程。
（4）调试较困难。
（5）使用汇编语言编程需要有更多的计算机专业知识。

因此，汇编语言适用于实时系统、系统的引导程序、中断处理程序（ARM、DSP等处理器）、通信程序和对时序要求严格的系统中。

通过以上的介绍，读者可以选择适合的语言来编程。当然，系统的编程语言也可以同时选择C语言和汇编语言，此情况需要混合编程的相关知识，在此不做介绍。本章将以8051单片机的为例，介绍8051单片机的C语言，即C51语言的相关知识。而C语言本身的语法结构不做介绍，具体请参考相关C语言书籍。

12.2 C51数据的定义与操作

12.2.1 变量存储类型的定义

由于8051系列单片机的程序存储器和数据存储器是分开的，而且各自的寻址方式不同。采用汇编语言编程时，指令的寻址空间是不相同的。而C51编译器完全支持8051单片机的硬件系统结构，实现访问8051单片机硬件系统内部的所有空间。只要通过将变量、常量定义成不同的存储类型（Data,Bdata,Idata,Pdata,Cdata,Code），C51编译器就能够将它们定位在不同的存储区中。C51数据存储类型与8051系列单片机实际存储空间的对应关系见表12-1。

表12-1 C51存储类型与8051单片机存储空间的对应关系

存储类型	与存储空间的对应关系
data	直接寻址的8051单片机片内数据存储区
bdata	可位寻址的8051单片机片内数据存储区
idata	间接寻址的8051单片机片内数据存储区，可访问片内全部RAM地址空间
pdata	分页寻址的片外数据存储区，寻址空间256B
xdata	片外数据存储区，寻址空间64KB
code	程序代码存储区，寻址空间64KB

以下为各种存储类型的变量定义举例：

char data sum 表示字符变量sum被定义在8051单片机片内的数据存储区中；

bit bdata bflag 表示位变量bflag被定义在8051单片机片内的数据存储区的位寻址区中；

char idata count 表示字符变量count被定义在8051单片机片内数据存储区中，而且只能以间接寻址方式访问；

int pdata val 表示整型变量val被定义在片外数据存储区中，它的高字节地址保存在

P2 口中，寻址空间 256B；

int xdata range 表示整型变量 range 被定义在片外数据存储区中，其寻址空间为 64KB。

12.2.2 特殊功能寄存器的定义

8051 单片机片内有 21 个特殊功能寄存器(SFR)，它们分布在片内 RAM 区的高 128B 中(80H～0FFH)，因此对其操作，只能用直接寻址方式。C51 提供了一种自主形式的定义方法，这种定义方法与标准 C 语言并不兼容，只适用于 8051 系列单片机的 C 语言编程。定义语法为

sfr 寄存器名＝寄存器地址

例如：

sfr TMOD ＝ 0x89

表示定义 TMOD 为定时器模式寄存器，其在单片机片内数据存储区 89H 地址。

sfr SCON＝0x98

表示定义 SCON 为串口控制寄存器，其在单片机片内数据存储区 98H 地址。

对于位的定义，采用 3 种方法定义。

1. 方法一

sfrname ^ constant

其中 sfrname 是已定义的 SFR 的名字。constant 为基地址上的特殊位的位置，其取值为 0～7。

例如：对中断允许寄存器 IE 的 EA,ES 位定义。

sfr　　IE＝ 0xA8;//定义 IE 寄存器

sbit　　EA＝IE^7;

sbit　　ES＝IE^4;

2. 方法二

iconstant ^constant

iconstant 作为基地址，该值必须在 0x80～0xFF(能被 8 整除)，constant 为基地址上的特殊位的位置，其取值为 0～7。

例如：对中断使能寄存器 IE 的 EA,ES 位定义。

sbit　　EA＝0xA8 ^7;

sbit　　ES＝0xA8 ^4;

3. 方法三

constant

这种方法直接将位的绝对地址赋给变量，其中 constant 的取值在 0x80～0xFF。

例如：对中断使能寄存器 IE 的 EA,ES 位定义。

sbit EA　＝ 0xAF;

sbit ES　＝ 0xAC;

12.2.3 片内 I/O 口的定义

对于 8051 单片机片内 I/O 口也使用关键字 sfr 来定义。

例如：
对 P0 口定义。
sfr P0＝0x80；
对 P1 口定义。
sfr P1＝0x90；

12.2.4　片外 I/O 口的定义

对于片外扩展 I/O 口，将其视为片外数据存储器的一个单元，使用 ♯define 语句进行定义。

例如：
♯ include ＜absacc.h＞　　//头文件 absacc.h 是对外部数据类型 XBYTE 的定义。
♯ define XPORT XBYTE [0xffb0] //将 XPORT 定义为外部 I/O 口，其地址为 ffb0H。

12.2.5　C51 头文件

标准库提供的包含文件在 INC 子目录下，这些文件包含常数、宏定义、类型定义和函数原型。其中，最常用的 C51 头文件有：包含允许直接访问 8051 单片机不同存储区的宏定义的 ABSACC.H 文件；51 的特殊功能寄存器定义文件 REG51.H 等，文件的定义内容如下：

1. reg51.h 文件
//BYTE Register
```
        sfr P0   = 0x80;
        sfr P1   = 0x90;
        sfr P2   = 0xA0;
        sfr P3   = 0xB0;
        sfr PSW  = 0xD0;
        sfr ACC  = 0xE0;
        sfr B    = 0xF0;
        sfr SP   = 0x81;
        sfr DPL  = 0x82;
        sfr DPH  = 0x83;
        sfr PCON = 0x87;
        sfr TCON = 0x88;
        sfr TMOD = 0x89;
        sfr TL0  = 0x8A;
        sfr TL1  = 0x8B;
        sfr TH0  = 0x8C;
        sfr TH1  = 0x8D;
        sfr IE   = 0xA8;
        sfr IP   = 0xB8;
        sfr SCON = 0x98;
```

```
     sfr SBUF    = 0x99;

//BIT Register
     sbit CY   = 0xD7;        //PSW
     sbit AC   = 0xD6;
     sbit F0   = 0xD5;
     sbit RS1  = 0xD4;
     sbit RS0  = 0xD3;
     sbit OV   = 0xD2;
     sbit P    = 0xD0;

     sbit TF1  = 0x8F;        //TCON
     sbit TR1  = 0x8E;
     sbit TF0  = 0x8D;
     sbit TR0  = 0x8C;
     sbit IE1  = 0x8B;
     sbit IT1  = 0x8A;
     sbit IE0  = 0x89;
     sbit IT0  = 0x88;

     sbit EA   = 0xAF;        //IE
     sbit ES   = 0xAC;
     sbit ET1  = 0xAB;
     sbit EX1  = 0xAA;
     sbit ET0  = 0xA9;
     sbit EX0  = 0xA8;

     sbit PS   = 0xBC;        // IP
     sbit PT1  = 0xBB;
     sbit PX1  = 0xBA;
     sbit PT0  = 0xB9;
     sbit PX0  = 0xB8;

     sbit RD   = 0xB7;        //P3
     sbit WR   = 0xB6;
     sbit T1   = 0xB5;
     sbit T0   = 0xB4;
     sbit INT1 = 0xB3;
     sbit INT0 = 0xB2;
```

```
            sbit TXD  = 0xB1;
            sbit RXD  = 0xB0;

            sbit SM0  = 0x9F;        //SCON
            sbit SM1  = 0x9E;
            sbit SM2  = 0x9D;
            sbit REN  = 0x9C;
            sbit TB8  = 0x9B;
            sbit RB8  = 0x9A;
            sbit TI   = 0x99;
            sbit RI   = 0x98;
```

2. absacc.h 文件

```
// ABSACC.H
    #define CBYTE ((unsigned char volatile code  *) 0)
    #define DBYTE ((unsigned char volatile data  *) 0)
    #define PBYTE ((unsigned char volatile pdata *) 0)
    #define XBYTE ((unsigned char volatile xdata *) 0)
    #define CWORD ((unsigned int volatile code  *) 0)
    #define DWORD ((unsigned int volatile data  *) 0)
    #define PWORD ((unsigned int volatile pdata *) 0)
    #define XWORD ((unsigned int volatile xdata *) 0)
```

12.3 C51 的运算符

C51 的运算符主要分为算术运算符、关系运算符、逻辑运算符和位运算符。

12.3.1 算术运算符

C51 基本的算术运算符有以下 7 种,见表 12-2。

表 12-2 算术运算符表

操作符	作用	操作符	作用
+	加法运算符	%	模运算符
-	减法运算符	--	减 1 运算符
*	乘法运算符	++	加 1 运算符
/	除法运算符		

12.3.2 关系运算符

C51 基本的关系运算符见表 12-3。

表 12-3 关系运算符表

操作符	作 用	操作符	作 用
<	小于	>=	大于或等于
>	大于	==	等于
<=	小于或等于	!=	不等于

12.3.3 逻辑运算符

C51 基本的逻辑运算符见表 12-4。

表 12-4 逻辑运算符表

操 作 符	作 用
&&	逻辑与(AND)
||	逻辑或(OR)
!	逻辑非(NOT)

"&&"和"\|\|"为双目运算符,要求有两个运算对象,而"!"是单目运算符,只要求有一个运算对象。

12.3.4 位运算符

位运算是指进行二进制位的运算,也称布尔操作。C51 完全支持位运算,其位运算符见表 12-5。

表 12-5 位运算符表

操作符	作 用	操作符	作 用
&	按位逻辑与	~	按位逻辑反
|	按位逻辑或	>>	位右移
^	按位逻辑异或	<<	位左移

位逻辑与的运算规则为:参加运算的两个对象,若两者相应的位都为 1,则该位结果值位 1,否则为 0。

例如:0 & 0=0
　　　0 & 1=0
　　　1 & 0=0
　　　1 & 1=1

位逻辑或的运算规则为:参加运算的两个运算对象,若两者相应的位中,只要有一个为 1,则该位结果为 1。

位逻辑异或的运算规则为:参加运算的两个运算对象,若两者相应的位值相同则结果为 0;若两者相应的位相异,则结果为 1。

"位取反"是一个单目运算符,用来对一个二进制数按位进行取反,即 0 变 1,1 变 0。用符号"~"表示。

例如:若 c=81H,则 c=~c 值为 7EH。

"位左移"运算符用来将一个数的各二进制位全部左移若干位,移位后,空白位补 0,

而溢出的位舍弃。用"≪"表示。

例如:若11011011≪2,则移位结果为01101100。

"位右移"运算符用来将一个数的各二进制位全部右移若干位,移位后,空白位补0,而溢出的位舍弃。用"≫"表示。

如:若11011011≫2,则移位结果为00110110。

12.4 C51 的中断处理程序

单片机的中断系统是实现单片机的实时功能,对外界异步发生的事件做出及时处理的硬件电路。CPU 执行正常程序时,外部发生的某一事件请求 CPU 迅速处理。这时,CPU 中止当前的程序,转去处理所发生的事件。等到处理完外部事件后,CPU 回到原来中止的地方,继续执行正常的程序,整个过程称为中断。

8051 单片机的 CPU 在每个机器周期采样各中断源的中断请求标志位,当满足中断响应条件时,将在下一个机器周期响应被激活了的最高级中断请求。

8051 单片机的 CPU 在响应中断请求时,由硬件自动转向与该中断源对应的服务程序入口地址,称为硬件向量中断。各中断源的服务程序入口地址见表 12-6。

表 12-6 中断源的服务程序入口地址表

编 号	中 断 源	入口地址
0	外部中断 0	0003H
1	定时器/计数器 0	000BH
2	外部中断 1	0013H
3	定时器/计数器 1	001BH
4	串行口中断	0023H

C51 编译器支持 C 源程序中直接开发中断程序,定义的语法如下:

函数类型 函数名 interrupt 中断源编号 using 寄存器组号

其中中断源编号为 0~4,分别对应外部中断 0、定时器 0、外部中断 1、定时器 1 和串行口中断。寄存器组号为 0~3,分别对应 8051 单片机内部的工作寄存器组 0、1、2、3。在 C51 中,寄存器组选择取决于特定的编译器指令。其目的是为了解决 CPU 在任务切换时对寄存器值的保护。

"using"对函数的目标代码影响有如下几个方面。

(1) 函数入口时将当前寄存器组保护。

(2) 用于指定寄存器组。

(3) 函数返回时寄存器组恢复。

例如:对外部中断 0 的中断服务程序,其使用第三组寄存器。

```
void  int0_service (void) interrupt 0 using 3
{
    …
}
```

12.5 C51 编程实例

单片机数据采集系统在实际应用中相当广泛。数据采集的信号通常有模拟量、开关量、数字量等。数字量和开关量可以直接通过单片机或者相应的扩展电路实现,而模拟量必须通过 A/D 转换器件实现。以 8 位的 A/D 转换器芯片 ADC0809 为例,通过 C51 语言来实现对模拟量的采集。

12.5.1 8051 单片机与 ADC0809 接口电路

如图 12-1 所示 ADC0809 与 8051 单片机采用中断方式的接口电路图。这里,ADC0809 作为一个外部扩展的并行 I/O 口。其中 8051 单片机的 P2.7 和 $\overline{WR}$ 引脚共同控制 AD0809 的启动转换信号引脚和 ALE 引脚,而地址总线的低 3 位分别与 AD0809 的 ADDA、ADDB 和 ADDC 相连。因此,AD0809 的模拟通道 IN0 地址为 7FF8H。

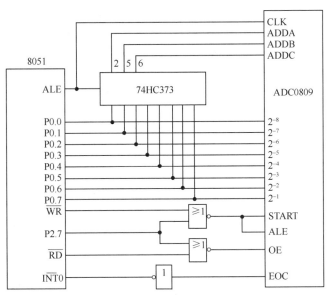

图 12-1 ADC0809 与 8051 的接口电路图

12.5.2 模拟量采样的程序举例

```
#include <reg51.h>           //定义寄存器的头文件
#include <absacc.h>          //外部数据的数据类型定义
#define ad0 XBYTE[0x7ff8]    //设置通道 0 的对应的地址为 0x7ff8
#define uchar unsigned char
uchar adval;                 //保存 AD 转换结果的变量
sbit adover;                 //AD 转换结束标志位
void main()
{    adover=0;
     IT0=1;                  //中断 0 为脉冲触发方式
```

```
        EX0=1;                    //开外部中断 0
        EA=1;                     //开总中断
        ad0=0;                    //启动 AD 转换
        While(1){
            if(adover){           //如果 AD 转换结束,读取采样结果
                adover=0;
                adval=ad0;
            }
        }
}
//中断服务程序
void int0_service()interrupt 0 using 1
{       adover=1;                 //设置 AD 转换结束标志
}
```

本章介绍了 C51 程序设计的基本知识和例子,更详细和具体的内容,请参阅有关参考资料。

第 13 章　单片机系列产品简介

在单片机应用系统设计中，单片机的选型是一个重要任务。选择时，应根据系统的功能要求，充分考虑其性能、价格、货源和开发者的熟悉程度等多种因素。本章将介绍目前具有较好的性价比和应用发展前景的单片机系列产品的性能和特点。其中包含与 8051 单片机兼容的系列产品和多种其他系列的单片机。

13.1　与 MCS-51 系列单片机兼容的单片机

在单片机的应用中，MCS-51 系列单片机已被国内科技界、工业界的用户广泛认可和采用。然而，产品性能需要提高，技术需要更新，而用户更希望自己对产品的软硬件投资能得到保护。目前，一些公司推出了以 8051 单片机为内核，独具特色而性能卓越的新型系列单片机，如 ATMEL 公司的 AT89 系列单片机、Philips 公司的 80C51 系列单片机产品、ADI 公司的 ADuC 系列单片机、Silabs 公司的 C8051F 系列单片机以及西门子公司、华邦等公司也都在 8051 单片机的基础上先后推出了新型兼容单片机。它们不仅与 Intel 公司的 MCS-51 系列单片机具有相同的指令系统、地址空间和寻址方式以及模块化的系统结构，而且提高了速度，增加了内部功能部件。这些功能部件主要有：A/D 转换器、D/A 转换器、捕捉输入、脉冲宽度调制输出 PWM、I^2C 串行总线接口、监视定时器 Watchdog Timer、闪速存储器 Flash 等。在单片机的应用中，尤其是在仪器仪表和面向过程控制的领域里，给 8051 系列单片机注入了极强的生命力和竞争力。因而确信在未来由单片机组成的智能化系统中，8051 系列单片机将仍在其中扮演一个极其重要的角色，有着广泛的应用前景。

本节主要介绍目前广泛应用的以 MCS-51 单片机为内核的典型单片机系列，如 ATMEL 公司的 AT89 系列，Philips 公司 8XC552 单片机，华邦公司的 77E 系列和 Silabs 公司的 C8051F 系列单片机等。这些公司的系列产品，指令系统均与 MCS-51 单片机指令系统兼容，但硬件扩展功能更强，用途更广泛。

13.1.1　ATMEL 公司 AT89 系列单片机

AT 89 系列单片机是 ATMEL 公司生产的，以 8051 单片机为内核构成的内含 Flash 程序存储器的 MCS-51 兼容系列，是 8051/80C51 单片机的换代产品。

1. AT 89 系列单片机结构特点

AT 89 系列单片机内部结构与 80C51 单片机接近，主要含有以下部件：

(1) 8051 单片机 CPU。

(2) 内部振荡电路。

(3) 总线控制部件。

(4) 定时/计数部件、中断控制部件。

(5) 并行 I/O 接口、串行 I/O 接口。

(6) 片内 RAM、特殊功能寄存器 SFR，Flash 程序存储器。

2. AT89 系列单片机分类

AT89 系列单片机可分为标准型、低档型和高档型 3 类。

AT89 系列单片机的标准型有 AT89C51 等型号单片机，它们基本结构和 89C51 单片机是类同的，是 80C51 单片机的兼容产品；AT89 系列单片机的低档型有 AT89C1051 等型号单片机，它们的 CPU 核和 89C51 单片机是相同的，但是并行 I/O 口较少。高档型的有 AT89S8252 单片机，这是一种可下载的 Flash 单片机，它和 PC 通信进行下载程序是十分方便的。

1) 标准型单片机

AT89 系列单片机中，标准型单片机有 89C51/89LV51、89C52/89LV52 等多种型号。标准型的 AT89 系列单片机是和 MCS-51 系列单片机兼容的。在内部含有 4KB 或 8KB 可重复编程的 Flash 存储器；可进行 1000 次擦写操作。全静态工作为 0~24MHz；有 3 级程序存储器锁定；内部含 128B 或 256B 的 RAM；有 32 条可编程的 I/O 端口；有 24 或 3 个 16 位定时/计数器；有 5 个或 6 个中断源；有通用串行接口；有低电压空闲及电源掉电工作方式。

在这 4 种型号中，AT89C51 单片机是一种基本型号；而 AT89L51 单片机是一种能在低电压范围工作的改进型，它可在 2.7~6V 工作；其他功能和 89C51 单片机相同。

AT89C52 单片机是在 AT89C51 单片机的基础上，存储器容量、定时器和中断能力得到改进的型号。89C52 单片机的 Flash 存储器容量为 8KB，16 位定时/计数器有 3 个。而 89C51 的 Flash 存储器容量为 4KB，16 位定时/计数器有 2 个。AT89LV52 单片机是 89C52 单片机的低电压型号，它可在 2.7~6V 工作。

另外，还有 AT89C55/AT89LV55 等型号单片机，它们与 AT89C52/AT89LV52 单片机具有相同的性能，只是片内的 Flash 存储器容量增大到 20KB，以适用于程序量较大的场合。

2) 低档型单片机

在这一类 AT89 系列单片机中，与标准型相比，除了并行 I/O 端口数较少之外，其他部件结构基本和 AT89C51 单片机差不多。之所以被称为低档型，主要是因为它的引脚只有 20 条，比标准型的 40 引脚少得多。低档型的单片机有 AT89C1051、AT89C2051 和 AT89C4051 等型号。AT89C1051 单片机的 Flash 存储器只有 1KB，RAM 只有 64B，内部不含串行接口，保密锁定位只有 2 位，这些也是和标准型的 AT89C51 单片机有区别的地方。AT89C2051 单片机的 Flash 存储器只有 2KB，RAM 为 128B，保密锁定位有 2 位。正因为在上述有关部件上 AT89C1051、AT89C2051 单片机和 AT89C4051 单片机的功能比标准型 AT89C51 单片机要弱。然而，由于它们的引脚数目较少，在外部扩展部件较少的应用系统中得到了广泛应用。

3) 高档型单片机

在 AT89 系列中，高档型有 AT89S8252 单片机，它是在标准型的基础上增加了一些功能形成的。它所增加的功能主要有如下几点：

(1) 8KB 的 Flash 存储器有可下载功能，下载功能是由 PC 通过 AT89S8252 单片机的串行外围接口 SPI 执行的。

（2）除了 8KB 的 Flash 存储器之外，AT89S8252 单片机还含有一个 2KB 的 EEPROM，从而提高了存储容量，方便实际应用。

（3）含有 9 个中断响应的能力。

（4）含标准型和低档型所不具有的 SPI 接口。

（5）含有 Watchdog 定时器。

（6）含有双数据指针。

（7）含有从电源下降的中断恢复。

上述增加的功能使得 AT89S8252 单片机成为 ATMEL 公司 AT89 系列单片机中的高档型号。

目前，ATMEL 公司推出了 AT89S51/AT89LS51 和 AT89S52/AT89LS52 等型号单片机，可用做标准型单片机型号 AT89C51/AT89LV51 和 AT89C52/AT89LV52 的升级换代产品。新的单片机在原有功能的基础上，主要增加了 Flash 存储器的 ISP 在线下载功能、双数据指针和 Watchdog 定时器等，给使用应用系统设计带来了极大的方便。AT89S51 单片机的逻辑功能框图如图 13-1 所示。其中，加"＊"号的功能框是在 AT89C51 单片机基础上增加的功能。

13.1.2　Philips 公司 8XC552 单片机

Philips 公司的 80C51 系列单片机与 Intel 公司的 MCS-51 系列单片机完全兼容，具有相同的指令系统、地址空间和寻址方式。8XC552 是功能强大的具有代表性的产品，该系列单片机是以 80C51 为内核且增加一定的功能部件构成。增加的主要功能部件有：A/D 转换器、捕捉比较逻辑、脉冲宽度调制输出（PWM）、I^2C 总线接口、监视定时器（WDT）等。

1. 8XC552 单片机性能及特点

8XC552 单片机是增加了许多功能模块的 80C51 单片机，它具有如下主要特性：

（1）8KB 的内部 ROM（83C552）或 EPROM（87C552），可外扩 64KB 的程序存储器。

（2）片内 256B 的 RAM，可外扩 64KB 的 RAM 或 I/O。

（3）2 个标准的 16 位定时器/计数器（T0、T1），1 个附加的 16 位定时器/计数器 T2，并配有 4 个捕捉寄存器和比较寄存器。

（4）1 个 8 路输入的 10 位 A/D 转换器。

（5）2 路 8 位分辨力的脉冲宽度调制输出（PWM）。

（6）5 个 8 位 I/O 口。

（7）I^2C 串行总线口。

（8）全双工异步串行口 UART。

（9）内部监视定时器（WDT）。

（10）15 个具有 2 个优先级的中断源。

（11）有 56 个特殊功能寄存器 SFR。

（12）工作频率为 1.2～16MHz。

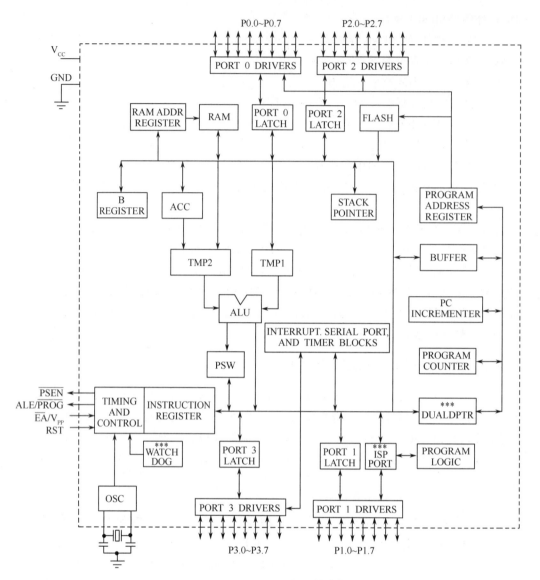

图 13-1 AT89S51 单片机逻辑功能框图

2．8XC552 单片机的结构

8XC552 单片机的内部结构如图 13-2 所示，其采用 PLCC68 封装的引脚如图 13-3 所示。

8XC552 单片机是 Philips 公司 80C51 系列家族中最典型的一种高性能微控制器，广泛用于仪器仪表、工业控制、汽车控制、电机调速等实时测控领域。

13.1.3 华邦电子公司 Turbo-51 系列单片机

中国台湾华邦（Winbond）电子公司也生产 MCS-51 的兼容单片机，主要有标准 8051 兼容单片机 W78 系列和 Turbo-51 快速的 8051 单片机增强型单片机 W77 系列。

1．标准 8051 兼容单片机 W78 系列

包括 W78E51、W78E52、W78E54、W78E58 和 W78E516 等单片机，这些型号的单片

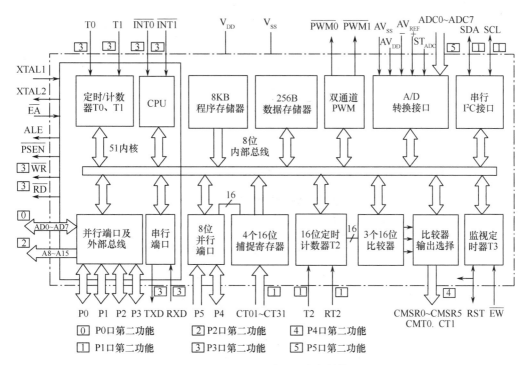

图 13-2 8XC552 单片机内部结构

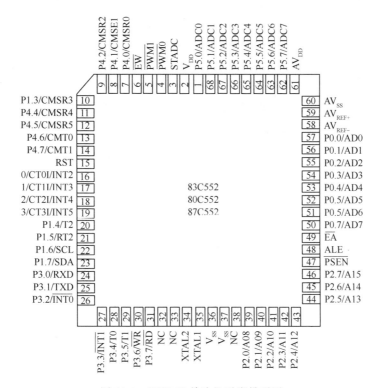

图 13-3 8XC552 单片机引脚排列图

机与 ATMEL 公司的 AT89C 系列产品的功能相似,并增加了 $\overline{INT2}$ 和 $\overline{INT3}$ 两个外部中断和 Watchdog 定时器功能部件。其内部的程序存储器的容量分别为 4KB、8KB、16KB、32KB 和 64KB。

2. Turbo-51 单片机快速的 8051 兼容单片机 W77 系列

该系列产品的最大特点是:改变了原来标准 8051 单片机的 1 个机器周期等于 12 个振荡周期的设计,采用了高速的 1 个机器周期等于 4 个振荡周期的设计技术,提高系统的指令执行速度。在相同的振荡频率条件下,Turbo-51 单片机每条指令的执行速度是标准 8051 单片机的 1.5~3 倍,通常情况下,平均速度大约为标准 8051 单片机的 2.5 倍。

以 W77E58 单片机为例,其主要逻辑功能框图如图 13-4 所示。

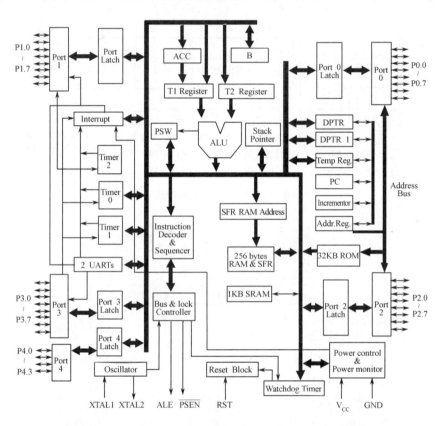

图 13-4 W77E58 逻辑功能框图

除了机器周期等于 4 个振荡周期,提高了指令执行速度外,W77E58 单片机片内具有 32KB 的 Flash ROM、256B 的片内 RAM 以及片内 1KB 的用 MOVX 指令操作的 SRAM,同时还具有双数据指针、2 个全双工串行口、12 个中断源、3 个 16 位定时器和 Watchdog 定时器,对于 44 引脚封装的还额外增加了 4 根 I/O 口(P4 口)等。W77 系列产品的性能得到了大幅的提高,其工作频率可达 40MHz,在很多场合得到了广泛的应用。

13.1.4 Silabs 公司 C8051F 系列单片机

C8051F 系列单片机原先是由专业从事混合信号片上系统单片机设计与制造、总部位于美国得克萨斯州的 Cygnal 公司设计与制造。2003 年 12 月被 Silicon Laboratories

公司收购。公司看好 8 位单片机的市场前景，现已设计并为市场提供了数十个品种的 C8051F 系列单片机。

C8051F 系列单片机是集成的混合信号片上系统（system on chip，SOC），具有与 MCS-51 单片机内核及指令集完全兼容的微控制器，除了具有标准 8051 单片机的数字外设部件之外，片内还集成了数据采集和控制系统中常用的模拟部件和其他数字外设及功能部件。C8051F 系列单片更新了原 8051 单片机的结构，设计了具有自主产权的 CIP-51 内核，使得 8051 单片机焕发了新的生命力，其运行速度高达 25 兆指令/秒以上，目前最高已达 100 兆指令/秒。

C8051F 系列单片机的功能部件包括模拟多路选择器、可编程增益放大器、ADC、DAC、电压比较器、电压基准、温度传感器、SMBus/ I^2C、UART、SPI、可编程计数器/定时器阵列（PCA）、定时器、数字 I/O 端口、电源监视器、看门狗定时器（WDT）和时钟振荡器等。所有器件都有内置的 Flash 存储器和内部 RAM，有些器件内还集成了外部扩展数据存储器 RAM，即 XRAM。

C8051F 系列单片机是真正能独立工作的片上系统。CPU 有效地管理模拟和数字外设，并可以关闭单个或全部外设以节省功耗。Flash 存储器还具有线系统重新编程的能力，既可用做程序存储器又可用做非易失性数据存储。应用程序可以使用 MOVC 和 MOVX 指令对 Flash 进行读或改写。

1. C8051F 系列单片机特点

（1）高运行速度（20 兆指令/秒、25 兆指令/秒、50 兆指令/秒、100 兆指令/秒），与 8051 单片机全兼容的 CIP-51 内核。

（2）内部 Flash 存储器可实现在线系统编程，既可做程序存储器也可做非易失性数据存储器。

（3）工作电压为 2.7～3.6V，典型值为 3V。I/O、RST、JTAG 引脚均允许 5V 电压输入。

（4）全系列均为工业级芯片（-45～+85℃）。

（5）片内 JTAG 仿真电路，提供全速的电路内仿真，不占用片内用户资源。支持断点、单步、观察点、运行和停止等调试命令，支持存储器和寄存器校验和修改。

（6）众多的片内功能部件。

2. C8051F 单片机系列 CPU

1）与标准 8051 单片机完全兼容

C8051F 系列单片机采用 CIP-51 内核，与 MCS-51 单片机指令系统全兼容，可用标准的 ASM-51，Keil C 高级语言开发编译 C8051F 系列单片机的程序。

2）高速指令处理能力

标准的 8051 单片机 1 个机器周期要占用 12 个系统时钟周期，执行 1 条指令最少要 1 个机器周期。而 C8051F 系列单片机指令处理采用流水线结构，机器周期由标准的 12 个系统时钟周期降为 1 个系统时钟周期，指令处理能力比 MCS-51 单片机大大提高。CIP-51 内核 70% 的指令执行是在 1 个或 2 个系统时钟周期内完成，只有 4 条指令的执行时间需 4 个以上时钟周期。CIP-51 单片机指令与 MCS-51 单片机指令系统全兼容，共有 111 条指令。

3) 增加了中断源

C8051F 系列单片机扩展了中断处理，这对于实时多任务系统的处理是很重要的。扩展的中断系统向 CIP-51 提供 22 个中断源，允许大量的模拟和数字外设中断。

4) 增加了复位源

标准的 8051 单片机只有外部引脚复位。C8051F 系列单片机增加了 7 种复位源，使系统的可靠性大大提高。每个复位源都可以由用户用软件禁止。

(1) 片内电源监视。

(2) WDT(看门狗定时器)。

(3) 时钟丢失检测器。

(4) 比较器 0 输出电平检测。

(5) 软件强制复位。

(6) CNVSTR(A/D 转换启动)。

(7) 外部引脚 RST 复位。

5) 提供内部时钟源

C8051F 系列单片机有内部独立的时钟源，在系统复位时默认内部时钟。如果需要，可接外部时钟，并可在程序运行时实现内、外部时钟的切换，外部时钟可以是晶体、RC 或外部时钟等。

3. C8051F 单片机存储器

1) 数据存储器

CIP-51 具有标准 8051 单片机的程序和数据地址配置。它包括 256B 的 RAM，其中高 128B 用户只能用直接寻址访问的 SFR 地址空间，低 128B 用户可用直接或间接寻址方式访问。另外，对于 C8051F 系列单片机的有些型号，内部还带有扩展的数据 RAM，片外还可扩展至 64KB 数据 RAM。

2) 程序存储器

C8051F 系列单片机程序存储器为 Flash 存储器，该存储器可按 512B 为一扇区编程，可以在线编程，且不需在片外提供编程电压。该程序存储器未用到的扇区均可由用户按扇区作为非易失性数据存储器使用。

4. 可编程数字 I/O 和交叉开关

C8051F 系列单片机具有标准的 I/O 口，除 P0、P1、P2、P3 之外还有更多扩展的 8 位 I/O 口。每个端口 I/O 引脚都可以设置为推挽或漏极开路输出。这为低功耗应用提供了进一步节电的能力。

最为独特的是增加了数字交叉开关(digtal crossbar)，它可将内部数字系统资源定向到 P0、P1 和 P2 端口 I/O 引脚。可将定时器、串行总线、外部中断源、A/D 输入转换及比较器输出，通过设置数字交叉开关控制寄存器定向到 P0、P1、P2 的 I/O 口。这就允许用户根据自己的特定应用选择通用 I/O 端口和所需数字资源的组合。

5. 可编程计数器/定时器阵列

除了通用计数器/定时器之外，C8051F 系列单片机的部分型号中，还有片内可编程计数器/定时器阵列(PCA)。PCA 包括 1 个专用的 16 位计数器/定时器，5 个可编程的捕捉/比较模块。时间基准可以是下面的 6 个时钟源之一：系统时钟/12、系统时钟/4、定时器 0 溢出、外部时钟输入（ECI）、系统时钟和外部振荡源频率/8。

每个捕捉/比较模块都有 4 种或 6 种工作方式：边沿触发捕捉、软件定时器、高速输出、8 位脉冲宽度调制器、频率输出、16 位脉冲宽度调制器等。PCA 捕捉/比较模块的 I/O 和外部时钟输入，可以通过数字交叉开关连接到 I/O 端口引脚。

6. 多类型串行总线端口

C8051F 系列单片机内部有 1 个或 2 个全双工 UART，具有 SPI 总线和 SMBus/I^2C 总线。每种串行总线都完全用硬件实现，都能向 CIP-51 产生中断。这些串行总线不共享定时器、中断或 I/O 端口，所以可以使用任何一个或全部同时使用。

7. A/D 和 D/A 转换器

1) 模/数转换器

C8051F 系列单片机内部有一个 ADC 子系统，由逐次逼近型 ADC、多通道模拟输入选择器和可编程增益放大器组成。ADC 工作在 100ks/s 或更高的采样速率时可提供真正的 8 位、10 位或 12 位精度。ADC 完全由 CIP-51 通过特殊功能寄存器控制，系统控制器还可以关断 ADC 以节省功耗。

可编程增益放大器增益可以用软件设置，从 0.5～16 以 2 的整数次幂递增。

A/D 转换可以有 4 种启动方式：软件命令、定时器 2 溢出、定时器 3 溢出或外部信号输入。允许用软件、事件、硬件信号触发转换或进行连续转换。一次转换完成后产生一个中断，或者用软件查询来判断转换结束。在转换完成后，数据字被锁存到特殊功能寄存器中。对于 10 位或 12 位 ADC，可以用软件控制数据字为左对齐或右对齐格式。

2) D/A 转换器

C8051F 系列单片机内有 2 路 12 位 DAC，2 个电压比较器。CPU 通过特殊功能寄存器控制 D/A 转换器和比较器。CPU 可以将任何一个 DAC 置于低功耗关断方式。DAC 为电压输出模式可与 ADC 共用参考电平。允许用软件命令和定时器 2、定时器 3 及定时器 4 的溢出信号更新 DAC 输出。

8. 全速的在线调试

C8051F 系列单片机设计有片内调试电路与 JTAG 口，可以实现非侵入式"在片"调试。Silabs 公司提供基于 Windows 集成的在线开发调试环境，包括 IDE 软件与串口或 USB 适配器、调试目标板等。可实现存储器和寄存器校验和修改；设置断点、观察点、堆栈；程序可单步运行、全速运行、停止等。在调试时，所有的数字和模拟外设都能正常工作，实时反映真实情况。IDE 调试环境可做 Keil C 源程序级别的调试。

对于开发和调试嵌入式应用系统来说，与用传统的专用仿真芯片、目标电缆及仿真头的仿真器相比，更具优越性能，更能真实"在片"仿真实时信息。调试环境既便于使用又能保证模拟外设的性能。C8051F 系列单片机开发工具既突破了昂贵开发系统旧模式，又创立了低价位仿真新思路。为应用技术的开发提供了极大的方便。

9. 典型产品 C8051F020 单片机

以典型产品 C8051F020 单片机为例，其逻辑功能框图如图 13-5 所示，主要有如下性能：

（1）25 兆指令/秒 8051 单片机 CPU。

（2）64KB Flash。

(3) 4352B RAM(256B+4KB)。

(4) 外部数据存储接口。

(5) 2个UART、1个SPI和SMBus/I^2C。

(6) 5个16位定时器,可编程计数器阵列(PCA)。

(7) 64个I/O口。

(8) 8路采样100千次/秒的12位ADC和采样500千次/秒的8位ADC。

(9) 2个12位DAC。

(10) 比较器、电压基准和温度传感器。

(11) JTAG非侵入式在系统调试。

(12) 温度为$-40 \sim +85$℃。

(13) 100引脚的TQFP封装。

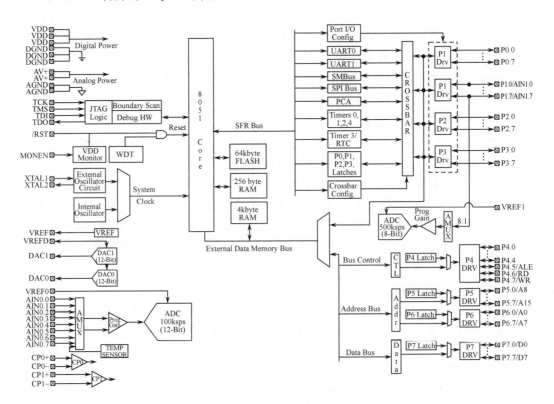

图13-5 C8051F020单片机逻辑功能框图

13.2 TI公司MSP430系列单片机

MSP430系列单片机是美国得州仪器(TEXAS INSTRUMENTS)公司1996年开始推向市场的一种16位超低功耗的混合信号处理器(mixed signal processor)。主要是针对实际应用需求,把许多模拟电路、数字电路和微处理器集成在一个芯片上,以提供"单片"解决方案。

13.2.1 MSP430 系列单片机的特点

虽然 MSP430 系列单片机推出时间不是很长,但由于其卓越的性能,在短短几年时间里发展极为迅速,应用也日趋广泛。MSP430 系列单片机针对各种不同应用,包括一系列不同型号的器件。主要有以下特点:

1. 超低功耗

MSP430 系列单片机的电源电压采用 1.8~3.6V 低电压,RAM 数据保持方式下耗电仅 $0.1\mu A$,活动模式耗电 $250\mu A/MHz$,I/O 输入端口的漏电流最大仅 50nA。

MSP430 系列单片机有独特的时钟系统设计,包括两个不同的时钟系统:基本时钟系统和锁频环(FLL 和 FLL+)时钟系统或 DCO 数字振荡器时钟系统。由时钟系统产生 CPU 和各功能模块所需的时钟,并且这些时钟可以在指令的控制下打开或关闭,从而实现对总体功耗的控制。由于系统运行时使用的功能模块不同,即采用不同的工作模式,芯片的功耗有明显的差异。在系统中共有 1 种活动模式(AM)和 5 种低功耗模式(LPM0~LPM4)。

MSP430 系列单片机采用矢量中断,支持 10 多个中断源,并可以任意嵌套。用中断请求将 CPU 唤醒只要 $6\mu s$,通过合理编程,既以降低系统功耗,又可以对外部事件请求作出快速响应。

对一个处理器而言,活动模式时的功耗必须与其性能一起来考察、衡量,忽略性能来看功耗是片面的。MSP430 系列单片机在活动模式时耗电 $250\mu A/MHz$,这个指标是很高的(传统的 MCS-51 单片机约为 $10\sim20mA/MHz$)。作为一个应用系统,功耗是整个系统的功耗,而不仅仅是处理器的功耗。例如,在一个有多个输入信号的应用系统中,处理器输入端口的漏电流对系统的耗电影响就较大了。MSP430 单片机输入端口的漏电流最大为 50nA,远低于其他系列单片机(一般为 $1\sim10\mu A$)。另外,处理器的功耗还要看它内部功能模块是否可以关闭,以及模块活动情况下的耗电,例如,低电压监测电路的耗电等。还要注意,有些单片机的某些参数指标中,虽然典型值可能很小,但最大值和典型值相差数十倍,而设计时要考虑到最坏情况,就应该关心参数标称的最大值,而不是典型值。总体而言,MSP430 系列单片机堪称目前世界上功耗最低的单片机,其应用系统可以做到用 1 枚电池使用 10 年。

2. 强大的处理能力

MSP430 系列单片机是 16 位单片机,采用了目前流行的、颇受学术界好评的精简指令集(RISC)结构,1 个时钟周期可以执行 1 条指令(传统的 MCS-51 单片机要 12 个时钟周期才可以执行 1 条指令),使 MSP430 在 8MHz 晶振工作时,指令速度可达 8 兆指令/秒(注意:同样 8 兆指令/秒的指令速度,在运算性能上 16 位处理器比 8 位处理器高远不止 2 倍)。同时,MSP430 系列单片机中的某些型号,采用了一般只有 DSP 中才有的 16 位多功能硬件乘法器、硬件乘—加(积之和)功能、DMA 等一系列先进的体系结构,大大增强了它的数据处理和运算能力,可以有效地实现一些数字信号处理的算法(如 FFT,DTMF 等)。这种结构在其他系列单片机中很少使用。

3. 高性能模拟技术及丰富的片上外围模块

MSP430系列单片机结合TI公司的高性能模拟技术,各成员都集成了较丰富的片内外设。视型号不同可能组合有以下功能模块:看门狗(WDT)、模拟比较器、定时器A(Timer A)、定时器B(Timer B)、串口0、(USART0)串口1(USART1)、硬件乘法器、液晶驱动器、10位/12位/14位ADC、12位DAC、I^2C总线、直接数据存取(DMA)、端口0(P0)、端口1～端口6(P1～P6)及基本定时器(basic timer)等。

看门狗可以在程序失控时迅速复位;模拟比较器进行模拟电压的比较,配合定时器,可设计出高精度的A/D转换器;16位定时器(Timer-A和Timer-B)具有捕获/比较功能,大量的捕获/比较寄存器,可用于事件计数、时序发生、PWM等;多功能串口(USART)可实现异步、同步和I^2C串行通信,可方便地实现多机通信等应用;具有较多的I/O端口,最多达6×8条I/O口线,I/O输出时,不管是灌电流还是拉电流,每个端口的输出晶体管都能够限制输出电流(最大约25mA),保证系统安全;P0、P1、P2端口能够接收外部上升沿或下降沿的中断输入;12位A/D转换器有较高的转换速率,最高可达200kb/s,能够满足大多数数据采集应用;LCD驱动模块能直接驱动液晶多达160段;F15X和F16X系列有2路12位高速DAC,可以实现直接数字波形合成等功能;硬件I^2C串行总线接口可以扩展I^2C接口器件;DMA功能可以提高数据传输速度,减轻CPU的负载。

MSP430系列单片机的丰富片内外设,在目前所有单片机系列产品中是非常突出的,为系统的单片解决方案提供了极大的方便。

4. 系统工作稳定

上电复位后,首先由DCO数字振荡时钟启动CPU,以保证程序从正确的位置开始执行,保证晶体振荡器有足够的起振及稳定时间。然后软件可设置适当的寄存器的控制位来确定最后的系统时钟频率。如果晶体振荡器在用做CPU时钟MCLK时发生故障,DCO会自动启动,以保证系统正常工作。这种结构和运行机制,在目前各系列单片机中是绝无仅有的。另外,MSP430系列单片机均为工业级器件,运行环境温度为:-40～+85℃,运行稳定、可靠性高,所设计的产品适用于各种民用和工业环境。

5. 方便高效的开发环境

目前,MSP430系列有OTP型、Flash型和ROM型3种类型的器件,国内大量使用的是Flash型。这些器件的开发手段不同,对于OTP型和ROM型的器件是使用专用仿真器开发成功之后再烧写或掩模芯片。对于Flash型则有十分方便的开发调试环境,因为器件片内有JTAG调试接口,还有可电擦写的Flash存储器,因此采用先通过JTAG接口下载程序到Flash存储器内,再由JTAG接口控制程序运行,读取片内CPU状态,以及存储器内容等信息供设计者调试,整个开发(编译、调试)都可以在同一个软件集成环境中进行。这种方式只需一台PC和一个JTAG调试器,而不需要专用仿真器和编程器。开发语言有汇编语言和C语言。另外,2001年TI公司又公布了BOOTSTRAP技术,利用它可在保密熔丝烧断以后,只要几根硬件连线,通过软件口令字(密码),就可更改并运行内部的程序,这为系统固件的升级提供了又一方便的手段。BOOTSTRAP具有很高的保密性,口令字可达32B长度。

13.2.2 MSP430系列单片机的发展和应用

TI公司从1996年推出MSP430系列开始到2000年初,推出了33X、32X、31X等几个系列。MSP430 的 33X、32X、31X 等系列具有 LCD 驱动模块,对提高系统的集成度较有利。每一系列有 ROM 型(C)、OTP 型(P)和 EPROM 型(E)等芯片。EPROM 型的价格昂贵,运行环境温度范围窄,主要用于样机开发。这也表明了这几个系列的开发模式,即用户可以用 EPROM 型开发样机,用 OTP 型进行小批量生产,而 ROM 型适应大批量生产的产品。MSP430 的 3XX 系列,在国内几乎没有使用。

随着 Flash 技术的迅速发展,TI 公司也将这一技术引入 MSP430 系列单片机中。2000 年推出了 F11X/11X1 系列,这个系列采用 20 脚封装,内存容量、片上功能和 I/O 引脚数比较少,价格比较低廉。在 2000 年 7 月推出了带 ADC 或硬件乘法器的 F13X/F14X 系列。在 2001 年 7 月到 2002 年又相继推出了带 LCD 控制器的 F41X、F43X、F44X 等。

TI 在 2003—2004 年推出了 F15X 和 F16X 系列产品。在这一新的系列中,有了两个方面的发展:一是增加了 RAM 的容量,如 F1611 的 RAM 容量增加到了 10KB,这样就可以引入实时操作系统(RTOS)或简单文件系统等;二是从外围模块来说,增加了 I^2C、DMA、DAC12 和 SVS 等模块。

近几年,TI 公司针对某些特殊应用领域,利用 MSP430 的超低功耗特性,还推出了一些专用单片机,如专门用于电量计量的 MSP430FE42X,用于水表、气表、热表等具有无磁传感模块的 MSP430FW42X,以及用于人体医学监护(血糖、血压、脉搏等)的 MSP430FG42X 单片机。用这些单片机来设计相应的专用产品,不仅具有 MSP430 的超低功耗特性,还能大大简化系统设计。根据 TI 公司在 MSP430 系列单片机上的发展计划,在今后将陆续推出性能更高、功能更强的 F5XX 系列,这一系列单片机运行速度可达 25~30 兆指令/秒,并具有更大的 Flash(128KB)及更丰富的外设接口(CAN、USB 等)。

MSP430 系列单片机不仅可以应用于许多传统的单片机应用领域,如仪器仪表、自动控制以及消费品领域,更适合用于一些电池供电的低功耗产品,如能量表(水表、电表、气表等)、手持式设备、智能传感器等,以及需要较高运算性能的智能仪器设备。

13.3　STM32 系列微处理器

STM32 系列 32 位微控制器由意法半导体公司基于 ARM 的 Cortex-M 处理器设计开发的系列产品。

1. 基于 ARM 架构的微处理器

ARM(Advanced RISC Machine)公司是全球领先的 16/32 位 RISC 微处理器知识产权设计供应商。该公司专注于设计,通过转让微处理器、外围和系统芯片设计技术给合作伙伴,使得他们能用这些技术生产各具特色的芯片。ARM 处理器已成为移动通信、手持设备、多媒体应用和消费类电子产品嵌入式解决方案的 RISC 标准,世界上绝大多数 IC 制造商都推出了自己基于 ARM 结构的芯片。

ARM 是 RISC 结构的处理器,内部集成了多级流水线,大大增加了处理速度。ARM 的功耗是同档次的嵌入式处理器中较低的,可较好地解决散热问题,因其低电压和微电流供电,成为便携式设备的理想选择。ARM 公司不生产处理器,它专门为 IC 制造商提供各种处理器的解决方案,在各种处理器中,ARM 的使用最广,开发资源丰富,有利于缩短产品的研发周期,应用前景广阔。

2. STM32 系列微处理器概述

STM32 系列 32 位微控制器基于 Arm 的 Cortex-M 处理器，旨在为 MCU 用户提供新的开发自由度。它包括一系列产品，集高性能、实时功能、数字信号处理、低功耗/低电压操作等特性于一身，同时还保持了集成度高和易于开发的特点。STM32 微控制器基于行业标准内核，提供了大量工具和软件选项，以支持项目开发，使该系列产品成为小型项目或端到端平台的理想选择。

STM32 致力于 ARM Cortex 内核微处理器市场和技术方面，目前提供 18 大产品线，超过 1000 个型号的产品。

（1）主流级 MCU。

STM32 G4 系列，Arm Cortex-M4 模数混合型 MCU

STM32 G0 系列，Arm Cortex-M0＋全新入门级 MCU

STM32 F3 系列，Arm Cortex-M4 混合信号 MCU

STM32 F1 系列，Arm Cortex-M3 基础型 MCU

STM32 F0 系列，Arm Cortex-M0 入门级 MCU

（2）高性能 MCU。

STM32 H7 系列，Arm Cortex-M7/Arm Cortex-M7＋M4 超高性能 MCU

STM32 F7 系列，Arm Cortex-M7 高性能 MCU

STM32 F4 系列，Arm Cortex-M4 高性能 MCU

STM32 F2 系列，Arm Cortex-M3 高性能 MCU

（3）超低功耗 MCU。

STM32 U5 系列，Arm Cortex-M33 超低功耗高性能安全 MCU

STM32 L5 系列，Arm Cortex-M33 超低功耗高性能安全 MCU

STM32 L4＋系列，Arm Cortex-M4 超低功耗高性能 MCU

STM32 L4 系列，Arm Cortex-M4 超低功耗 MCU

STM32 L1 系列，Arm Cortex-M3 超低功耗 MCU

STM32 L0 系列，Arm Cortex-M0＋超低功耗 MCU

（4）无线 MCU。

STM32 WB 系列，Arm Cortex-M4 和 Cortex-M0＋双核无线 MCU

STM32 WL 系列，Arm Cortex-M4/Arm Cortex-M4 和 Cortex-M0＋长距离无线 SoC

（5）微处理器 MPU。

STM32 MP1 系列，双核 Arm Cortex-A7 和 Arm Cortex-M4 超高性能 MPU

STM32 系列产品广泛应用于工业控制、消费电子、物联网、通信设备、医疗服务、安防监控等应用领域，其优异的性能进一步推动了生活和产业智能化的发展。

本章介绍了目前国内流行的诸多单片机系列产品，在实际应用时，还应详细地参阅产品数据手册和应用参考书等。

第 14 章　单片机应用系统设计

由于单片机的应用场合、应用目的和应用系统的技术要求各不相同,因此,应用系统具体设计方法和研制的步骤也不完全相同。但是,应用系统的基本构成、基本设计方法具有很多共同之处。本章将对单片机应用系统的基本结构、一般设计方法进行介绍并提供了一个实例分析。

14.1　单片机应用系统设计的一般方法

设计一个单片机应用系统时,应先根据系统功能指标的要求制定总体设计方案,并对方案进行论证,做出初步的评价,然后分别进行硬件和软件的设计。在硬件设计方面,需要选择合适的单片机和其他外围电路器件,进行原理设计、印制电路板的设计加工和实物的组装、调试等。与一般的计算机系统相似,单片机应用系统的很多性能指标和操作功能的实现,在很大程度上取决于软件的设计。软件设计方面,包括确定系统的操作功能、总体的程序流程框图、主要功能模块的划分以及各功能模块程序的设计、调试等。单片机应用系统设计的一般流程如图14-1所示。

设计单片机应用系统时,由于涉及硬件和软件技术,因此对设计人员的知识结构和设计技能提出了相应的要求。通过不断的学习和实践,单片机应用系统设计和开发的水平会得到很快的提高。

14.1.1　总体方案设计

对于任何一个设计或产品的开发,首先必须明确设计任务。根据任务要求,提出合理的、详尽的功能技术指标,如主要功能、精度、速度的要求和工作环境等。

总体方案设计主要任务是:根据设计要求,提出一个初步的具有可行性的方案,选择合适的单片机,确定系统总体结构,并对软、硬件的功能进行划分和协调。

在选择单片机机型时,应根据系统功能要求进行选择,充分考虑其性能、货源等要求。系统设计中硬件配置和软件的设计是紧密联系在一起的,在某些场合,硬件和软件具有一定的互换性。即有些硬件电路的功能可用软件来实现,有些软件实现的功能也可用硬件电路来完成。一般来说,多用硬件完成一些功能,可以提高工作速度,减少软件研制的工作量,但增加了硬件成本;若用软件代替某些硬件功能,可以节省硬件开支,但增加了软件的复杂性并降低响应速度。因此,在设计时权衡利弊,仔细划分好硬件和软件的功能十分重要。

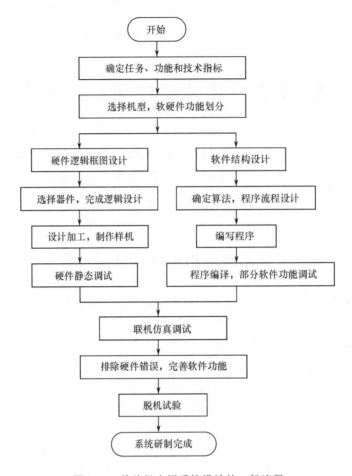

图 14-1 单片机应用系统设计的一般流程

14.1.2 硬件设计

硬件设计的任务是:根据总体设计要求,在所选择机型的基础上,具体确定系统中所要使用的元器件,设计出系统的电路原理图,印制电路板设计加工、样机的组装调试等。

在硬件设计中,主要包括系统的存储器扩展,地址译码与片选信号产生电路设计、I/O接口电路设计、键盘、显示器电路设计以及 A/D 和 D/A 转换器等接口电路的选择和设计。在设计中应该在尽量满足性能指标的基础上,减少硬件电路的开销,选择低功耗元器件,达到系统既稳定可靠又节省成本。

存储器扩展通常包括数据存储器和程序存储器扩展两个部分。对于程序存储器,应尽量选择内部带有程序存储器的单片机,这样可以减少外部扩展部件,同时增加可靠性减少体积。在一般的单片机内部都有少量的 RAM 单元,对于常规测量仪器和控制系统,片内 RAM 已能满足要求就不必扩展;而对于数据采集系统等应用场合,往往要求有较大容量的 RAM 存储器,这时 RAM 电路的选择原则是尽可能地减少 RAM 芯片的数量。以提高性能价格比,方便系统设计。

当外围扩展存储器和 I/O 接口芯片数目较多时,对于不同的芯片应该设定一个选通的地址范围,这些片选信号可以利用地址信号线及控制信号线组合得到。通常可采用地址译码方式或线选法实现。

单片机应用系统扩展 I/O 接口时,选择 I/O 电路时应从体积、价格、负载能力、功能等几方面考虑。选用标准的可编程 I/O 接口电路(如 8155、8255 等),则接口简单、使用方便、总线负载小,但有时它们的 I/O 口线的功能没有被充分利用,造成浪费。若用三态门电路或锁存器作为 I/O 口,则比较灵活、口线利用率高、负载能力强、可靠性高,但对总线负载大、接口较复杂,故应根据系统总的输入/输出要求来选择接口电路器件。

模拟电路接口器件应根据系统对它的速度和精度等要求来选择,同时还需要和传感器、测量电路等部件的性能相匹配。由于高速、高精度的 A/D 转换器价格十分昂贵,因此,要尽量选择适当,以免造成不必要的浪费。目前,片内带有 A/D 和 D/A 转换器的单片机种类也越来越多,这类芯片也称为混合信号处理器,由于无需扩展就可以实现对模拟信号的处理,因此在很多场合得到广泛的应用。

14.1.3 软件设计

单片机应用系统的软件设计和一般在系统机上设计一个应用软件有所不同,后者是在系统机操作系统等支持下的纯软件设计,而单片机的软件设计是在裸机条件下开始设计的。

软件设计时,首先要明确软件所要完成的任务,确定输入/输出的形式,对输入的数据进行哪些处理以及如何处理可能发生的错误等。

合理的软件结构是设计出一个性能优良的单片机应用系统软件的基础,必须给予足够的重视。将系统的整个工作分解为几个相对独立的操作,根据这些操作的相互联系和时间关系,设计出一个合理的软件结构,使 CPU 并行地有条不紊地完成这些操作。对于简单的单片机应用系统,软件由主程序和若干个中断服务子程序所构成。根据系统各个操作的性质,指定哪些操作由中断服务程序完成,哪些操作由主程序完成,并指定各个中断的优先级。

在程序设计时,可采用模块程序设计和自顶向下的程序设计技术。

模块程序设计是单片机应用中常用的一种程序设计技术。它是把一个功能完整的较长的程序分解为若干个功能相对独立的较小的程序模块,各个程序模块分别进行设计、编制程序和调试,最后把各个调试好的程序模块连接成一个大的程序。模块程序设计的优点是:单个功能明确的程序模块,设计和调试比较方便、容易完成,一个模块可以为多个程序所共享,还可以利用现成的程序模块(如各种现成子程序)。缺点是:有时各个模块的连接有一定的难度,程序模块的划分没有一定的标准等。

自顶向下程序设计时,先从主程序开始设计,从属的程序或子程序用符号来代替。主程序编好后再编制各个从属的程序和子程序,最后完成整个系统软件的设计。调试也是按这个次序进行。自顶向下程序设计的优点是:比较符合人们的日常思维习惯,设计、测试和连接同时按一个线索进行,程序错误可以较早地发现。其缺点是:上一级的程序错误将对整个程序产生影响,一处修改可能引起对整个程序进行全面的修改。

在选择好软件结构和所采用的程序设计技术后,便可着手进行程序设计。程序设计的过程主要有:建立数学模型确定算法、绘制程序流程图和编写程序源代码等。单片机应用程序大多用汇编语言编写,如果有条件可以用高级语言编写,如C51等。编写程序时,应采用标准的符号和格式书写,为了便于阅读和调试,可在必要时加上注释。

程序编写完成后,一般方法是利用组合软件进行程序的输入、编辑、汇编、调试和目标代码的固化等工作。

14.1.4 应用系统调试

单片机本身只是一个电子器件,只有当它和其他的器件、设备有机地组合在一起,并配置适当的工作程序(软件)后,才能构成一个单片机应用系统,以完成规定的操作,具有特定的功能。在完成了目标系统样机的组装和软件设计以后,便进入系统的调试阶段。用户系统的调试步骤和方法是相似的,但具体细节则和所采用的开发系统以及目标系统所选用的单片机型号有关。

1. 硬件调试

单片机应用系统的硬件调试和软件调试是分不开的,许多硬件故障是在调试软件时才发现的,但通常是先排除系统中明显的硬件故障后才和软件结合起来调试。常见的硬件故障主要有以下几个方面:

(1) 由于设计错误和加工过程中的工艺性错误所造成的逻辑错误,如错线、开路、虚焊、短路等。

(2) 元器件本身损坏或性能指标较差或由于组装错误造成的元器件失效等。

(3) 接插件接触不良、内部和外部的干扰、器件负载过大等会造成逻辑电平不稳定;走线和布局的不合理等也会引起系统不可靠。

(4) 电源的故障,如电压值不符合设计要求,输出功率不足,负载能力差等。若样机中存在电源故障,则加电后将造成器件损坏,因此电源必须单独调试好以后再加到系统中。

硬件调试的目的就是查出硬件错误、排除故障,调试的方法有静态测试和联机仿真调试。静态测试,主要是利用万用表等常规仪器设备,根据硬件电气原理图和装配图仔细检查样机线路的正确性,并核对元器件的型号、规格和安装是否符合要求等。通过对样机硬件进行初步测试,可排除一些明显的硬件故障,目标样机中的硬件故障还需要联机调试来排除。联机调试,通常需要借助于单片机仿真器或开发系统进行。将样机和仿真器连接完成后,分别打开样机和仿真器电源,通过编写一段简单的测试程序对扩展存储器、I/O口、键盘、显示、A/D或D/A转换器等部件进行测试。根据数据写入或读出是否与实际要求和实际情况相符来判断硬件电路是否正常,如有故障,进一步查出原因并解决问题。

2. 软件调试

软件调试与所选用的软件结构和程序设计技术有关,如采用模块程序设计技术,则可以先逐个模块调试好以后,再连接成一个大的程序,然后进行系统程序调试。

常见的软件错误有:程序失控、中断错误、输入/输出错误和结果不正确等。对于不同的错误和现象采取相应的方法找出错误并修改程序,达到预期的功能。

在各个模块程序调试工作的基础上,将程序按照设计要求组合起来进行系统的综合调试。这个阶段的主要工作是排除系统中遗留的错误以提高系统的动态性能。实现了预定功能技术指标后,便可将软件固化,脱机运行完成总体设计任务。

14.1.5 可靠性设计

在工业控制、交通管理、通信等领域中,最重要最基本的技术指标是系统的可靠性。因为这些系统一旦出现故障,将造成生产过程的混乱、指挥或监视系统的失灵,从而产生严重的后果。

单片机应用系统在实际工作过程中,可能会受到各种外部和内部的干扰,使系统发生异常状态。为了减少系统的错误或故障,提高系统可靠性,通常采用抗干扰措施,提高系统对环境的适应能力。单片机应用系统中选用高质量的元器件,以提高系统内在的可靠性;同时采取一些容错技术,当系统在工作中万一发生错误或故障时,使系统能及时地自动恢复或报警等,以引起人工干预,减少损失。

14.2 应用系统设计实例

在应用系统的设计中,一般需要根据具体的设计任务进行合理的硬件和软件设计。在此以一个课程设计的实例进行介绍,本小节既可作为本课程内容的一部分,也可单独作为课程设计或综合性设计性的实验而单独使用。设计题目为:通用型电压测量仪设计。

14.2.1 通用型电压测量仪设计任务和要求

以 AT89C51 单片机为核心,设计一个具有实时时钟功能和直流电压测量功能的智能化测量仪器。要求具有实时时钟显示和校时功能,电压测量显示功能等。可作为通用的二次仪表使用,根据电压与被测物理量的关系显示被测物理量,应用于多种测量场合。

硬件主要包括 DS12887 实时时钟电路、A/D 转换器 ICL7135、8 只共阴 LED 数码管及相应的显示控制和驱动电路、键盘电路等。

编写相关汇编程序,实现对 ICL7135 的控制和读数,经运算后得到测量电压值;编程并控制 DS12887 芯片,获得日期和时间值;利用按键可实现日期和时间初值的设置,以及测量值、日期和时间的显示切换功能;根据输入电压与被测物理量的关系显示被测物理量。

完成软硬件的联机调试,并脱机独立运行。

在系统硬件设计中,除了基本的单片机和键盘显示等部件外,我们选用了实时时钟芯片 DS12887 以及四位半的双斜积分式 A/D 转换器 ICL7135 芯片,为了方便读者理解和应用,下面先介绍这两个芯片的基本工作原理、功能和应用。

14.2.2 实时日历时钟芯片 DS12887

DS12887 是具有并行接口的实时日历时钟芯片。它为 DIP24 脚封装,内嵌锂电池、石英晶体及其支持电路,具有秒、分、小时、日、星期、月、年计数功能,提供日历及报警时间的二进制和 BCD 码表示,具有 12h 制(上、下午指示)或 24h 制计时功能,具有夏令时选择功能。具有摩托罗拉与英特尔器件时序选择端，内含 128B 的 RAM(14B 时钟与控制字节，114B 的通用 RAM)，可编程方波输出，能产生中断请求信号，并有 3 种中断选择：报警中断、周期中断、更新结束中断。

1. 引脚描述

DS12887 为 DIP24 脚封装，引脚如图 14-2 所示。其主要引脚描述说明如下。

MOT 1
NC 2
C 3
AD0 4
AD1 5
AD2 6
AD3 7
AD4 8
AD5 9
AD6 10
AD7 11
GND 12
24 V_{CC}
23 SQW
22 NC
21 NC
20 NC
19 IRQ
18 RESET
17 DS
16 NC
15 R/W
14 AS
13 CS

图 14-2　DS12887 引脚图

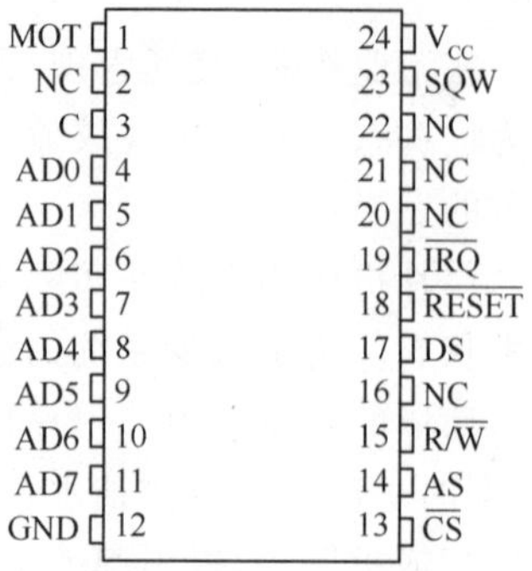

(1) AD0～AD7：地址/数据分时复用线。

(2) NC：空脚。

(3) MOT：总线类型选择。接高电平，选择摩托罗拉时序，接低电平，选择英特尔时序。

(4) $\overline{CS}$：片选线。在对 DS12887 操作期间，该位必须保持低电平，以处于选通状态。

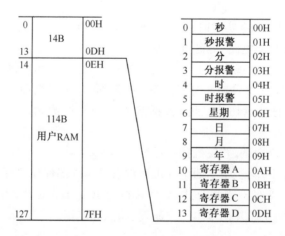

(5) AS：地址选通信号。下降沿将地址锁存在 DS12887 内部以选通其内部 RAM。

(6) R/$\overline{W}$：读/写控制信号。在英特尔时序下，R/W 用做写($\overline{WR}$)信号。

(7) DS：数据选通信号。在英特尔时序下，DS 用做读($\overline{RD}$)信号。

(8) $\overline{RESET}$：复位输入。要求复位时间应大于 200ms。

(9) $\overline{IRQ}$：中断请求输出信号。只要内部所允许的中断信号存在，它就保持低电平。

(10) SQW：方波输出信号。

(11) V_{CC}：+5 V 主电源。一般要求 V_{CC} 大于 4.25V。

(12) GND：地。

2. 控制寄存器与内部 RAM

DS12887 内部共有 128B 的 RAM 可用。图 14-3 给出了 DS12887 的地址分配图。

0
14B
00H
13
0DH
14
0EH
114B
用户RAM
127
7FH
0 秒 00H
1 秒报警 01H
2 分 02H
3 分报警 03H
4 时 04H
5 时报警 05H
6 星期 06H
7 日 07H
8 月 08H
9 年 09H
10 寄存器A 0AH
11 寄存器B 0BH
12 寄存器C 0CH
13 寄存器D 0DH

图 14-3　DS12887 地址分配图

1) 时间、日历和报警数据位置分配

时间、日历和报警数据位置分配分布情况见表 14-1。在表中可以清楚地看到，任何一个数据都有两种给出方式：二进制或 BCD 码形式。

表 14-1 时间、日历和报警数据位置分配分布表

地址	功能	十进制范围	范围 二进制数据模式	范围 BCD码模式
0	秒	0～59	00～3BH	00～59
1	秒报警	0～59	00～3BH	00～59
2	分	0～59	00～3BH	00～59
3	分报警	0～59	00～3B	00～59
4	12h制	1～12	01H～0CH AM,81H～8CH PM	01～12 AM,81～92 PM
4	24h制	0～23	00～17H	00～23
5	报警12h制	1～12	01H～0CH AM,81H～8CH PM	01～12 AM,81～92 PM
5	报警24h制	0～23	00～17H	00～23
6	星期	1～7	01～07H	01～07
7	日	1～31	01～1FH	01～31
8	月	1～12	01～0CH	01～12
9	年	0～99	00～63H	00～99

2）寄存器 A

寄存器 A 控制字的格式如下：

BIT7	BIT6	BIT5	BIT4	BIT3	BIT2	BIT1	BIT0
UIP	DV2	DV1	DV0	RS3	IRS2	RS1	RS0

寄存器 A 的各位不受复位影响，且除 UIP 位外，其他各位均可读写。

UIP：更新进行中状态标志。为 1 时，表示更新即将开始，为 0 时，表示更新至少在 244μs 内不会产生，即该位为 0 时，时钟信息可读。

DV2、DV1、DV0：芯片内部振荡器控制位。当芯片解除复位状态，并将 010 写入 DV2、DV1、DV0 后，下一次更新将在 0.5s 后进行。

RS3、RS2、RS1、RS0：周期中断可编程方波输出速率选择位。各种不同的组合可以产生不同的输出。程序可以通过设置寄存器 B 的 SQWF 和 PIE 位来控制是否允许周期中断和方波输出。寄存器 A 输出速率选择位对应的中断周期和方波频率见表 14-2。

表 14-2 寄存器 A 输出速率选择位

寄存器 A 输出速率选择位				周期中断时间间隔	SQW 方波输出频率
RS3	RS2	RS1	RS0		
0	0	0	0	无	无
0	0	0	1	3.90625ms	256Hz
0	0	1	0	7.8125ms	128Hz
0	0	1	1	122.07μs	8.192kHz
0	1	0	0	244.141μs	4.096kHz
0	1	0	1	488.281μs	2.048kHz
0	1	1	0	976.5625μs	1.024kHz
0	1	1	1	1.953125ms	512Hz
1	0	0	0	3.90625ms	256Hz
1	0	0	1	7.8125ms	128Hz
1	0	1	0	15.625ms	64Hz
1	0	1	1	31.25ms	32Hz
1	1	0	0	62.5ms	16Hz
1	1	0	1	125ms	8Hz
1	1	1	0	250ms	4Hz
1	1	1	1	500ms	2Hz

3）寄存器 B

寄存器 B 可读可写,用于控制芯片的工作状态。寄存器 B 控制字的格式如下:

BIT7	BIT6	BIT5	BIT4	BIT3	BIT2	BIT1	BIT0
SET	PIE	AIE	UIE	SQWE	DM	24/12	DSE

SET 位:芯片工作控制位。该位为 1 时,芯片停止工作,此时可对芯片进行初始化;该位为 0 时,芯片处于工作状态,每秒产生一个更新中断。

PIE、AIE、UIE 位:这 3 位分别是周期中断、报警中断、更新中断的允许控制位。当各位写入 1 时,将允许芯片发出相应的中断。

SQWE 位:方波输出允许位。用来确定方波是否允许输出。SQWE 为 1 时,按寄存器 A 输出速率选择位所确定的频率输出方波;SQWE 为 0 时,输出引脚保持低电平。

DM 位:时标寄存器用十进制 BCD 码格式或用二进制码格式的选择位。DM 为 1 时,表示二进制码;DM 为 0 时,表示十进制 BCD 码。

24/12 位:该位用来选择是 24h 制还是 12h 制。24/12 位为 1 时,表示 24h 制工作模式;24/12 位为 0 时,表示 12h 制工作模式。

DSE 位:夏令时选择位。用来选择是否实行夏令时。DSE 位为 1 时,表示夏时制有效;DSE 位为 0 时,表示夏时制无效。

4）寄存器 C

寄存器 C 是芯片的状态寄存器,特点是程序访问该寄存器后,该寄存器的内容自动清零。寄存器 C 控制字的格式如下:

BIT7	BIT6	BIT5	BIT4	BIT3	BIT2	BIT1	BIT0
IRQF	PF	AF	UF	0	0	0	0

IRQF 位:中断申请标志位。其逻辑表达式为 IRQF＝(PF・PIE)＋(AF・AIE)＋(UF・UIE)。当 IRQF 位变为 1 时,$\overline{IRQ}$ 脚变低电平,从而发出中断申请。

PF、AF、UF 位:这 3 位分别是周期中断、报警中断、更新结束中断标志位。只要满足中断条件,相应的中断标志位将置 1。

BIT3～BIT0 位:保留位。读出值始终为 0。

5）寄存器 D

寄存器 D 为只读寄存器,并不受复位影响。寄存器 D 控制字格式如下:

BIT7	BIT6	BIT5	BIT4	BIT3	BIT2	BIT1	BIT0
VRT	0	0	0	0	0	0	0

VRT 位:内部数据有效指示位。该位的读出值应为 1;一旦读出值为 0,则指示内部锂电池电力不足,此时无法保证其内部数据的正确性。读该寄存器后,该位将自动置 1。

BIT6～BIT0 位:保留位。读出值始终为 0。

3. DS12887 的中断和更新周期

DS12887 处于正常工作状态时,每秒钟将产生一个更新周期,芯片处于更新周期的标志是寄存器 A 中的 UIP 位为"1"。在更新周期内,芯片内部时标寄存器数据处于更新阶段,故在该周期内,微处理器不能读芯片时标寄存器的内容,否则将得到不确定数据。更新周期的基本功能主要是刷新各个时标寄存器中的内容,同时秒寄存器内容加 1,并检查其他时标寄存器内容是否有溢出,如有溢出则相应进位日、月、年。另外一个功能是检查 3 个时、分、秒报警时标寄存器的内容是否与对应时标寄存器的内容相符,如果相符则寄存器 C 中的 AF 位置"1"。如果报警时标寄存器的内容为 C0H 至 FFH 之间的数据,则为不关心状态。

为了采样时标寄存器中的数据,DS12887 提供了两种避开更新周期内访问时标寄存器的方案:第一种是利用更新周期结束发出的中断。它可以编程允许在每次更新周期结束后发生中断申请,提醒 CPU 将有 998ms 左右的时间去获取有效的数据。在中断之后的约 998ms 时间内,程序可以先将时标数据读到芯片内部的不掉电静态 RAM 中。因为芯片内部的静态 RAM 和状态寄存器是可以随时读写的,在离开中断服务子程序前应清除寄存器 C 中的 IRQF 位。另一种是利用寄存器 A 中的 UIP 位来指示芯片是否处于更新周期。在 UIP 位从低变高 244μs 后,芯片将开始其更新周期,所以检测到 UIP 位为低电平时,则利用 244μs 的间隔时间去读取时标信息。如检测到 UIP 位为"1",则可暂缓读数据,等到 UIP 变成低电平后再去读数据。

4. DS12887 的初始化方法

DS12887 采取连续工作的方式,一般无需每次都初始化,即使是系统复位时也如此。初始化时,首先应禁止芯片内部的更新周期操作,所以先将 DS12887 状态寄存器 B 中的 SET 位置"1",然后初始化 00H~09H 时标参数寄存器和状态寄存器 A,此后再通过读状态寄存器 C,清除寄存器 C 中的周期中断标志位 PF、报警中断标志位 AF、更新周期结束中断标志位 UF。通过读寄存器 D 中的 VRT 位,读状态寄存器口后,VRT 位将自动置"1",最后将状态寄存器 B 中的 SET 位置"0",芯片开始计时工作。

DS12887 共有 3 个闹钟单元,分别为时、分、秒闹钟单元。在其中写入闹钟时间值并且在闹钟报警中断允许的情况下每天到该时刻就会产生中断申请信号。但这种方式每天只提供一次中断信号。另一种方式是在闹钟单元中写入"不关心码",在时闹钟单元写入 C0H~FFH 之间的数据,可每小时产生一次中断;在时、分闹钟单元写入 C0H~FFH 之间的数据,可每分钟产生一次中断;而时、分、秒闹钟单元全部写入 FFH,则每秒钟产生一次中断。但这种方式也只能在整点、整分或每秒产生一次中断。但控制系统要求的定时间隔不是整数时,则应该通过软件来调整实现。

14.2.3 双斜积分式 A/D 转换器 ICL7135

ICL7135 是双斜积分式四位半的单片 A/D 转换器,具有精度高、抗干扰性能好、价格低的特点,应用十分广泛。其 28 脚双列直插封装的引脚功能如图 14-4 所示。

(1) V_:负电源输入端。
(2) REFERENCE:基准电源输入端,基准电压一般为 1V。
(3) ANOLOG COMMON:模拟地。
(4) DIGITAL GND:数字地。
(5) INT OUT:积分器输出端,接积分电容。
(6) AZ IN:自动调零输入端。
(7) BUFF OUT:缓冲放大器输出端,接积分电阻。

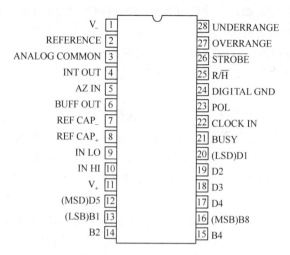

图 14-4　ICL7135 引脚功能

(8) REF CAP$_+$ 和 REF CAP$_-$：外接基准电容正端和负端。

(9) IN HI 和 IN LO：被测信号正输入端和负输入端。

(10) V$_+$：正电源输入端。

(11) CLOCK IN：时钟信号输入端。工作于双极性情况下，时钟最高频率为 160kHz，如果输入信号为单极性，则时钟最高频率可增加到 1MHz，这时转换速度为 25 次/秒左右。

(12) BUSY：忙状态输出端，积分器在积分过程中，BUSY 输出高电平，积分器反向积分过零后，输出变为低电平。

(13) POL：极性信号输出端。

(14) $\overline{\text{STROBE}}$：数据选通输出端。

(15) R/$\overline{\text{H}}$：运行/读数控制端。

(16) OVERRANGE：超量程状态输出端。

(17) UNDERRANGE：欠量程状态输出端。

(18) B8、B4、B2、B1：BCD 码输出端。

(19) D5、D4、D3、D2、D1：位扫描输出端。

通常情况下，设计者都是用单片机来并行采集 ICL7135 的数据，这种方法占用 I/O 口较多，读数时需按十进制位分时读取，因而编程麻烦，占用 CPU 时间也较多。因此，在设计中应充分利用 ICL7135 的时序特征，采用简化连线的方法获得 A/D 的数据结果。

ICL7135 是以双积分方式进行 A/D 转换的电路。每个转换周期主要分为：自动调零阶段、被测电压积分阶段和对基准电压进行反向积分等阶段。以输入电压 V_x 为例，其积分器输出端（ICL7135 的 4 脚）信号与 BUSY 信号的波形关系如图 14-5 所示。

BUSY 输出端（ICL7135 的 21 脚）高电平的宽度等于被测电压积分和对基准电压进行反向积分时间之和。ICL7135 内部设计规定的对被测电压积分时间固定为 10000 个时钟脉冲时间，反向积分时间长度与被测电压的大小成比例。如果利用单片机内部的计数器对 ICL7135 的时钟脉冲计数，利用"BUSY"作为计数器门控信号，控制计数器只能在 BUSY 为高电平时计数。将这段 BUSY 为高电平时间内的计数值减去 10000，余数便等于被测电压的所对应的数值。事实上，当基准源为 1V 时，每个计数值正好对应 0.1mV。

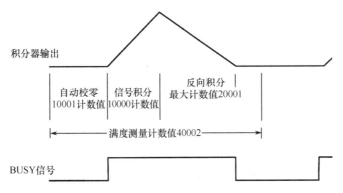

图 14-5 ICL7135 积分输出与 BUSY 信号的关系

需要注意的是,测量电压的极性还需要通过检测 ICL7135 的 POL 信号确定。实际设计中,可以利用 89C51 的 ALE 信号,在不执行 MOVX 指令的情况下,ALE 是稳定的 1/6 振荡频率输出,经过分频得到的稳定频率,作为工作时钟,传给 ICL7135 时钟输入 CLK 端,同时作为 89C51 定时器 T1 的外部计数输入信号。将 BUSY 信号接到 89C51 的 $\overline{INT1}$ 输入引脚,作为 T1 计数的门控信号。设置定时器 T1 为计数工作方式,GATE 置 1,选择工作模式 1 并启动 T1 工作。编写简单的程序即可获得 BUSY 为高电平期间的计数值,再减去 10000,便得到被测电压所对应的数字量。

ICL7135 的串行方式在实践中的应用效果很好。与并行方式相比,其突出的优点是结构简单、程序简洁、占用单片机的资源少、可提高抗干扰能力,并且可在不添加任何扩展口线和器件的情况下达到目的,使系统的成本得到降低。

14.2.4 硬件电路设计

该系统的硬件电路主要包含了 89C51 单片机、ICL7135 四位半 A/D 转换器、DS12887 实时时钟芯片、8 个共阴 LED 数码管显示器和按键等。其硬件组成框图如图 14-6 所示。

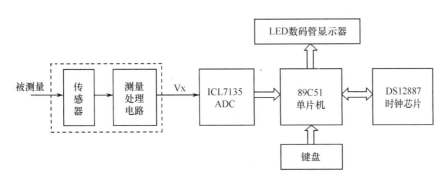

图 14-6 硬件组成框图

为了实现电压测量功能,选用了 A/D 转换器 ICL7135,该芯片集成了一个四位半的双斜积分式 A/D 转换器,精度高、抗干扰能力强,能满足一般测量的精度要求。器件在双极性输入的情况下,测量速度可达 3 次/秒以上,在单极性输入的情况下,测量速度可达 25 次/秒左右,适用于一般的直流信号和慢速变化信号的测量。根据 ICL7135 的积分特性及其与 BUSY 信号之间的时序关系,利用 89C51 单片机的计数器,通过对 BUSY 信号高电平期间的时钟脉冲进行计数的方法实现电压测量,以简化电路连接。

在目前的大多数智能仪器设计中,往往需要记录测量的日期和时间信息,以及自动完成设定时间的自动测量和控制等,这就要求在仪器中带有实时时钟。由于利用单片机直接编程实现实时时钟,编程复杂而且还要考虑后备电源供电等问题,因此,选用自带后备电池的实时日历时钟芯片是一个较好的选择。DS12887 是一个常用且方便与 CPU 接口的实时时钟芯片,应用它,可以自动实现时间和日期的处理,单片机只要利用 DS12887 的秒更新,每秒读一次时钟数据即可。

设计中应用了 8 个 LED 共阴数码管作为输出结果的显示,利用 2 个扩展 I/O 口、控制段码和位码输出,实现动态扫描显示。设置了 4 个按键,用于时间显示、日期显示和测量值显示的切换,时间和日期的设置以及仪表常数的设定等。

若增加图 14-6 虚线框中的传感器和测量处理电路部件,该仪器可以扩展用于测量多种不同的物理量,如温度和压力测量、称重等。可以利用按键设置被测物理量与输出的被测电压之间的函数关系,经单片机运算处理后直接显示被测量,进而扩展仪器的功能。

系统设计的完整电路原理图如图 14-7 所示。

14.2.5 软件设计

该仪器的主要功能是实现电压测量和时间日期的显示。结合硬件电路设计,软件实现的主要任务是:控制 A/D 转换器 ICL7135 并读取转换结果,经运算处理后,显示电压值,设置和读取实时时钟芯片 DS12887 中的时间和日期信息并输出显示等。

根据 ICL7135 的积分特性及其与 BUSY 信号之间的时序关系,利用 89C51 单片机的定时器/计数器 T1 计数,记录 BUSY 信号高电平期间 ICL7135 的时钟脉冲个数 N,将 N 减去 10000 后即获得测量电压值,再经处理后可直接显示电压值。

由于 DS12887 芯片的中断请求信号与 89C51 的 $\overline{INT0}$ 相连,对 DS12887 进行初始化设置,设置秒更新中断允许,CPU 每秒响应一次中断,读取当前的时钟和日期信息,经处理后可直接输出时间或日期显示。

系统软件主要由 1 个主程序和 3 个中断服务子程序及若干辅助功能子程序组成。程序的总体流程框图如图 14-8 所示。

8 个 LED 数码管显示器采用动态扫描显示方式,段码和位码分别由一个扩展的输出口控制,其中段码口地址 E1 为 0BFFFH,位码口地址 E2 为 0DFFFH。

4 个按键直接连接到 P1 口,设计时可自行定义。

例如:

S1——设置键,用于进入/退出日期设置、时间设置或仪表常数等的设置状态;

S2——右移键,用于右移选择当前设置数据的位置;

S3——加 1 键,用于当前设置内容加 1;

S4——显示切换键,用于切换当前显示的内容为测量值或日期或时间。

主程序完成对 DS12887 芯片的初始设置,定时器 T0、T1 的初始化,中断系统的初始设置等功能。

INT0 中断实际上是 DS12887 的秒更新中断处理,实现时间和日期数据的读取和处理。

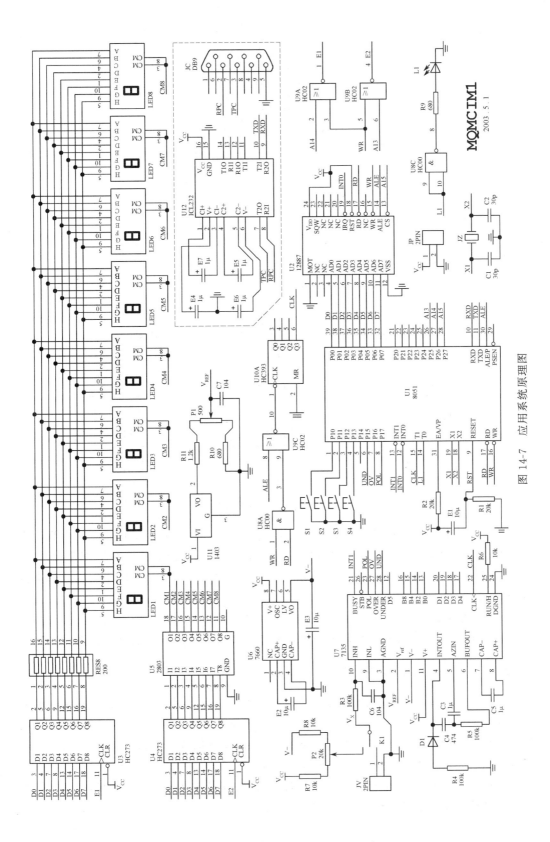

图 14-7 应用系统原理图

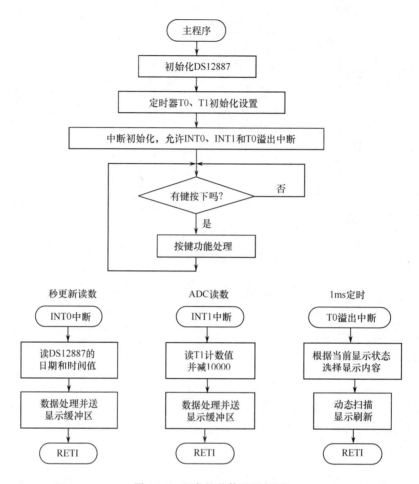

图 14-8 程序的总体流程框图

INT1 中断直接由 ICL7135 的 BUSY 信号接入,设置为当 BUSY 信号每次由高电平变为低电平时触发产生中断,由于将定时器/计数器 T1 的门控信号位 GATE 置 1,每次 INT1 中断时,可读取 BUSY 为高电平期间 T1 的计数值,将其减去 10000 后的数据进行处理,便得到被测电压的输出显示值。

另外,还需编写各种子程序完成各种运算和处理功能。例如,16 位乘法运算子程序,二进制数据与十进制 BCD 码之间的换算子程序,显示数值的段码查询子程序等。

14.2.6 目标样机的设计制作

为了完成设计任务,在原理设计的基础上还需要进行目标样机的制作。利用常用电路图的设计应用软件(如 PROTEL99 等)画出完整的原理图,并在此基础上绘制 PCB 制版图。将画好的 PCB 制版图交给厂家加工,获得加工好的线路板;采购电子元器件并进行焊接组装完成样机硬件系统。依据 14.1.4 节所介绍的方法对目标样机硬件电路进行调试并排除硬件故障,再进行详细的程序编写和调试,完成电压测量显示和日期、时间的显示等功能。制作的目标样机实物如图 14-9 所示。

图 14-9　目标样机实物

该设计完成后,实现了对输入电压的测量显示功能,可利用切换键(S4)选择 LED 显示器当前显示电压、日期或时间等;通过按键 S1、S2 和 S3 可实现仪表常数设定,时间和日期的设置等。若扩展传感器和测量处理电路等部件,该仪器可以扩展用于测量多种不同的物理量,如称重、温度和压力测量等。

附录 MCS-51 单片机指令表

附表 1 算术运算指令

序号	操作码	助记符	指令功能	对标志位影响				字节数	周期数
				P	OV	AC	C		
1	28~2F	ADD A,Rn	(A)+(Rn)→(A)	√	√	√	√	1	1
2	25	ADD A,direct	(A)+(direct)→(A)	√	√	√	√	2	1
3	26,27	ADD A,@Ri	(A)+((Ri))→(A)	√	√	√	√	1	1
4	24	ADD A,#data	(A)+#data→(A)	√	√	√	√	2	1
5	38~3F	ADDC A,Rn	(A)+(Rn)+(C)→(A)	√	√	√	√	1	1
6	35	ADDC A,direct	(A)+(direct)+(C)→(A)	√	√	√	√	2	1
7	36,37	ADDC A,@Ri	(A)+((Ri))+(C)→(A)	√	√	√	√	1	1
8	34	ADDC A,#data	(A)+#data+(C)→(A)	√	√	√	√	2	1
9	98~9F	SUBB A,Rn	(A)−(Rn)−(C)→(A)	√	√	√	√	1	1
10	95	SUBB A,direct	(A)−(direct)−(C)→(A)	√	√	√	√	2	1
11	96,97	SUBB A,@Ri	(A)−((Ri))−(C)→(A)	√	√	√	√	1	1
12	94	SUBB A,#data	(A)−#data−(C)→(A)	√	√	√	√	2	1
13	04	INC A	(A)+1→(A)	√	×	×	×	1	1
14	08~0F	INC Rn	(Rn)|1→(Rn)	×	×	×	×	1	1
15	05	INC direct	(direct)+1→(direct)	×	×	×	×	2	1
16	06,07	INC @Ri	((Ri))+1→((Ri))	×	×	×	×	1	1
17	A3	INC DPTR	(DPTR)+1→(DPTR)	×	×	×	×	1	2
18	14	DEC A	(A)−1→(A)	√	×	×	×	1	1
19	18~1F	DEC Rn	(Rn)−1→(Rn)	×	×	×	×	1	1
20	15	DEC direct	(direct)−1→(direct)	×	×	×	×	2	1
21	16,17	DEC @Ri	((Ri))−1→((Ri))	×	×	×	×	1	1
22	A4	MUL AB	(A)×(B)→(B)15~8(A)7~0	√	√	×	0	1	4
23	84	DIV AB	(A)/(B)→(A)商,(B)余数	√	√	×	0	1	4
24	D4	DA A	对 A 进行十进制调整	√	×	√	√	1	1

附表2 逻辑运算指令

序号	操作码	助记符	指令功能	P	OV	AC	C	字节数	周期数
1	58~5F	ANL A,Rn	(A)∧(Rn)→(A)	√	×	×	×	1	1
2	55	ANL A,direct	(A)∧(direct)→(A)	√	×	×	×	2	1
3	56,57	ANL A,@Ri	(A)∧((Ri))→(A)	√	×	×	×	1	1
4	54	ANL A,#data	(A)∧#data→(A)	√	×	×	×	2	1
5	52	ANL direct,A	(direct)∧(A)→(direct)	×	×	×	×	2	1
6	53	ANL direct,#data	(direct)∧#data→(direct)	×	×	×	×	3	2
7	48~4F	ORL A,Rn	(A)∨(Rn)→(A)	√	×	×	×	1	1
8	45	ORL A,direct	(A)∨(direct)→(A)	√	×	×	×	2	1
9	46,47	ORL A,@Ri	(A)∨((Ri))→(A)	√	×	×	×	1	1
10	44	ORL A,#data	(A)∨#data→(A)	√	×	×	×	2	1
11	42	ORL direct,A	(direct)∨(A)→(direct)	×	×	×	×	2	1
12	43	ORL direct,#data	(direct)∨#data→(direct)	×	×	×	×	3	2
13	68~6F	XRL A,Rn	(A)⊗(Rn)→(A)	√	×	×	×	1	1
14	65	XRL A,direct	(A)⊗(direct)→(A)	√	×	×	×	2	1
15	66,67	XRL A,@Ri	(A)⊗((Ri))→(A)	√	×	×	×	1	1
16	64	XRL A,#data	(A)⊗#data→(A)	√	×	×	×	2	1
17	62	XRL direct,A	(direct)⊗(A)→(direct)	×	×	×	×	2	1
18	63	XRL direct,#data	(direct)⊗#data→(direct)	×	×	×	×	3	2
19	E4	CLR A	0→(A)	0	×	×	×	1	1
20	F4	CPL A	($\overline{A}$)→(A)	×	×	×	×	1	1
21	23	RL A	A循环左移一位	×	×	×	×	1	1
22	33	RLC A	A带进位循环左移一位	√	×	×	√	1	1
23	03	RR A	A循环右移一位	×	×	×	×	1	1
24	13	RRC A	A带进位循环右移一位	√	×	×	√	1	1
25	C4	SWAP A	A半字节交换	×	×	×	×	1	1

附表3 数据传送指令

序号	操作码	助记符	指令功能	P	OV	AC	C	字节数	周期数
1	E8~EF	MOV A,Rn	(Rn)→(A)	√	×	×	×	1	1
2	E5	MOV A,direct	(direct)→(A)	√	×	×	×	2	1
3	E6,E7	MOV A,@Ri	((Ri))→(A)	√	×	×	×	1	1
4	74	MOV A,#data	#data→(A)	√	×	×	×	2	1
5	F8~FF	MOV Rn,A	(A)→(Rn)	×	×	×	×	1	1
6	A8~AF	MOV Rn,direct	(direct)→(Rn)	×	×	×	×	2	2

(续)

序号	操作码	助记符	指令功能	P	OV	AC	C	字节数	周期数
7	78~7F	MOV Rn,#data	#data→(Rn)	×	×	×	×	2	1
8	F5	MOV direct,A	(A)→(direct)	×	×	×	×	2	1
9	88~8F	MOV direct,Rn	(Rn)→(direct)	×	×	×	×	2	2
10	85	MOV direct1,direct2	(direct2)→(direct1)	×	×	×	×	3	2
11	86,87	MOV direct,@Ri	((Ri))→(direct)	×	×	×	×	2	2
12	75	MOV direct,#data	#data→(direct)	×	×	×	×	3	2
13	F6,F7	MOV @Ri,A	(A)→((Ri))	×	×	×	×	1	1
14	A6,A7	MOV @Ri,direct	(direct)→((Ri))	×	×	×	×	2	2
15	76,77	MOV @Ri,#data	#data→((Ri))	×	×	×	×	2	2
16	90	MOV DPTR,#data16	#data16→(DPTR)	×	×	×	×	3	2
17	93	MOVC A,@A+DPTR	((A)+(DPTR))→(A)	√	×	×	×	1	2
18	83	MOVC A,@A+PC	(PC)+1→(PC),((A)+(PC))→(A)	√	×	×	×	1	2
19	E2,E3	MOVX A,@Ri	((Ri))→(A)	√	×	×	×	1	2
20	E0	MOVX A,@DPTR	((DPTR))→(A)	√	×	×	×	1	2
21	F2,F3	MOVX @Ri,A	(A)→((Ri))	×	×	×	×	1	2
22	F0	MOVX @DPTR,A	(A)→((DPTR))	×	×	×	×	1	2
23	C0	PUSH direct	(SP)+1→(SP),(direct)→((SP))	×	×	×	×	2	2
24	D0	POP direct	((SP))→(direct),(SP)−1→(SP)	×	×	×	×	2	2
25	C8~CF	XCH A,Rn	A←→Rn	√	×	×	×	1	1
26	C5	XCH A,direct	A←→(direct)	√	×	×	×	2	1
27	C6,C7	XCH A,@(Ri)	A←→(Ri)	√	×	×	×	1	1
28	D6,D7	XCHD A,@Ri	$(A_{3\sim 0})$←→$((Ri)_{3\sim 0})$	√	×	×	×	1	1

附表 4 控制转移指令

序号	操作码	助记符	指令功能	P	OV	AC	C	字节数	周期数
1	11,31,51,71,91,B1,D1,F1	ACALL addr11	(PC)+2→(PC),(SP)+1→(SP),(PCL)→((SP)),(SP)+1→(SP),(PCH)→((SP)),addr11→$(PC_{10\sim 0})$	×	×	×	×	2	2
2	12	LCALL addr16	(PC)+3→(PC),(SP)+1→(SP),(PCL)→((SP)),(SP)+1→(SP),(PCH)→((SP)),addr16→(PC)	×	×	×	×	3	2

(续)

序号	操作码	助记符	指令功能	对标志位影响				字节数	周期数
				P	OV	AC	C		
3	22	RET	((SP))→(PCH),(SP)−1→(SP) ((SP))→(PCL),(SP)−1→(SP)	×	×	×	×	1	2
4	32	RETI	((SP))→(PCH),(SP)−1→(SP) ((SP))→(PCL),(SP)−1→(SP)	×	×	×	×	1	2
5	01,21,41, 61,81,A1, C1,E1	AJMP addr11	(PC)+2→(PC), addr11→(PC$_{10\sim0}$)	×	×	×	×	2	2
6	02	LJMP addr16	(PC)+3→(PC), addr16→(PC)	×	×	×	×	3	2
7	80	SJMP rel	(PC)+2+rel→(PC)	×	×	×	×	2	2
8	73	JMP @A+DPTR	(A)+(DPTR)→(PC)	×	×	×	×	1	2
9	60	JZ rel	(PC)+2→(PC),若(A)=0, 则(PC)+rel→(PC)	×	×	×	×	2	2
10	70	JNZ rel	(PC)+2→(PC),若(A)≠0,则(PC)+rel→(PC)	×	×	×	×	2	2
11	B5	CJNE A.direct,rel	(PC)+3→(PC),若(A)≠(direct),则(PC)+rel→(PC); 若(A)<(direct),则1→(C);否则0→(C)	×	×	×	√	3	2
12	B4	CJNE A,#data,rel	(PC)+3→(PC),若(A)≠#data,则(PC)+rel→(PC); 若(A)<#data,则1→(C);否则0→(C)	×	×	×	√	3	2
13	B8~BF	CJNE Rn,#data,rel	(PC)+3→(PC),若(Rn)≠#data,则(PC)+rel→(PC); 若(Rn)<#data,则1→(C)否则0→(C)	×	×	×	√	3	2
14	B6~B7	CJNE @Ri,#data,rel	(PC)+3→(PC),若((Ri))≠#data,则(PC)+rel→(PC); 若((Ri))<#data,则1→(C)	×	×	×	√	3	2
15	D8~DF	DJNZ Rn,rel	(PC)+2→(PC),(Rn)−1→(Rn) 若(Rn)≠0,则(PC)+rel→(PC)	×	×	×	×	2	2
16	D5	DJNZ direct,rel	(PC)+3→(PC), (direct)−1→(direct)若(direct)≠0,则(PC)+rel→(PC)	×	×	×	×	3	2
17	00	NOP	(PC)+1→(PC)	×	×	×	×	1	1

附表 5 位操作指令

序号	操作码	助记符	指令功能	对标志位影响				字节数	周期数
				P	OV	AC	C		
1	C3	CLR C	0→(C)	×	×	×	√	1	1
2	C2	CLR bit	0→(bit)	×	×	×	×	2	1
3	D3	SETB C	1→(C)	×	×	×	√	1	1
4	D2	SETB bit	1→(bit)	×	×	×	×	2	1
5	B3	CPL C	$(\overline{C})$→(C)	×	×	×	√	1	1
6	B2	CPL bit	$(\overline{bit})$→(bit)	×	×	×	×	2	1
7	82	ANL C,bit	(C)∧(bit)→(C)	×	×	×	√	2	2
8	B0	ANL C,/bit	(C)∧$(\overline{bit})$→(C)	×	×	×	√	2	2
9	72	ORL C,bit	(C)∨(bit)→(C)	×	×	×	√	2	2
10	A0	ORL C,/bit	(C)∨$(\overline{bit})$→(C)	×	×	×	√	2	2
11	A2	MOV C,bit	(bit)→(C)	×	×	×	√	2	1
12	92	MOV bit,C	(C)→(bit)	×	×	×	×	2	2
13	40	JC rel	(PC)+2→(PC),若(C)=1, 则(PC)+(rel)→(PC)	×	×	×	×	2	2
14	50	JNC rel	(PC)+2→(PC),若(C)=0, 则(PC)+rel→(PC)	×	×	×	×	2	2
15	20	JB bit,rel	(PC)+3→(PC),若(bit)=1 则(PC)+rel→(PC)	×	×	×	×	3	2
16	30	JNB bit,rel	(PC)+3→(PC),若(bit)=0 则(PC)+rel→(PC)	×	×	×	×	3	2
17	10	JBC bit,rel	(PC)+3→(PC),若(bit)=1, 则 0→(bit), (PC)+rel→(PC)	×	×	×	×	3	2

参 考 文 献

[1] 万福君,等. 单片微机原理系统设计与应用[M]. 2版. 合肥:中国科学技术大学出版社,2001.
[2] 涂时亮,张友德. 单片微机 MCS-51 用户手册[M]. 上海:复旦大学出版社,1990.
[3] Intel Corporation. MCS-51 Microcontroller family user's manual[M]. Intel Corporation,1994.
[4] 梅丽凤,等. 单片机原理及接口技术[M]. 北京:清华大学出版社,2004.
[5] 李朝青. 单片机原理及接口技术[M]. 2版. 北京:北京航空航天大学出版社,1996.
[6] 肖金球. 单片机原理与接口技术[M]. 北京:清华大学出版社,2004.
[7] 李华. MCS-51 系列单片机实用接口技术[M]. 北京:北京航空航天大学出版社,1993.
[8] 张友德,等. 单片微型机原理、应用与实验[M]. 2版. 上海:复旦大学出版社,1996.
[9] 高峰. 单片微型计算机原理与接口技术[M]. 北京:科学出版社,2003.
[10] 高海生,杨文焕. 单片机应用技术大全[M]. 成都:西南交通大学出版社,1996.
[11] 王辛之,等. 单片机应用系统抗干扰技术[M]. 北京:北京航空航天大学出版社,2000.
[12] 徐爱钧. 智能化测量控制仪表原理与设计[M]. 2版. 北京:北京航空航天大学出版社,1996.
[13] 刘文涛,等. 基于 C51 语言编程的 MCS-51 单片机实用教程[M]. 北京:原子能出版社,2004.
[14] 余永权. ATMEL 89 系列 FLASH 单片机原理及应用[M]. 北京:电子工业出版社,1997.
[15] 李刚,林凌. 与 8051 兼容的高性能、高速单片机——C8051FXXX[M]. 北京:北京航空航天大学出版社,2002.
[16] Microchip Technology Inc. PIC16F87X 数据手册——28/40 脚 8 位 FLASH 单片机[M]. 刘和平等译. 北京:北京航空航天大学出版社,2001.
[17] 窦振中. PIC 系列单片机原理和程序设计[M]. 北京:北京航空航天大学出版社,1998.
[18] 沈建华,等. MSP430 系列 16 位超低功耗单片机原理与应用[M]. 北京:清华大学出版社,2004.
[19] 陈蕾,单片机原理与接口技术,北京:机械工业出版社,2012.
[20] 梅丽凤,等. 单片机原理及接口技术[M]. 4版,北京:清华大学出版社,2018.
[21] 曹立军,单片机原理与技术[M],西安:西安电子科技大学出版社,2018.
[22] 陈海宴,51 单片机原理及应用[M]. 4版,北京:北京航空航天大学出版社,2022.